건축
[실패]
사례

신뢰받는
구조체공사의
현장관리

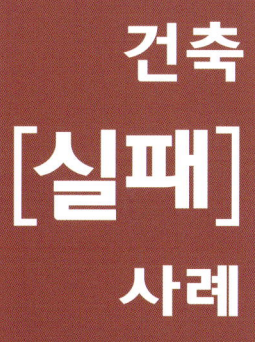

(사)한국건축시공학회 감수
정상진 김성진 역
나카자와 마사이치 저

기문당

ⓒ2006 「建築[失敗]事例 信頼される軀體工事の現場管理」 牛澤正一 著, (株)井上書院. 刊
이 책의 한국어판 번역저작권은 도서출판 기문당에 있으므로 무단전재 및 복제·부분복사를 금합니다.

머 리 말

오늘날, 건축현장에서는 노동재해를 시작으로 콘크리트의 결함, 누수사고 등 여러 부분에서 과거와 거의 동일한 [실패]가 반복되고 있다. 이것은 건축업에 종사하는 여러 사람들이 [과거의 실패를 교훈으로 하여 다음에 남긴다]라는 것을 하지 않기 때문이다.

여기서 필자는 과거의 실패 사례를 구체적인 데이터와 사진으로 정리하여 현장의 작업팀에게 실패 사례를 보여 간접경험토록 함으로써 문제의식을 강화하고, 실패의 재발방지에 노력하였다. 이것은 매우 효과가 있었다. 본 서는 이들 과거의 실패 사례를 공정별로 정리한 결과이다. 본 서는 구조체공사 편으로 마감공사 편, 설비공사 편도 출판하게되였다.

현장운영에 있어서 단순히 매뉴얼만 따르는 것이 아닌 과거의 구체적인 실패 사례에 눈을 돌려 현장작업팀 속에서 [이러한 실패만은 두 번 다시 일으키지 않는다]라는 의식으로 공유하는 것이 중요하다. 건축기술자들이 보다 좋은 현장관리운영을 위해 본 서를 활용한다면 그보다 행복한 것이 없을 것이다.

마지막으로 본 서를 정리함에 있어 협력해 주신 여러분에게 진심으로 감사드린다.

나카자와 마사이치

감수의 글

1990년대 초반에 5개 신도시 공동 건축물에 있어서 콘크리트의 강도 부족과 염화물 사용에 따른 재료의 품질 미확보로 인한 시공부실로 균열증가 등의 결함 발생, 삼풍백화점 및 성수대교의 시공부실에 의한 붕괴사고 이후에 건축물의 품질에 대한 국민적 관심이 높아지는 계기가 되었다. 이와 같은 시공부실은 건설사의 경우 민원 발생에 의한 이미지 실추가 될 수 있고, 국가적으로는 건축물의 시공에서 철거로 이어지는 내구년한의 단축에 따른 경제적 손실이 매우 크다고 할 수 있다.

건축물이 소요성능을 유지하기 위해서는 건축물을 설계할 때부터 시공 품질을 확보하고, 시공 시에는 공기단축 등에 의한 품질 미비나 예산부족에 기인한 자재의 품질 미확보가 되지 않도록 하여야 하며, 하자없는 완벽한 건축물을 완성할 수 있도록 다각적인 계획을 수립하여야 한다. 이러한 실정을 감안하여 시공 실패 사례를 다방면에서 검토하고 시공부실 방지 방안을 제시한 정보가 있을 경우, 건축물 설계단계에서부터 실시공단계에 이르기까지 품질을 확보하는데 있어 유용할 것이다. 그러나 기존의 실패 사례에 대하여는 시공시의 품질 미확보에 기인한 실패 사례를 수록한 정보집이 많지 않고, 건축물의 유형이나 부위에 따른 시공 실패 사례가 다양하지 못한 점이 아쉬운 실정이다.

본 서는 건축 실패 사례에 대한 구조체공사 편, 마감공사 편, 설비공사 편으로 구분하여 기술하였다. 다양한 실패 사례를 구체적인 데이터와 사진으로 정리하여 현장기술자 및 건축을 공부하는 학생들에게, 경험해보지 못한 실패 내용을 본 서를 통해서 간접경험으로 문제의식을 강화하고 그냥 지나칠 수 있는 공종별 item을 부위별로 다시 한 번 상기시켜서 실패를 최소화할 수 있도록 하는데 그 목적이 있으며, 실무에서도 매우 효과가 있을 것으로 기대된다.

본 서를 통하여 건축시공 과정에서 발생되는 문제를 사전에 Check하여 업무의 효율성과 생산성을 높일 수 있을 것으로 판단되며 동시에 품질관리 및 원가관리에도 기여할 수 있을 것으로 생각된다.

아무쪼록 본 서가 시공현장을 이해하고 적응하는데 커다란 보탬이 되었으면 한다.

2010. 1
한국건축시공학회장 정 상 진

역자서문

21세기 건축물에 대한 컨셉은 초고층빌딩으로 대변되는 것 같다. 세계 각국에서 건설기술력을 경쟁하듯이, 초고층빌딩 시공 붐이 급부상하고 있는 분위기이다.

초고층빌딩이 많이 시공되는 현재 시점에서 건설산업의 기술력도 엄청난 변화로 눈부시게 발전되고 있다. 먼저 현장이 개설되면 현장 주변의 사전조사를 실시하고 가설공사 작업계획을 수립한 후 공사에 착수하게 된다. 건축기술자는 사전조사를 근거로 문제점을 도출하고 해결방법을 수립·작업에 임해야 하며, 도면은 사전에 세밀하게 검토한 후 후속공정에 대한 공사계획이 수립될 수 있다. 특히 설계도면과 시방서 내용이 상이하게 표기되어 출시되는 도면이 많고, 또 구조도면과 마감도면이 다르게 표현되어 현장기술자들의 혼란이 발생한다.

구조체공사는 특히 현장에서 콘크리트타설 이후에 문제가 발생하면 쉽게 수정할 수도 없으며, 또한 원가와 공기측면에서 치명적인 손해가 발생하게 된다. 구조체공사에서는 경계측량을 기준으로 모든 공사가 기초, 기둥 먹매김에 따라 철근이 배근되면서 공사가 시작된다.

모든 공사는 설계도서를 기준으로 진행하지만 현장여건과 도면이 일치하지 않아 부득이하게 설계변경이 발생되고 있는 실정이며, 더욱이 설계도서 미비, 발주자와 시공자간의 충분치 않은 협의, 의사전달 부족과 의사결정 지연사유 등 상호간에 원활하지 못한 소통이 절대공기 부족으로 시공사 입장에서는 계약공기 이행부담이 약점으로 연결되므로 공사가 그대로 진행되는 사례가 비일비재하다. 본 서는 "건축 [실패] 사례, 신뢰받는 구조체공사의 현장관리"를 번역한 것이며 본 서의 특징은 구조체공사에서 과거의 다양한 실패 사례를 구체적인 데이터와 사진으로 정리하여 현장기술자 및 건축을 공부하는 학생들에게 경험해보지 못한 실패 내용을 본 서를 통해서 간접경험으로 문제의식을 높이고 그냥 지나칠 수 있는 공종별 아이템을 부위별로 다시 한 번 상기시켜서 실패를 최소화할 수 있도록 하는데 그 목적이 있으며, 실무에서 매우 효과가 있을 것으로 기대된다. 본 서를 통하여 건축시공과정에서 발생되는 문제를 사전에 체크하여 업무의 효율성과 생산성을 높일 수 있을 것으로 판단되며 동시에 품질관리 및 원가관리에도 기여할 수 있을 것으로 생각된다.

본 서를 번역하면서 현장에서 발생할 수 있는 상황을 최대한 현실감 있게 재현하도록 노력하였으며, 아무쪼록 본 서가 현장실무자들에게 실질적인 도움이 되었으면 하는 바람이다.

마지막으로 원고정리에 도움을 준 황경하 군에게 고마움을 전한다.

역 자

Content

[1] 안 전　　　　　　　　　　　　　13
01. 덤프트럭에 의한 제3자의 교통재해　14
02. 그 외의 교통재해　15
03. 통행인에 위해를 가하다　16
04. 출입구 주변의 사고　17
05. 무의식의 함정(1)　18
06. 무의식의 함정(2)　19
07. 무의식의 함정(3)　20
08. 무의식의 함정(4)　21
09. 무의식의 함정(5)　22
10. 무의식의 함정(6)　23
11. 과도한 힘으로 인해 밸런스를 잃다.(1)　24
12. 과도한 힘으로 인해 밸런스를 잃다.(2)　25
13. 과도한 힘으로 인해 밸런스를 잃다.(3)　26
14. 위험한 작업행동(1)　27
15. 위험한 작업행동(2)　28
16. 사다리 작업 시 위험한 작업행동(1)　29
17. 사다리 작업 시 위험한 작업행동(2)　30
18. 헛디딤과 전도　31
19. 하역 시의 재해　32
20. 중기에 의한 재해　33
21. 고소작업차 사용 시 위험한 작업자세　34
22. 전기기기의 파손 · 정비 불량　35
23. 훅으로부터 와이어가 빠질 경우　36

[2] 화재 · 소음　　　　　　　　　　37
24. 발포스티로폼 위로 불똥　38
25. 덕트보온재 위로 불똥　39
26. 전선관을 가스절단 시 아래층에 인화 등　40
27. 전기관계의 화재　41
28. 그 외의 과거 화재발생 사례　42
29. 방화 · 도난　43
30. 공사중의 소음　44
31. 소음 · 진동발생의 실패　45
32. 공사현장에 금품 요구　46

[3] 시공계획　　　　　　　　　　　47
33. 투시도에 의한 시공계획(1)　48
34. 투시도에 의한 시공계획(2)　49
35. 모형에 의한 시공계획　50
36. 투시도에 의한 프레젠테이션　51
37. 엑셀 · 파워포인트에 의한 3차원 표현　52
38. 네트워크 공정의 중요성　53
39. 불량한 시공계획이 나타난 사례　54
40. 발주자 요구의 파악　55
41. 현장책임자의 자세　56

[4] 가 설　　　　　　　　　　　　57
42. 방호구조 · 가벽　58
43. 가설사무소계획의 실패　59
44. 통행량이 많은 장소에서의 외부 작업　60
45. 외벽공사용 상하 이동발판　61
46. 짐부림구조의 철거(1)　62
47. 짐부림구조의 철거(2)　63
48. 지하공사의 효율화　64
49. 옥상에 이동식 크레인의 설치　65

50. 타워크레인의 선택	66	75. 어스앵커공사의 실패	93
51. 타워크레인 해체계획의 실패	67	76. 역타설공법과 아일랜드공법	94
52. 건물 내부 개구부에 전용 크레인과 스테이지 제작	68	77. 기존 지하외벽을 이용한 흙막이벽	95
53. 중량물 이동 잭업(Jack-up)	69	78. 흙막이 공사의 실패(1)	96
54. 보드 이동판 수레	70	79. 흙막이 공사의 실패(2)	97
55. 높이 28.5m 천장의 발판계획	71	80. 연약지반의 굴삭	98
56. 가설발판(1)	72	81. 그 외의 지반에서의 시공	99
57. 가설발판(2)	73	82. 원형 흙막이벽	100
58. 계단발판의 실패와 대책(1)	74	83. 물의 가격	101
59. 계단발판의 실패와 대책(2)	75	84. 덤프트럭주행 Slope철판 선택의 실패 등	102
60. 엘리베이터 기계실 밑의 발판	76	85. 공사차량 관리	103
61. 엘리베이터 샤프트(Shaft)내 발판	77		
62. 수평그물을 설치할 때 포인트	78	**[6] 말뚝공사**	**105**
63. 철골 스테이지의 주의점	79	86. 기성제품 말뚝박기의 실패 사례	106
64. 철골에 붙이는 가설	80	87. 어스드릴말뚝공사	107
65. 천장공사용 발판의 개발	81	88. 기초설계의 결정을 위한 계산	108
66. 지하공사의 환기설비의 실패	82	89. 기계식 깊은 기초공사	109
67. 가설전기계획의 실패	83	90. 말뚝공사 시의 지중장해	110

[5] 흙막이·토공사	**85**	**[7] 해체·개수준비공사**	**111**
68. SMW흙막이벽	86	91. 해체·개수 준비공사	112
69. SMW흙막이벽 공사의 실패	87	92. 해체공사 주의점	113
70. SMW흙막이벽 심재높이의 실패	88	93. 개수공사 주의점	114
71. H형강 수평널판 흙막이 벽	89	94. 해체를 위한 가설공사(1)	115
72. 안이한 흙막이 시공의 위험성	90	95. 해체를 위한 가설공사(2)	116
73. 절량공법	91	96. 벽 넘어뜨리기 실패에 의한 재해·공포감 재해	117
74. 어스앵커공법	92	97. 벽 넘어뜨리기 해체방법의 주의점	118

98. 롱 붐(Long-boom)의 파쇄기에 의한 해체	119
99. 해체 시의 사고 예(1)	120
100. 해체 시의 사고 예(2)	121

[8] 구조체공사　　123

101. 먹줄긋기 오류방지(1)	124
102. 먹줄긋기 오류방지(2)	125
103. 바닥단차의 실패와 막음거푸집	126
104. 구조체의 정밀도 불량	127
105. 구조체의 끼워넣기 불량	128
106. 남은 콘크리트의 처리	129
107. 콘크리트를 남기지 않는 연구	130
108. 콘크리트 타설로 인한 슬래그 비산	131
109. 바닥의 평활도 불량	132
110. 지붕구배를 정확히 재기	133
111. 이중피트 내 데크거푸집의 부조합	134
112. 이중피트 내 청소의 수고(비용)·수조방수의 부조합	135
113. 데크플레이트의 낙하	136
114. 내진보강벽에 타설한 콘크리트가 방안으로 유출	137
115. 철근의 피복 부족에 의한 콘크리트에 미치는 영향	138
116. 벽철근의 피복 부족 원인과 대책	139
117. 각 부위 철근의 피복 부족 원인과 대책	140
118. 기초배근의 실패	141
119. 배근방향의 오류 등	142
120. 콘크리트의 충전 불량	143
121. 기둥콘크리트의 재료분리	144
122. 기둥콘크리트의 재료분리 대책	145
123. 콘크리트의 양생불량	146
124. 우천 시의 콘크리트 타설	147
125. 콘크리트의 이어치기 불량	148
126. 콘크리트의 타설 불량	149
127. 콜드조인트	150
128. 구조체 손상	151
129. 외벽콘크리트의 수축균열에 의한 누수	152
130. 외벽균열 유발 이음 설계오류에 의한 누수	153
131. 측벽·기초의 균열	154
132. 외벽마감 실패	155
133. 바닥의 균열과 원인	156
134. 기초(토대)에 의한 균열	157
135. 지반면보다 낮은 부분의 누수(1)	158
136. 지반면보다 낮은 부분의 누수(2)	159
137. 강관콘크리트기둥(CFT기둥)	160

[9] 철골공사　　161

138. 철골기둥의 전도	162
139. 철골앵커볼트의 정밀도 불량(1)	163
140. 철골앵커볼트의 정밀도 불량(2)	164
141. 철골앵커볼트의 정밀도 불량(3)	165
142. 철골앵커볼트와 기둥 주근의 선조립	166
143. 철골 베이스 모르타르의 실패	167
144. 철골기둥의 기울기·파괴	168
145. 고력볼트의 관리	169
146. 철골의 용접 실패	170

147. 나중에 박는 철골앵커볼트의 실패	171		156. 엘리베이터 기계실 주변의 철골	180
148. 앵커볼트의 불량 대책	172		157. 설비샤프트와 철골보 위치	181
149. 철골보와 설비배관의 루트(1)	173		158. 데크플레이트 실패	182
150. 철골보와 설비배관의 루트(2)	174		159. 철골의 내화피복 순서	183
151. 철골보와 설비배관 루트(3)	175		160. 철골의 내화피복재 종류	184
152. 철골과 설비의 조정부족	176		161. 구조철골과 창호 등의 고정을 위한 내화피복 벗겨내기	185
153. 철골이 마감에 간섭	177		162. 철골 내화피복의 관리점	186
154. 에스컬레이터 주변의 철골	178		163. 철근 선조립	187
155. 엘리베이터 주변의 철골	179			

이 책의 구성과 이용법

이 책은 안전, 화재·소음, 시공계획, 가설, 흙막이·토공사, 말뚝공사, 해체·개수준비공사, 구조체공사, 철골공사등 9개 분야로 구성되어 있다.

① **수록 실패 사례**
163 사례 모두가 1개 페이지씩 완결

② **실패 사례 해설**
구조체공사는 건축마감 후에 많은 부분이 가려져 있기 때문에 시공전·시공중의 품질관리가 매우 중요하다. 이 책에서는 과거에 발생한 실패 사례를 답습하여 같은 실패를 반복하지 않도록 실패에 이른 경위와 원인에 대해 알기 쉽게 해설하였다.

③ **실패 사례 사진·그림**
실패 사례 및 바른 시공 예에 대해 사진과 그림으로 해설하는 것과 함께 좋은 사례·나쁜 사례를 한 눈에 알 수 있도록 사진·그림번호를 색으로 나누어 표시하였다.

청 실패 사례
적 바른 시공 사례와 실패에 대한 개선책

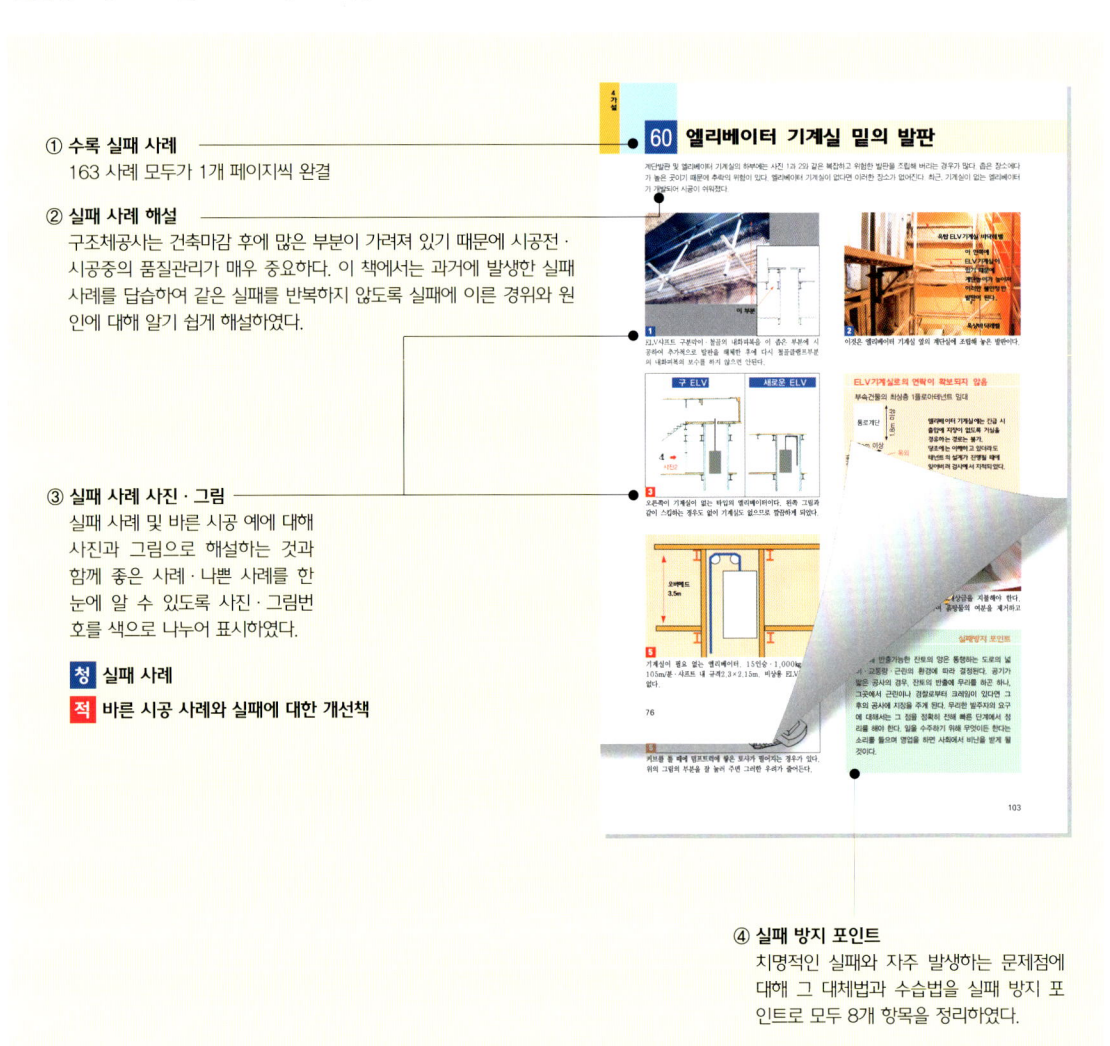

④ **실패 방지 포인트**
치명적인 실패와 자주 발생하는 문제점에 대해 그 대체법과 수습법을 실패 방지 포인트로 모두 8개 항목을 정리하였다.

[1] 안 전

01. 덤프트럭에 의한 제3자의 교통재해
02. 그 외의 교통재해
03. 통행인에 위해를 가하다
04. 출입구 주변의 사고
05. 무의식의 함정(1)
06. 무의식의 함정(2)
07. 무의식의 함정(3)
08. 무의식의 함정(4)
09. 무의식의 함정(5)
10. 무의식의 함정(6)
11. 과도한 힘으로 인해 밸런스를 잃다.(1)
12. 과도한 힘으로 밸런스를 잃다.(2)
13. 과도한 힘으로 인해 밸런스를 잃다.(3)
14. 위험한 작업행동(1)
15. 위험한 작업행동(2)
16. 사다리 작업 시 위험한 작업행동(1)
17. 사다리 작업 시 위험한 작업행동(2)
18. 헛디딤과 전도
19. 하역 시의 재해
20. 중기에 의한 재해
21. 고소작업차 사용 시 위험한 작업자세
22. 전기기기의 파손·정비 불량
23. 훅으로부터 와이어가 빠질 경우

01 덤프트럭에 의한 제3자의 교통재해

건설공사는 여러한 조건 속에서 시공되어져야 한다. 아래의 그림 1에서 5는 현장으로부터 잔토반출을 위해 나오는 덤프트럭이 제3자의 통행인을 치었던 사고이다. 유도원이 있어도 불가피하게 사각지대가 만들어지는 경우가 종종 있다.

1 잔토반출 덤프트럭이 두대 연속하여 공사현장의 게이트를 나왔다. (윗그림 녹색과 적색)

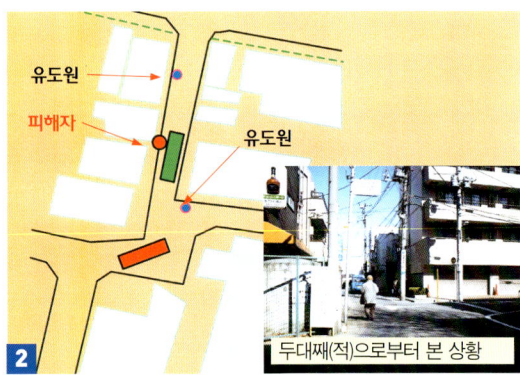

2 한대째(녹)의 옆을 피해자가 지나갔지만, 빨간색의 운전수와 유도원은 피해자의 존재를 미리 알아차리지 못했다.

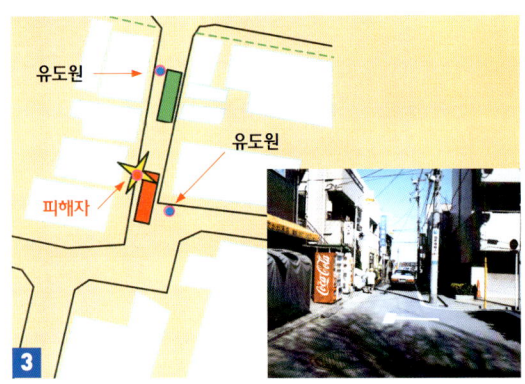

3 빨간색의 덤프트럭이 왼쪽으로 핸들을 틀었을 때 직전의 차 옆으로부터 나온 피해자를 왼쪽 앞바퀴로 치인 경우.

4 직전의 차가 유도원과 운전수의 사각을 만들었다. 이러한 좁은 길에서는 사각을 적게하게 위해 차간 거리를 충분히 유지하고, 유도원의 배치도 고려해야 한다.

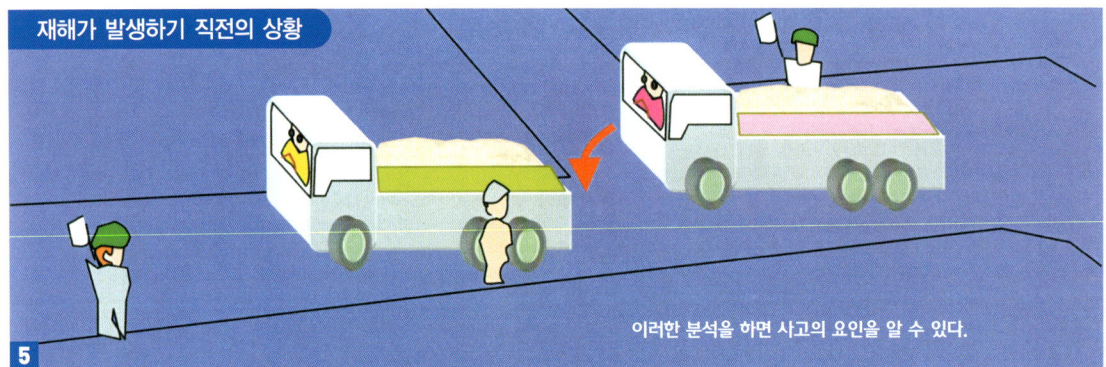

5 각각의 분야 전문가가 사고의 방지를 위해 노력한다. 하지만, 전문가라도 알아볼 수 없는 상황이 발생할 수 있다. 과거에 많은 사례를 확인해보면, 이러한 사례와 같은 사고가 반복되는 것을 알 수 있다.

02 그 외의 교통재해

공사현장 출입구에서의 교통재해를 방지하기 위해서는 주변 교통상황에 대한 유도원을 배치하지 않으면 안된다. 단지 배치하여 임명하는 것이 아닌 현장책임자는 유도상황을 주의깊게 확인하여 주의할 점이 있다면 분명하게 주의하여, 과거에 일어났던 사고의 예를 알려주고 지도를 해야 사전에 사고를 예방 할 수 있다.

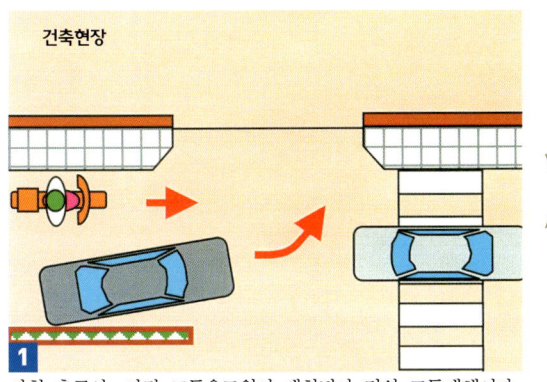

1 아침 출근시, 아직 교통유도원이 배치되기 전의 교통재해이다. 현장 작업원이 탄 차가 현장의 입구에서 좌회전하려 하였다.

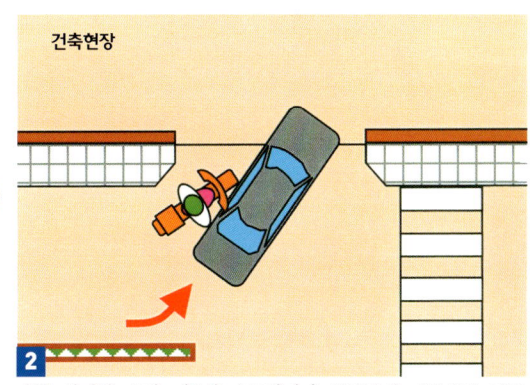

2 마침 옆에서 오던 제3의 오토바이가 직진하여 자동차의 좌측면에 추돌하였다. 경찰로부터 현장의 관리상태에 대해 조사를 받고 문책 당하였다.

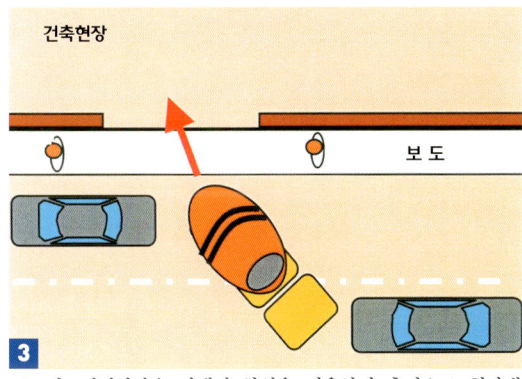

3 콘크리트믹서차량은 반대편 차선을 이용하여 후진으로 현장내에 진입하는 경우가 많다. 그 때에는 양방향의 차량을 정지시켜야 한다.

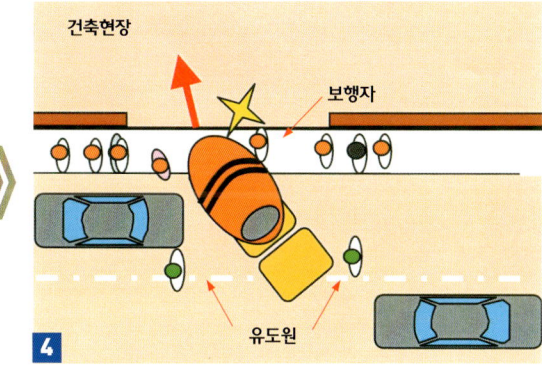

4 이 때, 다른 차량에 정신이 팔려 급하게 행동하려고 하는 보행자에 대한 사고가 발생하였다.

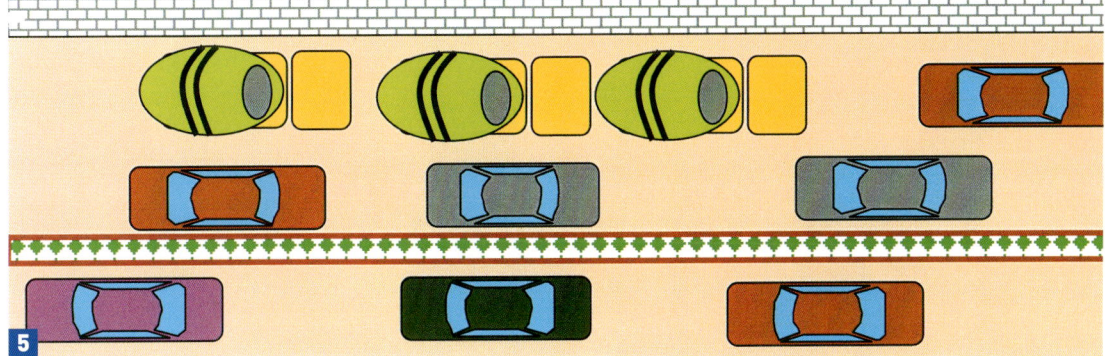

5 콘크리트 타설하는 아침, 콘크리트믹서차량이 도로에 근접하여 대기시 1차선을 점유하고있으므로 교통장해가 되어 경찰의 단속을 받았다. 현장에서는 굳지 않은 콘크리트에 한정되지 않고 다른공종의 자재반입이 있다. 복잡한 공사 진행중에 그것을 모든 운전자에게 전달하기 위해서는 매우 많은 노력이 필요하다.

03 통행인에 위해를 가하다

공사를 하면서 가장 신경쓰지 않으면 안되는 것이 주변 통행인이다. 사진 5의 경우 등에서 항타기에서 오수가 오버히트하여 통행인에게 오수가 튀었음에도 불구하고 작업을 속행하는 경우 이중의 오류를 범하게 된다. 이러한 상황이 되면, 공사를 중지하고 주변 민원인에게 양해를 구해야 한다. 공기가 촉박한 경우에 이러한 사고가 일어나므로 서두름은 금물이다. 침착하게 재해방지에 노력해야 한다.

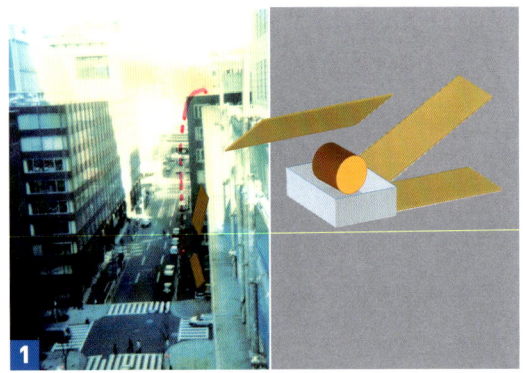

1 옥상의 개수공사를 위해 나선형 선반을 설치하여 밑에 9mm 합판을 양생하기 위해 올려 놓았으나, 강풍으로 합판이 날아가 통행인의 머리에 맞았다.

2 위의 사진과 같이 옥상에 부주의하게 합판을 올려놓으면 좌측과 같은 사고에 연결될 우려가 있다.

3 봄에 바람이 강한 날, 철골계단을 크레인으로 들어 올렸을 때, 그것이 강풍에 휩쓸려 전날 비로 인해 계단에 고여있던 녹 물이 통행인에게 쏟아졌다.

4 철골기둥의 조립용 가설피스를 제거할 때, 가스절단을 위한 불똥이 양생시트의 틈을 통해 보도를 지나는 행인에게 쏟아졌다.

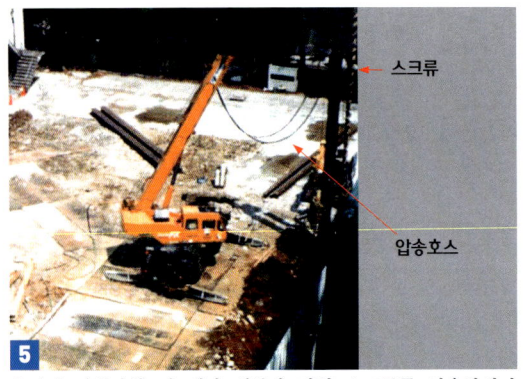

5 흙막이 말뚝타설 시 배관 내부가 막힌 스크류를 사용하였기 때문에 수압이 높아져 호스가 빠져나와 외부의 통행인에게 오수가 튀었다. 통수시험을 하지 않았다.

6 중기를 건물 위로 올려서 건물의 해체공사 중, 중기의 유압호스가 빠져나와 비산한 기름이 외부의 통행인에게 뿌려졌다.

04 출입구 주변의 사고

공사현장의 주변은 근린사회에의 접점이다. 1과 2와 같이 부주의한 관리가 공사현장에 대해 불신감을 크게 한다. 그림 3과 4와 같이 외부에 접하는 부분은 특히 신중히 점검하지 않으면 안된다.

1 전기 지중화 굴삭공사상황이다. 도로에 면하고 있으나 난간 등의 낙하방지가 없다. 어린이가 추락하는 사고가 생길 수 있다.

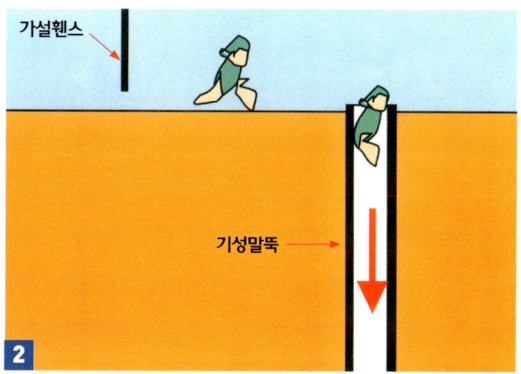

2 기성말뚝을 타설한 장소에, 간이 가설휀스를 빠져나온 어린이가 들어와 놀던 중에 말뚝 구멍에 떨어지는 사고가 있었다.

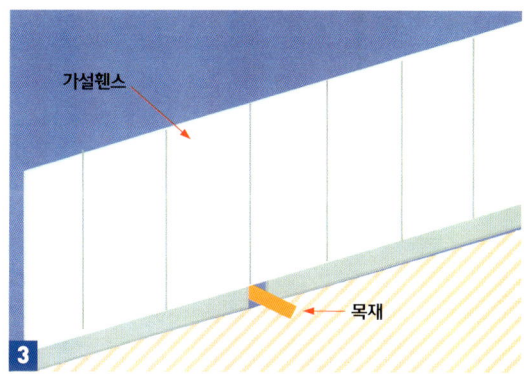

3 가설휀스의 구멍을 통해 나와 있던 목재에 통행인의 다리가 걸려 넘어졌다. 하루에 한번은 외부 제3자의 입장에서 확인해야 한다.

4 위의 그림과 같이 바리케이트의 매쉬부분의 강선이 1개소 외측에 나와있어 통행인으로부터 [코트에 걸려 찢어졌다]라고 민원이 들어왔다.

5 해체한 방음패널을 쌓아올린 상황. 약간의 충격으로 붕괴되어 사람이 깔릴 수 있다는 것을 생각하지 않았다. 안전관리자의 세심한 지도가 필요.

6 거푸집발판용 발판을 쌓아놓은 것이다. 이것도 위험한 적층방법이다.

05 무의식의 함정(1) 바닥 개구부를 통한 추락

지금까지의 경험을 토대로 발생한 사고를 분석하여 보면, 어느 부분이 많은 사고의 요인이 되어 있는 것을 알 수 있었다. 그것은 [무의식이 파놓은 함정]이다. 이러한 함정은 작업과 작업사이에서 순식간에 나타나기 쉽다. 이러한 함정을 만들지 않는 시공계획, 또는 함정에 빠지지 않도록 하기 위한 교육이 절실하다. 몇 개의 사례를 들어 설명한다.

1 왼쪽의 사진과 같은 엘리베이터 기계실에서 내부의 거푸집해체가 끝나고 그 후의 정리를 위해 지시를 받은 작업원이 안에 들어가 흩어져 있는 거푸집자재 등을 정리할 때 기계양중개구부로부터 피트까지 추락하고 말았다. 흩어져 있다고는 하지만, 개구부가 있었는데 왜 알아채지 못했는가? 라는 의문이 남는다. 기계실의 슬래브를 받치기 위한 샤프트에 발판·지보공을 연결하여 개구부에는 부속품들이 널려져 있었으나 전날까지 해체를 종료하여 운나쁘게도 그 위에는 콘크리트의 넘쳐흐른 것이 얇게 남아있었다. 작업원은 그 아래에도 가설마루가 존재한다고 생각하고 의심하지 않고 위에 올라갔던 것이 아닌가 생각된다. 안전관리를 하는 사람이 의식하기도 전에 이러한 함정이 발생해 버렸다. 현장 책임자는 계획을 하는 단계에서 이러한 함정을 어떻게 회피할 것인지에 신경을 써야 한다. 이러한 것은 시공도를 그리는 단계에서 알아챌 수 있으나, 시공도를 외주에 맡겼다면, 모처럼의 확인기회를 잃어버리는 경우가 많다. 냉정한 자기분석과 그 대응을 위한 계획이 요구된다.

사진 2와 같이 합판이 마루의 위에 있기 때문에 정리하기 위해 그림 4와 같이 들어 올려 전진하였을 때, 사진 3과 같은 개구부가 열려있어 7m 높이에서 추락해 사망한 사고가 있었다. 비록 개구부 표시가 있다고 하더라도 현장의 조명이 어둡다든지, 먼지나 오염으로 보이지 않게 될 경우가 있다. 낙하방지의 보호발판이 있다면 생명을 구할 수 있다.

06 무의식의 함정(2) 지지되지 않은 부속에 오름으로 인한 낙하

이것도 함정의 일례이다. 발생한 재해를 많은 사람에게 알리고 재발을 막기 위해 만화로 나타내었다. 사람의 기분·시간의 경과를 표현할 수 있는 거푸집인부가 임시로 대어 놓은 벽의 상판의 위를 먹줄인부가 통행했다. 무의식으로 하였던 행동이 함정을 만들어버렸다. 작업 중에 유사점이 없는지 검토·확인이 필요하다.

07 무의식의 함정(3) 데크 개구부로부터의 추락

내부 양중용으로 사용하고 있던 개구부에 압송파이프를 통해서 여러층분의 슬라브 콘크리트를 타설하고 최종적으로 최하층의 슬라브 콘크리트를 타설할 준비를 하고 있었다. 그 때 콘크리트의 압송파이프를 통과시키는 부분은 데크(0.6 2.2m)를 모두 개방시킨 상태에서 개구부 위에 합판을 올려 놓았다.

개구부에 데크플레이트를 덮고 콘크리트를 타설한다.

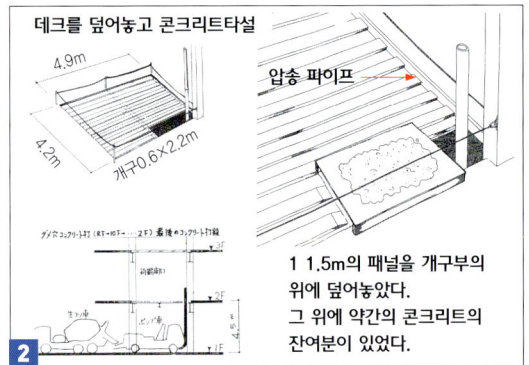
4.9×4.2m의 개구부에 데크를 덮어놓고, 콘크리트압송 배관을 통과시키기 위해서 일부 0.6×2.2m의 개구부를 만들어 버렸다.

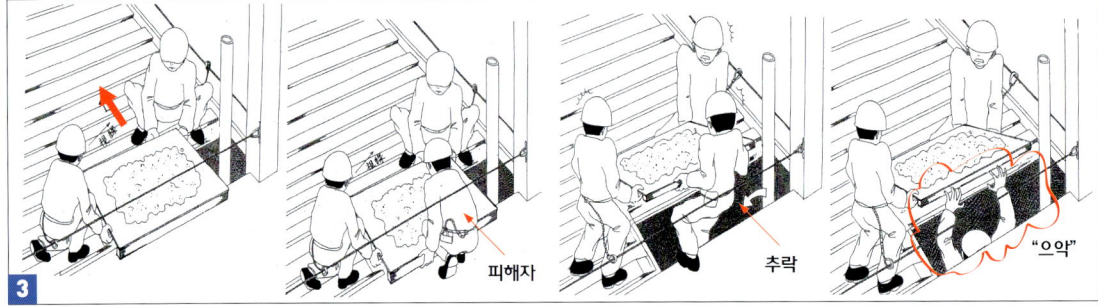

두사람으로 화살표방향에 합판을 이동시키려고 할 때, 도중에서 도와주려 온 피해자가 로프를 통과해서 합판을 들어올렸다.

피해자는 합판의 아래에도 데크가 덮혀있다고 생각하고, 합판을 들어올려 개구부로 향했다. 그리고, 다른 두명이 아찔한순간을 파악하고 주의를 줄 틈도 없이 순식간에 4.5m 아래의 콘크리트 슬라브로 작업자 1명이 추락하였다.

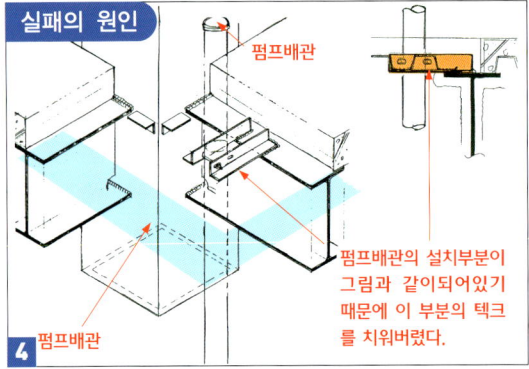
앞을 예상하지 못한 일이 이러한 비극을 만들어냈다.

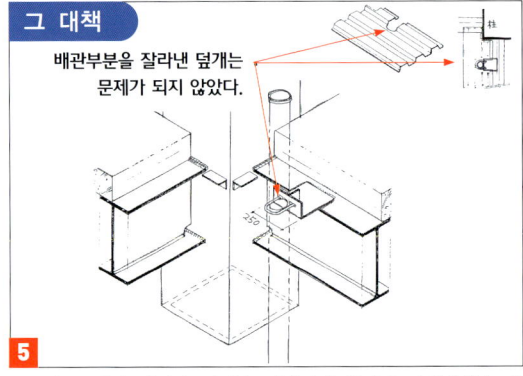
철골발주 시에 이러한 위험을 예지하여 확실히 가설계획을 세우는 것으로 재해 방지가 가능하다.

08 무의식의 함정(4) 철골기둥 트랩을 오름으로 인해 추락

작업 중에는 하나하나를 생각해가면서 행동하지는 않는다. 일련의 무의식적인 행동이 우선시 되어 이러한 함정에 걸리고 만다. [앵글을 이러한 상태에 높으면 함정이 된다.]라는 인식이 필요하다. 이 무의식의 함정은 많은 사고의 요인중 하나가 된다. 이러한 사고에 대한 예지능력을 향상시킴으로 재해를 예방 할수있다.

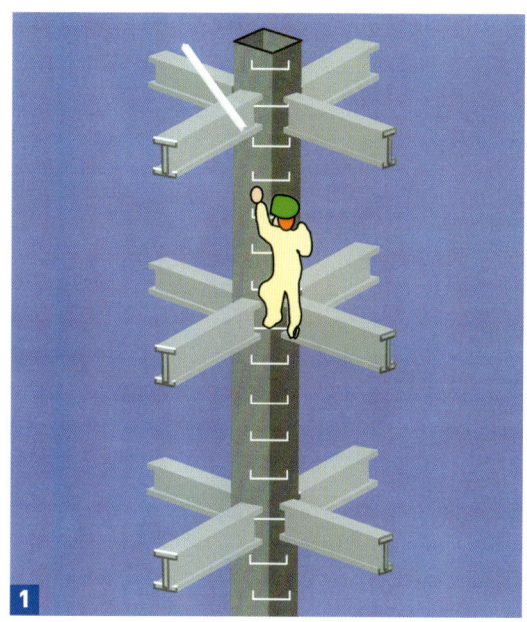

1 철골기둥의 트랩을 올라갔다.

2 보위에 앵글이 있어 거기에 손을 잡고 올라가려 하였다.

3 고정되어 있다고 생각했던 앵글이 움직이기 때문에 허둥대다가 균형을 잃어 추락하였다.

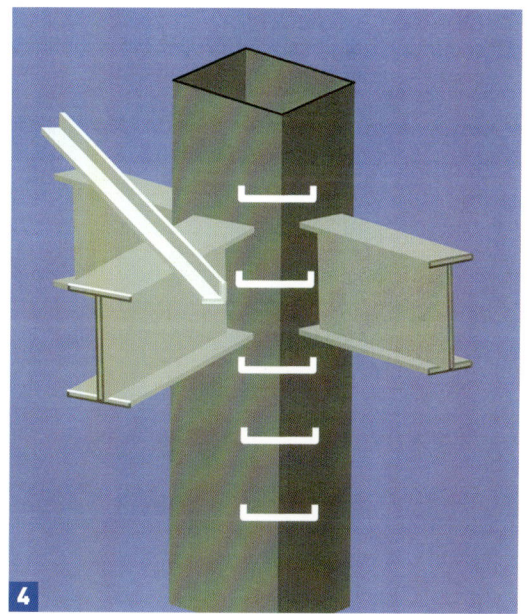

4 이러한 상황을 머릿속에 염두했으면 한다. 또한, 이것과 유사한 함정을 발견하기 위해 [함정의 예지능력]을 판단할 연구가 필요하다.

09 무의식의 함정(5) — 돌로 시공된 벽의 틈새 정리 시 컷팅작업으로 얼굴로 불똥

그림 1 과 같이 건물의 현관부분에서 셔터레일과 석재 사이에 작은 틈이 있어 틈새폭을 맞추기 위해서 그 부분에 컷터를 사용하였다. 그때 뒷면의 철골에 컷터의 날이 닿아 불똥이 튀고 그것이 얼굴에 날아와 큰 상처를 낸 사고가 있다. 어느 정도 작업이 진행되면 방심하는 경향이 있어 석재의 뒷면에 무의식이 파놓은 함정을 알아채지 못하게 된다.

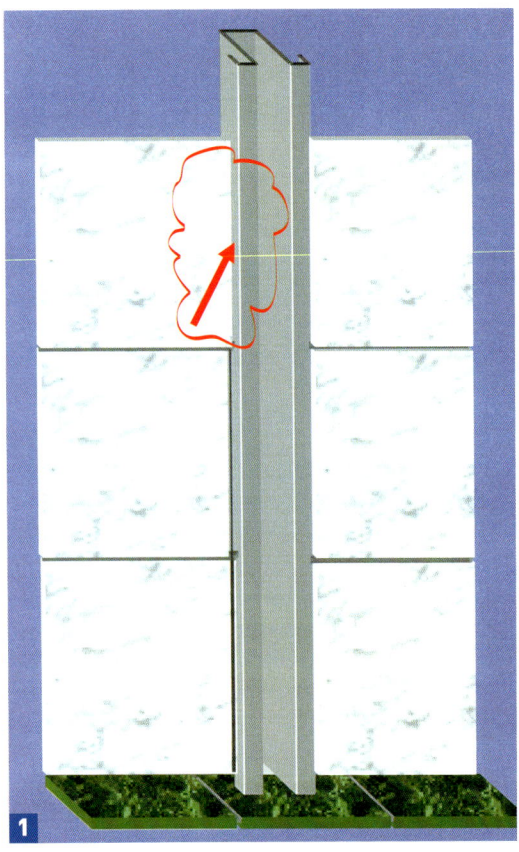

1 화살표부분의 석재가 셔터에 너무 접촉하여 틈이 거의 없어졌다.

2 석재를 컷팅할 경우, 자르는 부분이 보이지 않기 때문에 방호커버를 완전히 제거하는 경우가 많다.

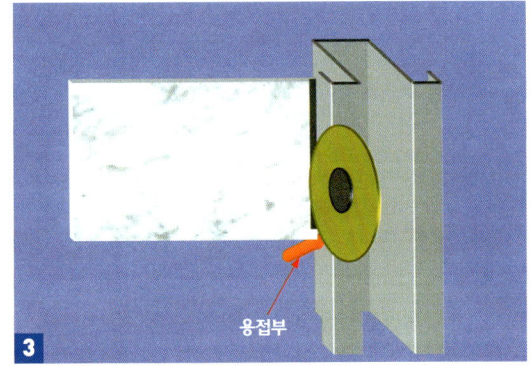

3 동일한 상황으로 자르고 있었는데 셔터레일을 용접했던 부분에 컷터 날이 닿아 튀었다.

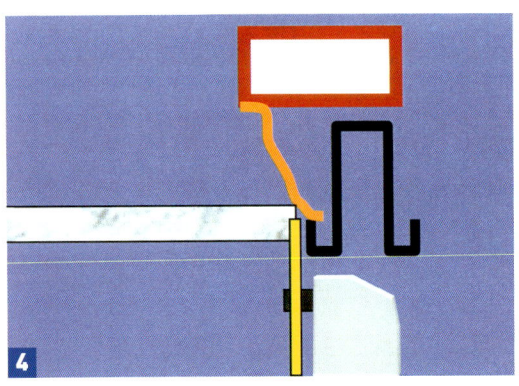

4 위의 그림과 같이 컷터의 날이 레일의 앵커철근에 닿았다.

5 튄 날이 작업하고 있는 사람의 얼굴이 맞아 코부터 입술에 걸쳐서 큰부상을 당하고 말았다.

※대책: 컷팅하는 날의 회전방향을 바꾸어서 절단할 것.

10 무의식의 함정(6) 돌출된 발판에 발을 올려놓아 추락

쿨링타워의 약 4m 높이부터 내려오려고 몸을 내어 고정되어 있지 않은 2m의 발판 돌출부에 발을 올려놓았을 때, 발판이 밸런스를 잃고 추락하였다. 발을 올려놓을 부분이 조금이라도 편한곳이 있다면 안전하다고 생각하는 것이 사고의 원인이다.

1. 이 발판에 발을 올려놓았다고 생각됨

2. 이러한 협소한 공간으로부터 몸을 내밀었다.

3. 추락하여 머리를 부딪혀 뇌에 중상을 입었다.

실패방지 포인트 1

외부에 몸을 내기 전에 생명줄을 걸고 있었더라면 이라고 생각되나 그러한 습관을 들이기는 매우 어렵다. 이러한 사고 사례가 바로 작업원에게 전달되지 않는 것이 현실이다. 필자가 생명줄의 중요함을 실감하였을 때는 이미 늦게 된다. [생명줄을 사용하자]라는 슬로건 뿐이 아니라 위험한 사고에 대비할 수 있는 것을 몸에 익힐 수 있는 안전교육·안전관리가 요구된다.

11 과도한 힘으로 인해 밸런스를 잃다.(1)

반동에 의한 사고라고 표현한다. 어떠한 것을 올바른 위치에 고정시키려고 가했던 힘이 몸전체의 밸런스를 무너뜨리려 추락하는 형태이다. 평지에서의 작업이라면 큰 사고가 되지 않겠지만, 높은 곳이나 개구부 근처에서 발생하는 일이라면 목숨을 위협할 만한 일일 것이다.

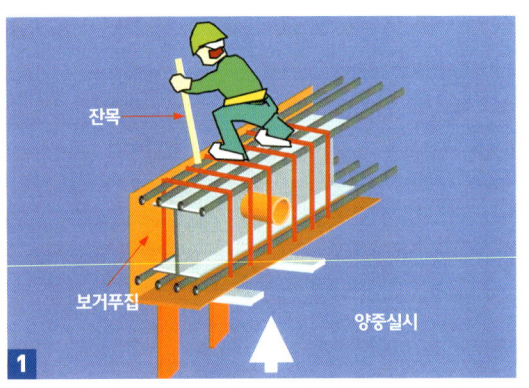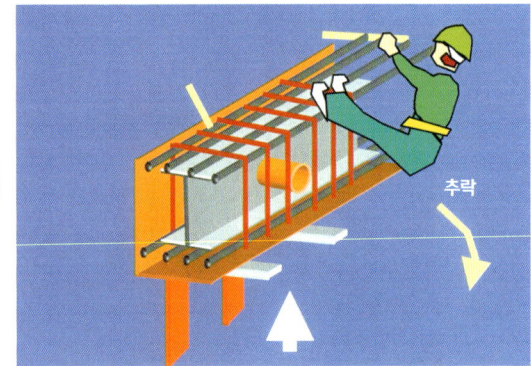

철근공정을 시공한 철골보에 보의 거푸집을 리프트를 통해 아래에서 양중하여 설치하려고 할 때 보거푸집이 철골의 슬리브에 닿아 거푸집작업인부가 철골보에 올라가 잔목을 이용하여 보거푸집을 밀어내었을 때 잔목이 부러지면서 3.7m 아래로 추락하였다.

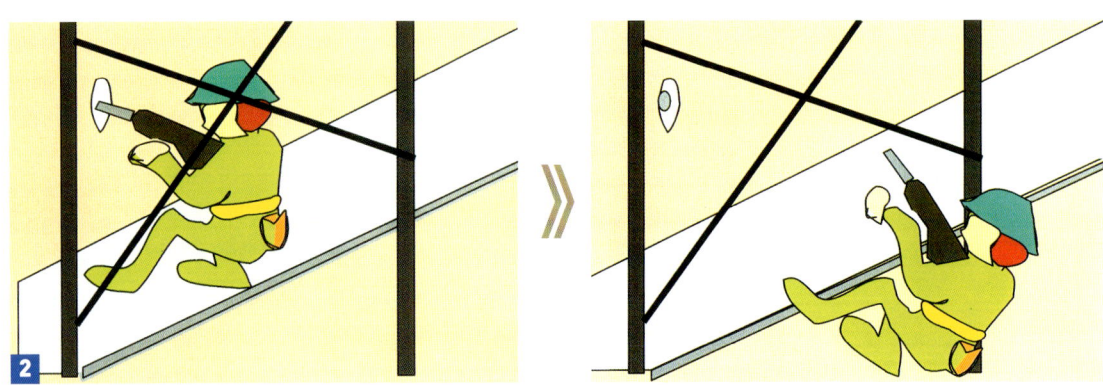

외벽을 조금씩 벗겨내다가 기계가 벽의 철근에 걸려 이를 빼려고 힘을 들였을 때, 기계가 벽으로부터 갑자기 빠졌다. 이러한 과정에서 밸런스를 잃고 뒤로 넘겨져 틀비계 가새의 하부로부터 빠져나와 8m 아래로 추락하여 사망하였다.

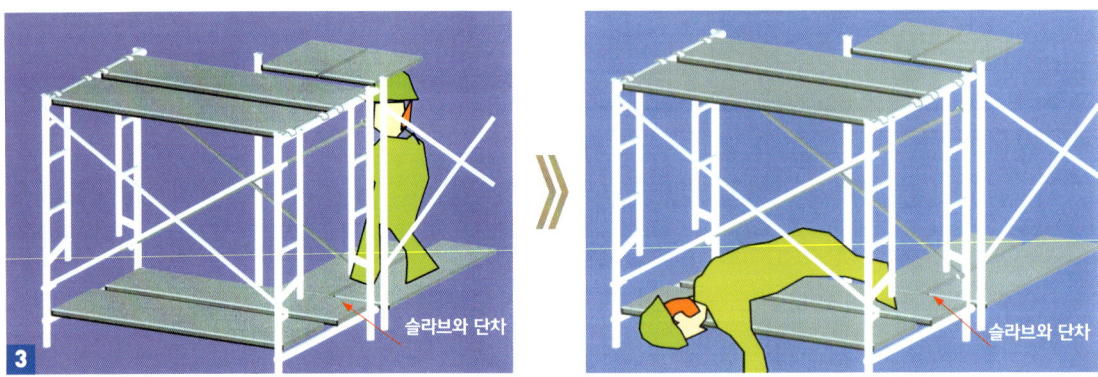

틀비계의 모서리 부분에서 안쪽으로 아무렇지 않게 걸어 들어오던 곳에 발판의 단차에 걸려 그림과 같이 가새 사이로 13m 아래로 추락하여 사망하였다.

12 과도한 힘으로 인해 밸런스를 잃다.(2) 철골보 잡아 빼기

이 사고의 패턴은 매우 많다. 그림 1의 사고는 제1절의 철골에서 높이가 4m 였기 때문에 방심하여 생명줄을 사용하지 않았다. 그림 2에 나타낸 바와 같이 사다리 작업에서의 사고는 철골작업원이 기둥의 bracket joint를 결속할 때 힘의 밸런스가 무너져 추락하는 예로 많은 공정에서 공통적으로 발생할 수 있으므로 주의를 바란다.

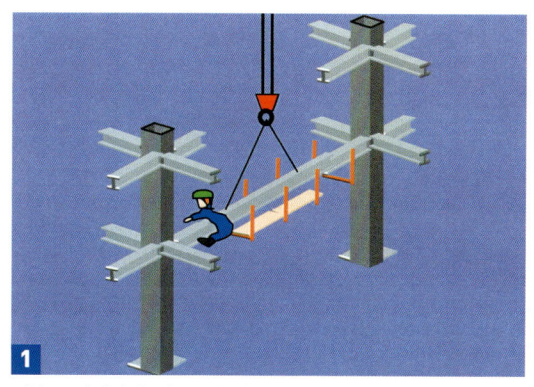 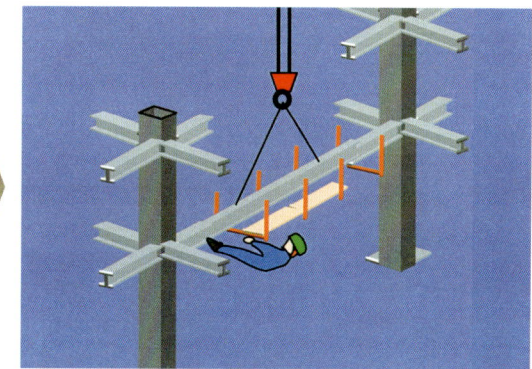

기둥 브라켓상의 철골보의 설치 중, 보를 앞으로 끌어당기려고 힘을 주어 당겼을 때 철골보가 생각과 달리 간단히 앞으로 이동하여서 밸런스를 잃고 4m 밑의 콘크리트면에 추락하여 척추의 압박골절의 중상을 입었다.

알루미늄으로 된 사다리의 위에서 보드절단 작업을 하던 중 톱이 걸려 힘을 주어 빼려던 찰라에 밸런스를 잃고 콘크리트바닥에 머리를 강하게 부딪쳐 사망하였다. 반동이 걸려있었으므로 머리에 작용하는 힘이 매우 큰것을 인식하고 안이한 사다리 작업에 대해 주의를 요한다.

외부의 틀비계발판을 해체 중 비계부속이 빠지지 않아 힘을 주어 빼던 중 부속이 갑자기 빠져서 밸런스를 잃어 12m 아래의 지면에 부속과 함께 추락하여 사망하였다.

13 과도한 힘으로 인해 밸런스를 잃다.(3) 철근 구부리기

건설현장에서의 사고는 누구나 바라지 않는다. 사망사고 등이 발생한다면 전원이 노력하여 왔던 것이 물거품이될 수 밖에 없다. 많은 사고를 경험한 후의 생각은 동일한 패턴의 사고가 연속하여 발생한다는 것이다. 사고의 원인을 [안전띠를 하지 않았다.]의 한마디로 끝내지 말고 깊숙이 있는 본질적인 것에 눈을 돌려야겠다. 그리고 그 본질적인 것에 대한 대책을 실천해야겠다.

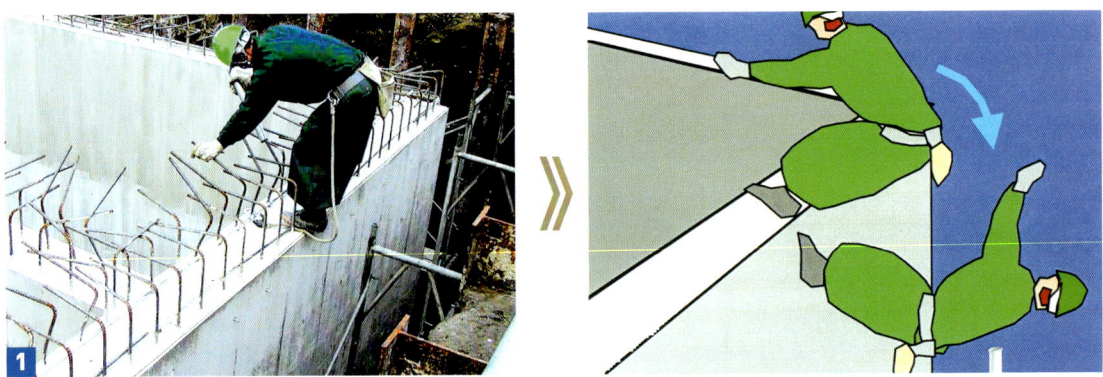

위의 사진은 철근을 구부리려고 하고 있는 것이나 만의 하나 철근이 부러지는 경우, 오른쪽의 그림과 같이 밸런스를 잃어 추락하여 지면에 떨어져버리든지, 척추를 발판의 뾰족한 부분에 닿아 치명적인 사고날 우려가 크다. 작업을 시작하면 자신을 객관적으로 볼 수 없다. 주변의 사람과 안전관리자가 평상시에 철저하게 지도하지 않으면 안 된다.

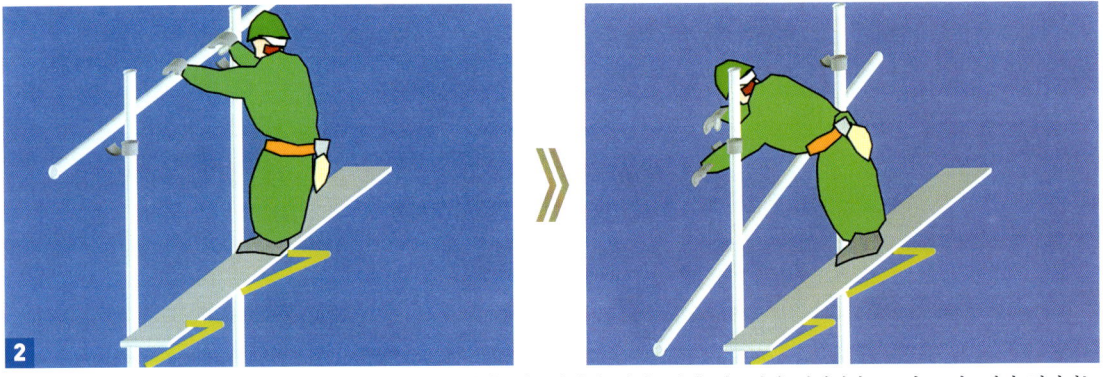

브라켓 발판의 비계 위에 난간용 단관을 올려놓으려고 하였으나, 단관이 비계로부터 미끄러져 떨어졌다. 그리고 미끄러져 떨어지는 강관을 잡으려 하다 오른쪽의 그림과 같이 밸런스를 잃고 3m 아래의 바닥에 머리를 부딪쳐 사망사고가 되고 말았다.

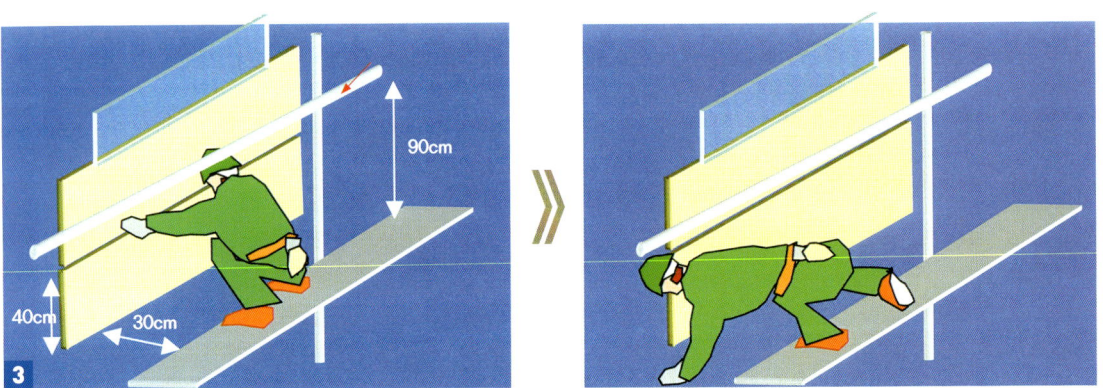

발판 위에서 외벽의 수평줄눈에 씰을 시공하고 있었다. 수평줄눈의 위치가 발판바닥으로부터 40㎝ 높이에 있었기 때문에 쪼그려 앉아 작업을 하고 있었다. 일어서려 할 때, 바닥으로부터 90㎝의 위치에 있던 단관난간에 머리를 부딪쳐 밸런스를 잃고 5.1m 밑의 브라켓발판에 부딪히고 9m 아래의 발판바닥의 위로 낙하하여 중상이 되었다.

14 위험한 작업행동(1)

[어떻게 그런 사고가 일어 난거지? 어떻게 그런 일을 하고 있었는지?] 등의 사고가 발생하고 보면 무의식적인 상황이 있다. 하지만 현장에서는 순서의 오류가 일상적이므로 그것을 만회하기 위한 무리한 작업을 강행하게 되는 것이 현실이다. 안전관리자는 발판해체전까지 끝내지 않으면 안 되는 작업을 철저히 확인할 필요가 있다. 또한, 상담하기 쉬운 가설담당자를 배치하는 것도 효과가 있다.

1 다행이도 생명줄을 사용하고 있지만, 왜 발판이 있을 때에 시공하지 않았냐에 대해 후회가 된다. 발판해체전의 확인이 중요하다.

2 덕트 위에서 작업을 하고 있으나, 올라가도 괜찮을 정도의 강도는 보장할 수 없다. 배관으로부터 덕트에 옮겨갈 때 추락해 사망한 예가 있다.

3 지하실의 천장 내 배관이다. 상부의 작업을 완료하지 않은 상태에서 하부배관공사가 끝났으므로 그 위에 올라가서 작업하고 있다.

4 발판계획·작업계획도 없이 현장에서 배관을 내리고 있다.

5 지하에 짐을 내리기 위해 개구부의 난간에 올라가서 벽철근을 조립하는 중. 이러한 상황이 되지 않도록 시공계획을 세우지 않으면 안 된다.

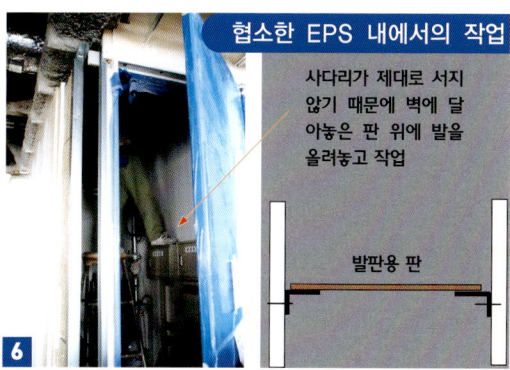

6 이 안에서의 작업을 살펴보고, 이를 위한 발판을 전략적으로 계획해야겠다. 양쪽에 앵글을 걸어서 발판을 올리는 방법도 있다.

15 위험한 작업행동(2)

생명줄이 그다지 사용되지 않는 상의 사진이다. 작업에 열중하면, 자신의 상황을 객관적으로 볼 수 없게 된다. 작업원·조장·사업주·현장직원에게 시간을 들여 협조하는 교육·설득이 필요하다.

1 열중하여 해체작업을 하고 있으나, 한발짝 뒤에는 낭떠러지로 위험할 수 있다. 생명줄을 왜 사용하지 않는가?

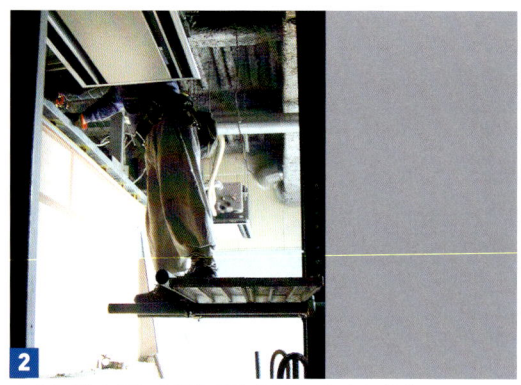

2 여기서 떨어지면 아래의 철근에 찔릴 우려가 있다.

3 흙막이벽의 말뚝 해체작업 중이다. 아래는 철근이 수직으로 서있다. 생명줄 사용이 요구되는 상황이다.

4 꽤 무리한 자세로 작업을 하고 있다. 난간은 없고 생명줄도 사용되지 않는다. 이러한 자세에서 어지럼증이 발생한다면 밸런스를 잃기 쉽다.

5 창문에 몸을 올리고 있기 때문에 파이프에 생명줄을 걸고 있다. 이 상황에서 주의해야 할 것은 그 파이프가 확실히 고정되어 있는가이다.

6 작업자세에 따라 난간의 높이가 의미 없는 경우가 많다. 생명줄을 이렇게 습관적으로 사용하고 있는 사람은 사고발생 확률이 낮다.

16 사다리 작업 시 위험한 작업행동(1)

사다리 작업의 추락재해는 우연이라고 하기엔 그 사례가 많다. 간단함을 이유로 사용되고 있으나, 한단 높이에서 뒤로 추락하여 머리를 부딪혀 사망한 예가 있다. 아래의 사진을 보고 실제 현장에서 어떠한 작업이 진행되기 쉬운지 경향을 알아보고 가설계획시 참고가 되었으면 한다.

1 거푸집 위의 배근공사 시 한쪽 발은 벽철근에 올리고, 다른 발은 사다리에 올린채로 작업을 하고 있다. 사다리는 편리한 만큼 무리하게 사용하는 경향이 있다.

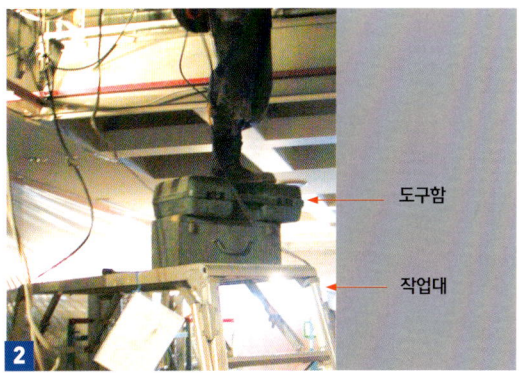

2 작업대 위에 도구함을 두개 올려서 높이를 확보하고 있다.

3 천장인서트를 위해 박음용 앵커의 드릴작업을 하고 있다. 드릴이 철근에 닿아 흔들려 밸런스를 잃는 경우도 있다.

4 천장이 높은 방의 시공은 그것에 맞는 발판설비를 사전에 계획해야 한다.

5 외부의 간판설치공사를 하고 있다. 만일 통행인이 사다리를 건드린다면 밸런스를 잃고 추락하고 만다.

6 사다리 끝에 하중을 걸고 있다. 일단 내려와서 사다리의 위치를 바꾸면 작업이 안전해질 수 있으나, 아무래도 그대로 진행하게 된다.

17 사다리 작업 시 위험한 작업행동(2)

사다리 위의 작업은 매우 불안정하다는 것을 인식해야 한다. 안정성이 있는 발판에서 작업능률을 올리도록 하는 계획이 필요하다.

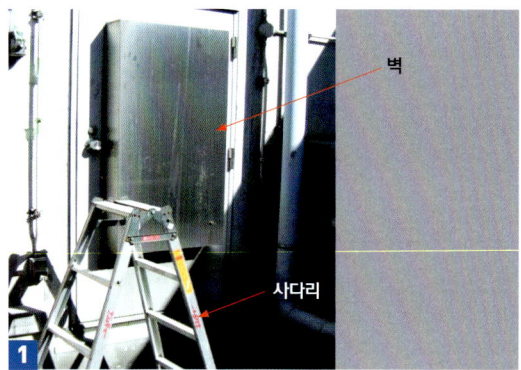

문 앞에 사다리를 세울 때는 시건장치 표시에 주의해야 한다. 특히 계단실에서 전도하면 큰 사고가 된다.

뒤에 자재가 있으면 무리한 자세에서 작업하게 되어 추락하기 쉽다. 자재보관 장소의 마감은 조기에 결정해서 표시해야 한다.

발판 한장에서 불안정한 작업이 어두운 공간에서 행해지고 있다. 발판이 휜다면 밸런스를 잃는다.

자세히 보면, 한장 두점지지의 발판이다. 생각만큼 바른 사용방법이 지켜지지 않는다.

발을 올릴 장소가 있으면 꼭 올라가고 만다.

사다리의 다리가 약간이라도 어긋나면 전도한다.

18 헛디딤과 전도

공사현장 내의 헛디딤은 커다란 재해로 연결되기 쉽다. 특히 커다란 물건을 옮기면 아래를 보기 어렵다. 사진 1과 2처럼 계단부분에 전선이 꼬여 있으면 위험하다. 계단실은 분전반을 놓는 곳으로 되기 쉽다. 또한 그림 5와 같이 철골보의 위에 잘 보이지 않는 피스가 부착되어 있다면 전도하기 쉽다.

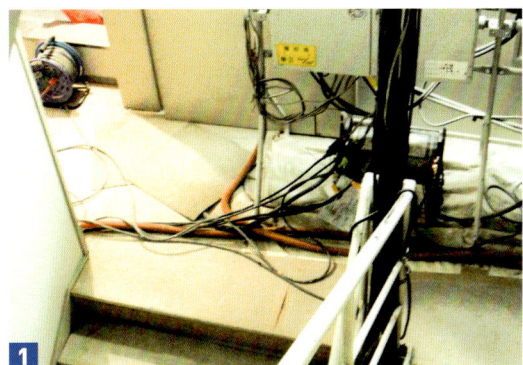

1 계단에 분전반을 놓으면 발을 헛디디기 쉽다.

2 용접용 전선이 위험한 상태로 되어 있다. 통로부분에 임시전기설비를 준비하면 보다 깔끔한 환경 확보가 요구된다.

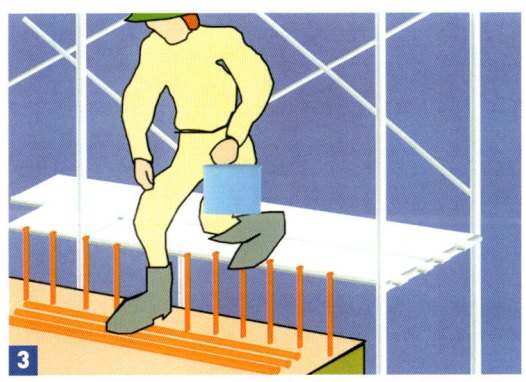

3 외부발판으로부터 단부로 통행하려고 했다. 그곳에 벽용 철근을 임시로 놓아 두었다.

4 철근 위에 발을 올려놓은 순간 철근이 굴러서 벽 철근에 걸려 허벅지에 상처를 입었다.

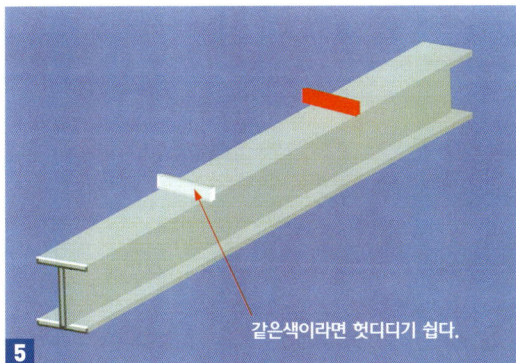

5 철골보의 위에는 철근설치 및 양중용 피스를 붙이는데, 보재와 동일한 색이라면 어두운 경우에 잘 보이지 않아 헛디며 전도하기 쉽다. 눈에 띄기 쉬운 색으로 해놓아야 한다.

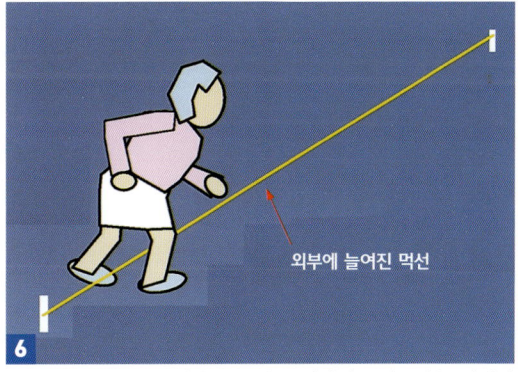

6 먹선으로 위치를 표시하고 그대로 방치해 놓을 경우 걸려서 큰 상처를 낸 경우가 있다. 또한 콘크리트못의 처리도 확실히 해야 한다.

19 하역 시의 재해

과거 훅 와이어의 절단으로 많은 사람이 사상한 경우가 있다. 양중 작업시 밑에 있지 않도록 하는 원칙은 그러한 교훈으로부터 왔으나, 작업하고 있는 사람은 그러한 경험이 없어서인지 또는 열중하고 있어서인지 밑에서부터 짐을 받으려 한다. 혹시나 wire가 끊어질 것을 대비해 자신을 보호하기 위한 위험예지 훈련을 철저히 해야겠다.

1 와이어망에 들어있는 중량물을 바로 밑에 들어가서 받고 있다.

2 커다란 파이프를 나이론 실링으로 훅을 고정하여 쇠사슬 로프를 바로 밑에서 당기고 있다.

3 이것도 와이어망을 사용하였으나 불안정한 상황에서 양중하고 있다. 만약 바람이 불어서 짐이 흔들린다면 낙하한다.

4 철골도 양중하여 설치하려 하고 있으나, 난간도 없고 생명줄도 없다. 만일 철골이 흔들린다면 그대로 20m 아래에 추락하고 만다.

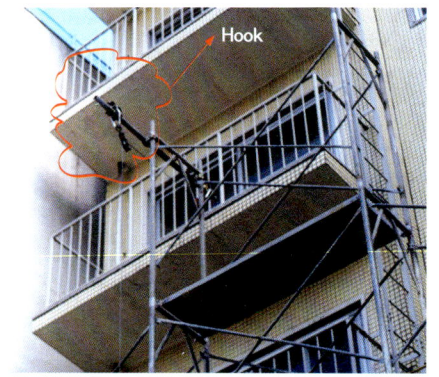

5 양중용 활차의 고정에 강도부족의 훅을 사용하고 있다. 또한, 단관 1개를 빼놓은 것으로는 위험하다.

6 이 높이에서는 발판용 판의 이용으로 추락재해가 많다. 약간의 흔들림으로도 떨어질 수 있다. 상부의 인부는 생명줄 사용을 습관화 해야겠다.

20 중기에 의한 재해

사진 1·2와 같이 중기의 선회하는 속도는 생각 이상으로 빠른 경우가 있다. 익숙해지면 그 옆을 지나가게 될 경우가 있으나 바닥사정이 안 좋은 경우에는 빠르게 지나갈 수 없다. 재해에 당하기 쉬운 습관은 개선에 노력을 하지 않으면 안 된다. 또한 사진 5·6과 같은 크레인의 boom의 재해를 막기 위해서는 감시원의 배치가 빠져서는 안된다.

지하에서 중기로 해체하는 경우에 약간 어두운 환경 속에서 중기와 기둥의 사이를 지나가려는 순간, 중기가 좌우로 흔들려하여 기둥과 중기 사이에 협착되어 사망하는 사고가 많이 있다.

소형의 해체기계 주변에 두 명이 있으나, 만약 조작레바를 오작동한 경우 벽과의 사이에 끼어버린다. 실제 이런 형태의 사고가 많다.

와이어 조작 안전장치가 고장난 상태로 혹은 스위치를 내리고 짐을 들어 올린 상태로 붐을 늘린 후 와이어가 절단되어 짐이 아래의 사람에게로 떨어져 사고가 발생했다.

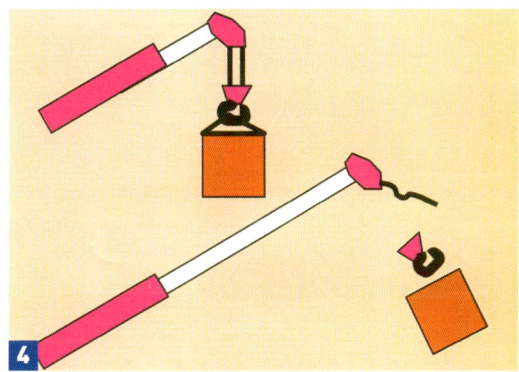

차량 기중기는 간편하므로 올바르지 못한 사용방법으로 조작하기 쉽다. 현장에 들어오는 차량에는 와이어 조작 안전장치가 장착되어있지 않은 것이 많이 관찰된다.

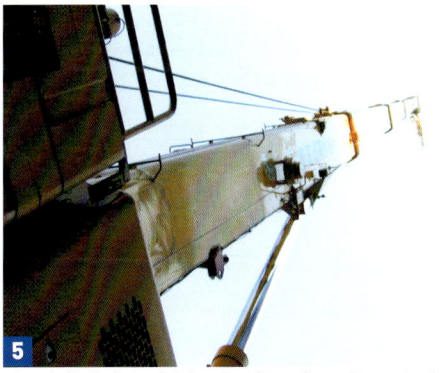

기중기의 암이 늘어남은 아무것도 없는 하늘로 높이 펴는 것에 익숙해져 있어 장애물이 있는 상황에서는 기중기의 암이 늘어남의 느낌이 위의 사진과 같이 알기 어렵다.

옆방향에서 유도원이 확인한다면 위의 사진과 같이 보여 확인이 가능하다. 장애물이 있는 장소에는 조작자 이외의 안전관리자를 배치한다.

21 고소작업차 사용시 위험한 작업자세

고소작업차라고하는 편리한 기계가 등장하고부터 건축현장에서 많이 사용되게 되었지만, 동시에 그 사용방법이 틀려 재해가 되는 일이 많아졌다. 위험한 사용의 예를 들어본다. 생명줄 사용과 바닥단차의 체크가 중요하다.

1. 고소작업차로 최대의 높이까지 올라 그곳에서 난간에 올라가 목적지까지 이동하고 있다.

2. 약간의 높이차는 난간으로 처리한다. 물론 무의식으로 발을 난간에 올려놓는다. 고소작업차에 타면 바로 생명줄을 거는 습관을 길러야겠다.

3. 생명줄의 사용은 볼 수 없다. 어떠한 반동이 있다면 추락하고 만다.

4. 고소작업차는 폭이 작게 만들어져 있으므로 횡방향으로 넘어지기 쉬운 약점이 있다. 케이블을 잡아당겼을 때, 케이블의 무게로 넘어진 사고가 있다.

포크리프트의 용도외 사용

매우 위험한 작업이다. 레버에 닿기만 해도 작업차가 움직여 밸런스를 잃고 추락한다.
어떠한 작업방법으로 할지 사전에 조정이 필요하다.

5. 슬라브 개구부
작업에 열중하다보면, 이러한 슬라브 개구부에 신경 쓰지 못한다.

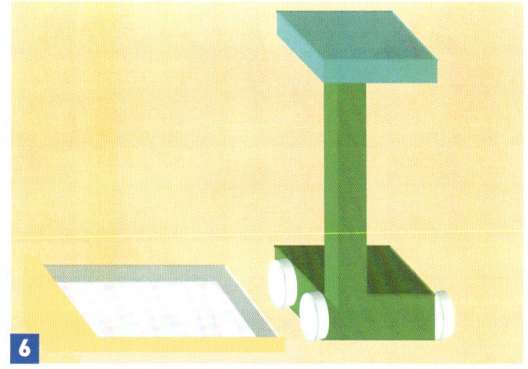

6. 작업대를 올린 상태로 주행시켜 바닥의 작은 단차에 타이어가 빠져 전도하는 사고가 많다.

22 전기기기의 파손 · 정비 불량

현장에 반입되는 공구는 파손되어 있는 것이 많이 보인다. 반입 미팅에서 이야기를 해도 철저하지 않은 것이 현실이다. 물건을 눈으로 확인하고 지시 · 지도하는 것이 중요하다.

용접홀더의 앞 절연부분이 파손되어 있다. 꽤 철저해지기 힘든 부분이다. 충격에 강하고 고온에 견디며 절연성이 있는 재료는 없는 것일까.

보호커버가 없는 투광기. 물건이 부딪혀 전구가 깨질 위험이 있다.

그라인더의 보호커버를 제거하였다.

집게식 어스는 느슨해지면 불꽃이 발생하여 위험하다. 반력타입용을 사용해야겠다.

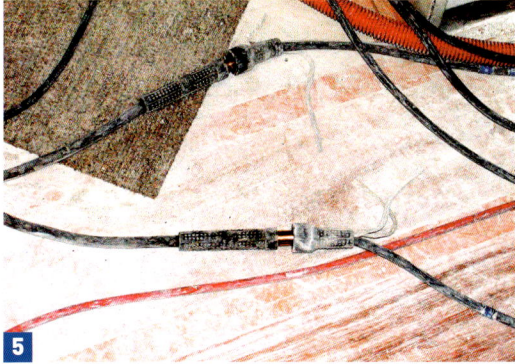

용접기로부터 홀더로의 캡다이어 케이블 조인트부분의 고무가 벗겨져 충전부가 보인다.

배선부분이 보호가 되어 있지 않다.

23 훅으로부터 와이어가 빠질 경우

마치 마술이라도 걸린 것처럼 wire가 hook로부터 빠져서 큰 사고가 되는 경우가 있다. 빠짐 방지장치가 달려있더라도 말뚝공사나 파이프햄머 공사 등으로 양중물이 순간 흔들리는 경우가 있어 위험하다. 전문공사업자라도 무의식중에 예기치 못한 사고가 발생되는 현상이 있다. 철저한 지도·관리가 요망된다.

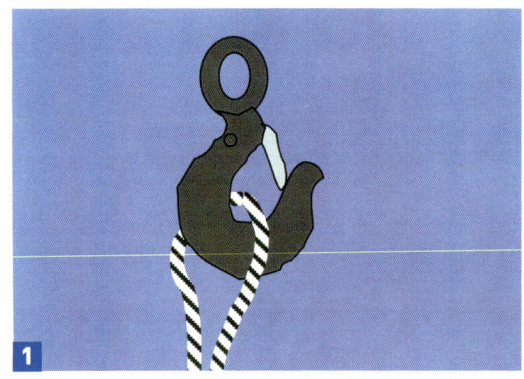

1 매달린 양중물이 무엇인가에 지탱되어 장력이 없어져 와이어가 위로 올라간다.

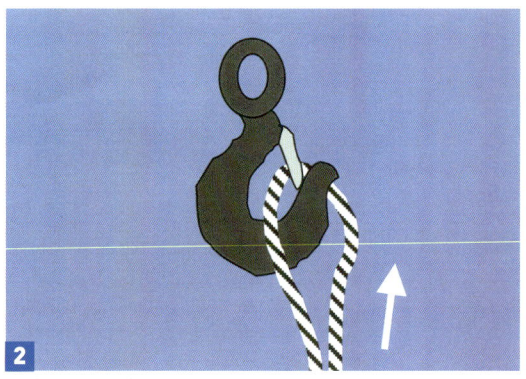

2 와이어가 단단한 자체강성 때문에 위의 그림과 같이 떠오른다.

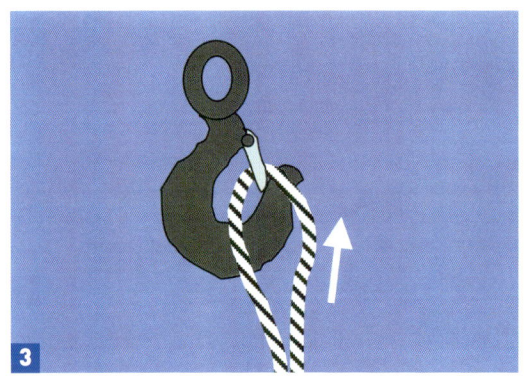

3 회전력이 걸려, 와이어가 훅 끝단을 넘는다.

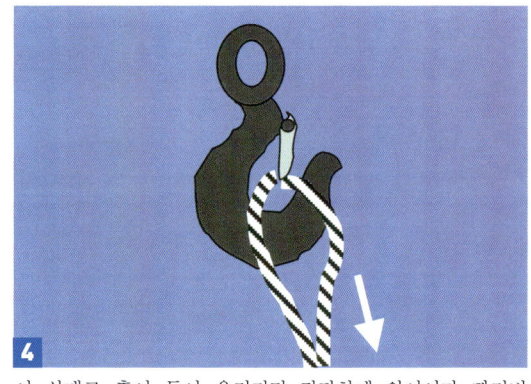

4 이 상태로 훅이 들어 올려지면 간단하게 와이어가 빠져버린다.

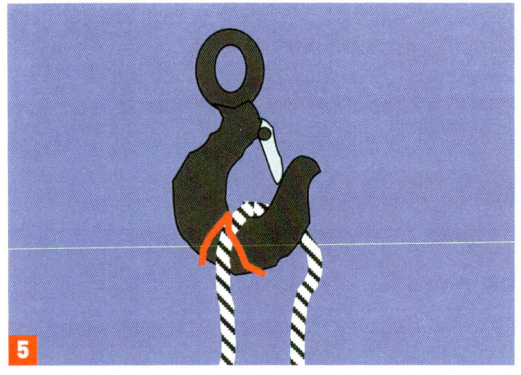

5 흔들릴 우려가 있는 훅의 사용 시에는 위의 그림과 같이 와이어를 결속할 필요가 있다.

6 이것은 정비불량으로 빠짐방지장치가 작동하지 않는다. 크레인 조작자가 책임을 가지고 관리하여야 한다.

(빠짐방지장치가 돌아오지 않는다.)

[2] 화재·소음

24. 발포스티로폼 위로 불똥
25. 덕트보온재 위로 불똥
26. 전선관을 가스절단 시 아래층에 인화 등
27. 전기관계의 화재
28. 그 외의 과거 화재발생 사례
29. 방화·도난
30. 공사중의 소음
31. 소음·진동발생의 실패
32. 공사현장에 금품 요구

24 발포스티로폼 위로 불똥

개수공사현장에서 사진 1과 같이 가스절단의 불꽃이 거푸집이 조립된 그림 2와 같은 벽안의 발포스티로폼으로 인화하여 화재로 이어졌다. 거푸집의 상부에 물을 뿌리고, 소화재를 살포하였으나, 한번타기 시작한 발포스티로폼의 불은 꺼지지 않고 대량의 연기가 발생하였다. 그리고 연기가 건물 외부로 빠져나와 소방차가 출동하게 되는 등 주변에 커다란 소동을 일으켰다.

1 이러한 불꽃이 작은 거푸집의 구멍에 들어가 발포스티로폼을 태워버렸다.

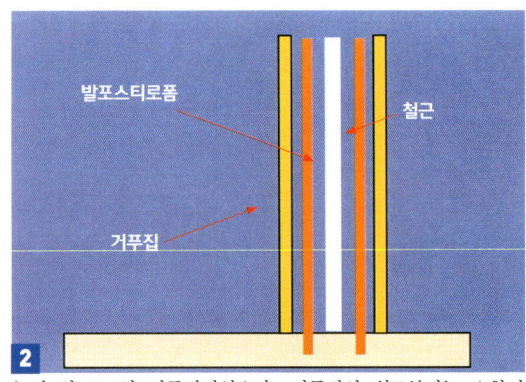

2 높이 약 4m의 거푸집이었으나, 거푸집의 위로부터는 소화되지 않았다.

3 한쪽면의 거푸집을 벗겨내어 간신히 소화할 수 있었다. 이 화재를 통해 촉박한 공기가 더욱 더 바빠지게 되었다.

4 걷어낸 거푸집과 소화기를 사용한 상황. 밀폐된 발포스티로폼에는 절대 불이 닿아서는 안 된다.

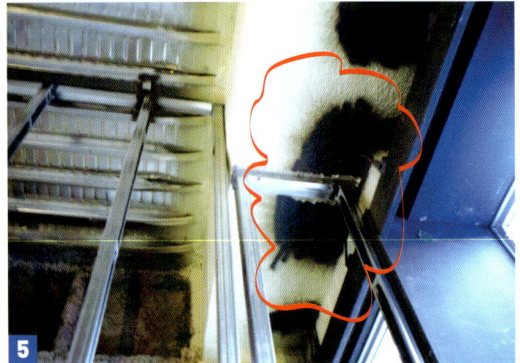

5 이것은 현장발포우레탄의 시공 후에 벽의 스터드를 용접하다가 불에 탄 모습이다. 발포우레탄의 화재는 가스가 발생하여 다수의 사망자가 발생한다.

6 현장발포우레탄의 시공 후에는 용접하지 않고 될 수 있는한 정리·마감을 잘 할 필요가 있다. 단열을 위해 불에 강한 암면의 뿜칠하는 방법도 있다.

25 덕트보온재 위로 불똥

사진 3과 같이 지하의 덕트를 슬라브 아래에서 절단할 때, 그 불꽃이 상단(1)의 탄화콜르크의 덕트보온재에 옮겨 붙어 화재가 되었다. 불은 작은 구멍으로부터도 상하층으로 이동한다. 작업하고 있는 중이라면 볼 수 있으나, 상하층은 무경계가 되어 발견이 늦어진다. 층간의 구획을 명확히 하고 불을 사용하는 장소에는 정리·정돈이 중요하다.

1 벗겨낸 보온용 탄화콜르크. 이것에 가스절단의 불꽃이 옮겨 붙어 화재가 되었다.

2 덕트의 이 부분을 가스절단 하였다.

3 놀랄 정도의 속도로 화염과 연기가 위 사진의 샤프트를 타고 올라가 초기진화가 어려웠다.

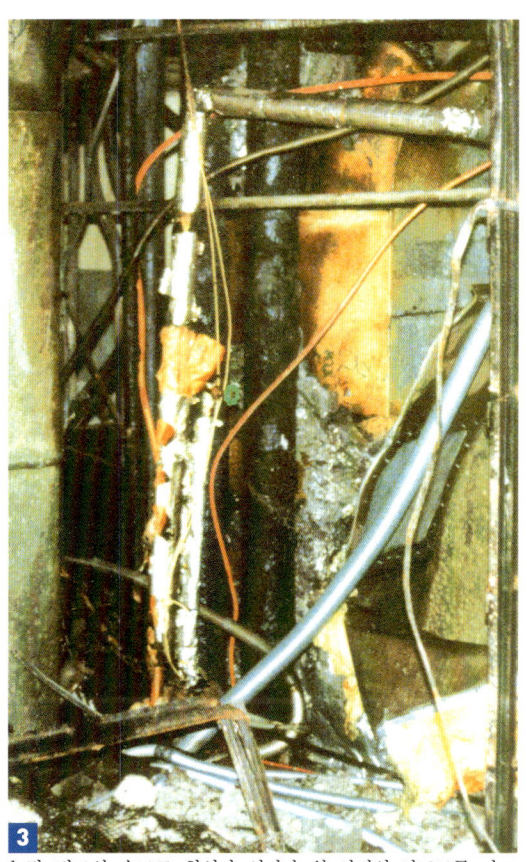

4 절단한 장소와 주변의 상황. 불을 사용하는 상황에서 정리하고있지 않았다.

5 해체재의 반출 계획이 나빠 통로도 이러한 상황이었다. [반출 루트를 확보한 후에 해체를 시작한다.]라는 원칙을 지키지 않으면 안 된다.

26 전선관을 가스절단 시 아래층에 인화 등

사진 1과 같은 전선관을 가스로 절단할 때, 도화선과 같이 관내를 통과하여 사진 2와 같은 아래층의 가연물에 인화하고 말았다. 사진 3과 같이 샤프트부분에서의 화기 사용은 아래층의 무경계부분의 가연물에 인화되어버리는 경우가 있다. 또한 불꽃이 어떻게 확산되는가 사진 5에서 확인할 수 있다.

1 전선관은 어디로 지나는지 알 수 없다. 절단시 가스를 사용하는 것은 피해야 한다.

2 아래층에서 불타고 있는 상황

3 불꽃은 자신이 관리할 수 있는 범위 이상으로 확산시켜서는 안된다. 불을 습관적으로 다루고 있는 사람은 불을 쉽게 보는 경향이 있다. 책임은 현장책임자에게 있다는 것을 인식해야 한다.

4 주변에는 가연물, 더욱이 아래는 타일카펫트라는 상황에서 아무렇지도 않게 문틀을 절단하고 있다. 아무리 화재 방지를 주장해도 이것이 현실이다.

5 아래층을 칼라콘으로 둘러싸고 있으나, 소화기 및 물도 없으며 감시인도 없다. 불꽃은 이렇게 넓은 범위에 확산할 수 있으므로 염두에 두고 작업을 하여야 한다.

6 부주의하게 놓은 가솔린. 여기에 인화된다면 소화기로는 소화할 수 없다. 위험 예측이 매우부족한 상황으로 불의 무서움을 다시 한번 확인해야 겠다.

27 전기관계의 화재

전기가 원인인 화재는 매우 많다. 사진 1과 같이 진동이 있는 기기의 콘센트의 배치는 설비 단계에서의 오류가 발생하지 않도록 배치해야 한다. 또한 사진 3에도, 수납장의 작동범위 내에는 전등을 배치하지 않도록 생각해야 한다. 천장복도를 체크할 때에는 천장뿐만 아니라 다른 것도 영향이 없는지를 예지하는 것이 중요하다.

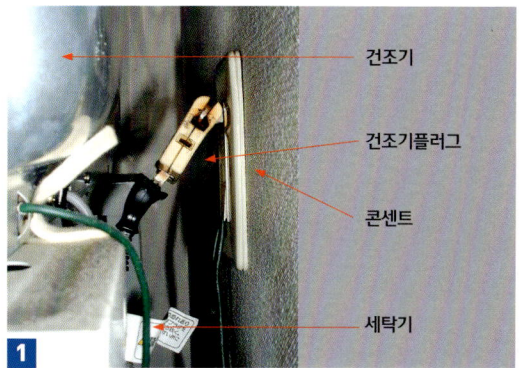

건조기의 진동이 건조기 자체의 플러그가 빠져 콘센트와의 사이에 스파크를 일으켜 타들어갔다. 세탁기 주변의 콘센트 위치에 배려해야겠다.

불타서 파손된 2단 콘센트. 발견이 늦었다면 화재로 이어졌을 것이다.

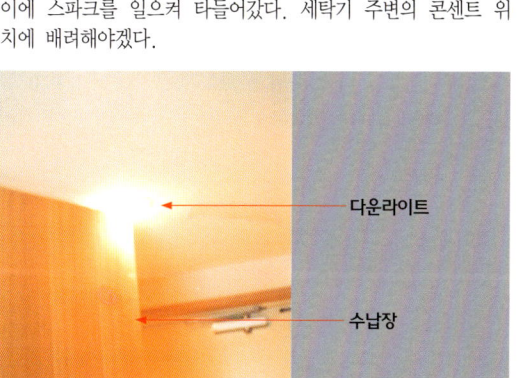

주택의 현관에 수납장을 열면 다운라이트의 바로 밑에 닿게 되어 백열등의 열로 목재수납장이 타들어간다.

발전기의 주변에 경유와 재떨이가 아무렇지 않게 놓여있다. 누구도 위험예측을 하지 않으며, 실제 사고는 이러한 환경에서 발생되고 있다.

용접기의 어스가 그립식을 사용하고 있다. 이 어스는 선을 잡아 빼면 떨어져서 스파크가 생긴다.

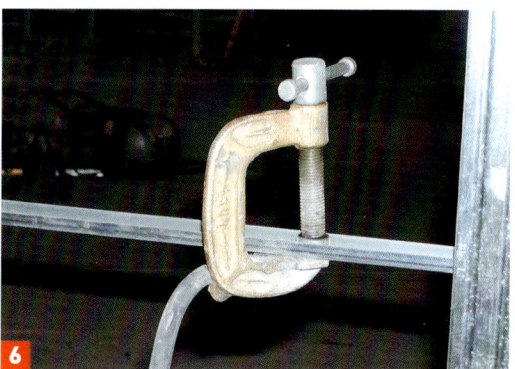

위의 사진과 같은 반력타입용의 어스를 사용해야 한다.

28 그 외의 과거 화재발생 사례

과거 건설현장에서는 매우 많은 화재가 발생하였다. 과거의 실패를 모르기 때문에 불의 위험성을 못 느낀다. 그러한 것이 오랜 시간이 흘러도 화재가 감소되지 않는 원인인지도 모른다. 자신의 현장에서 화재가 발생되면 인명이나 재산상으로 감당하기 힘들 정도로 타격을 받는다. 현장책임자는 엄격하게 대처해야 한다.

청소한 톱밥이 나중에 타오른다.

작업이 끝나고 청소할 때 혼입된 담배가 톱밥 속에서 서서히 타다가 아무도 없는 2시간 후에 연소하여 소방차가 출동하게 되었다.

1
바로 타오르는 것이 아닌 시간이 지나서 타들어가는 화재는 매우 무섭다. 흡연관리가 중요하다.

아세틸렌가스저장통에 불꽃이 인화

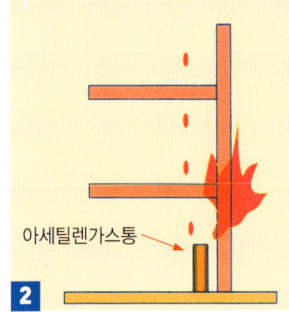

철골공사중, 1층에 세워놓았던 아세틸렌가스통의 호스로부터 가스가 새어 나와 상층으로부터의 불꽃이 인화하였다.

2
아세틸렌가스통의 인화는 폭발로 이어지는 경우가 있다. 가스통의 사용시 가스가 세는지 정기적인 점검이 중요하다.

3
기둥의 가설피스의 절단 시 불꽃이 떨어져 방호네트가 말려있는 부분에 모아진 쓰레기로 인화하여 화재가 발생하였다.

4
계단상부에 난간의 수정을 위해 용접할 때, 불꽃이 아래의 양생비닐에 인화하여 화재가 발생하였다.

5
겨울에 마른 낙엽에 연마용 그라인더의 불꽃이 인화되어 소화하는데 1시간이 소요되었다. 우리나라의 겨울은 건조하여 마른낙엽에 연소되기 쉽다.

6
해체 시에 철근과 철골을 가스절단하는데, 사진과 같이 인접한 부분에 가연물이 존재하는 경우가 있다. 신중히 확인해야 한다.

29 방화 · 도난

사진 1은 준공 직전의 맨션에서 공용공간을 가설사무실로 사용하고 있던 장소이다. 토요일 새벽, 도둑이 들어 증거인멸을 위해 방화하였다. 이후 제출해야 하는 중요한 자료와 도면이 소실되고 컴퓨터에 들어있던 데이터도 소실되었다.

① 불타버린 컴퓨터. 불타 내려앉은 천장이 화재의 무서움을 보여준다.

어질러진 서랍

② 타버린 서류와 엉망이된 책상. 이러한 것들에도 대응할 수 있도록 기업으로서 위기관리가 필요해 진다.

③ 사진과 같이 가설펜스에 둘러 쌓인 공사현장은 외부로부터 보이지 않기 때문에 도둑은 발각의 우려를 덜 느끼게된다.

금전의 도난

사진 3과 같은 내부의 가설사무소 안에서 직원모임의 돈이 도난당했다. 그 후에 경보기를 달아서 대책을 취했으나 효과 없이 자동판매기를 3번에 걸쳐 도둑맞았다. 그 이후 다른 현장에서 범인이 체포되었는데 이전에 어딘가의 공사현장에서 일했었고, 현장내부의 상황에 밝은 자의 소행이였다.

카메라 도난

가설 사무소안이 어지럽혀진 후에 다른 지방의 전당포에서 도난당한 카메라가 발견되었다. 결국 전당포에 돈을 주고 돌려받았으나, 교통비와 시간을 생각하면 피해가 매우 컸다. 금품·귀중품은 관리에 충분히 신경을 써야 한다. 최근에는 노트북의 도난이 자주 발생한다. 내부에 들어있던 귀중한 데이터의 백업이나 데이터의 유출방지가 필요하다.

다이얼Q2 (일본사례)

가설사무소에 금품이나 귀중품을 놓지 않는다고 해서 안심할 수 없는 사건이 발생하였다. 심야에 누군가가 사무소의 전화를 사용하여 사용한 시간만큼 고액의 돈이 빠져나가는 다이얼Q2에 걸어둔 채로 방치하였다. 이러한 방식의 전화를 사용하지 못하게 대책을 강구할 필요가 있다.

30 공사중의 소음

저소음형 중기가 나와 있으나, 인근에 피해를 주지 않으면서 완성시키는 것은 현재로서는 아직 어렵다. 이웃의 이해를 얻기 위해 충분히 배려하여 시간대를 조정하고 작업원은 기존보다 반출입시의 트럭·덤프트럭 관리에 철저하지 않으면 안된다. 여기서는 특히 영향이 큰 공사를 예로 든다.

1 철골철근콘크리트의 철골에 삽입된 콘크리트의 해체. 파쇄기가 들어가기 힘들기 때문에 자이언트브레이커를 사용할 수 밖에 없다.

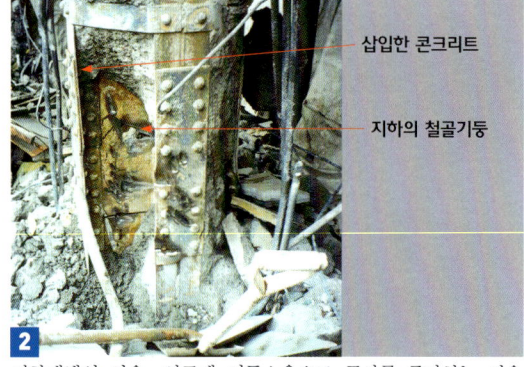

2 지하해체의 경우, 인근에 진동소음으로 공사를 중단하는 경우가 많다. 대개의 원인은 철골 기둥 주변의 콘크리트 제거에 있다. 이것을 제거하지 않으면 철골을 가스 절단할 수 없다.

3 데크플레이트를 고정할 때의 "팡", "팡"소리는 크게 울린다.

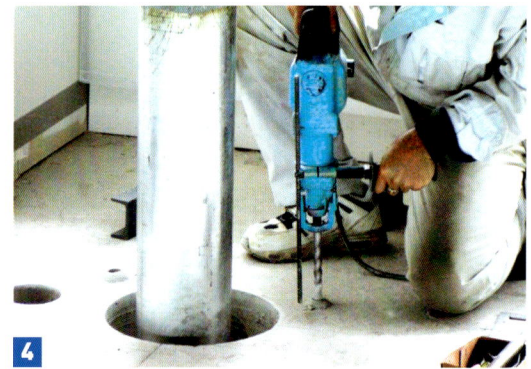

4 햄머드릴의 음은 불쾌감을 준다.

5 깊은 지하의 내압판 해체에는 파쇄기의 사용이 어려워 사진과 같은 자이언트브레이커를 사용하게 된다.

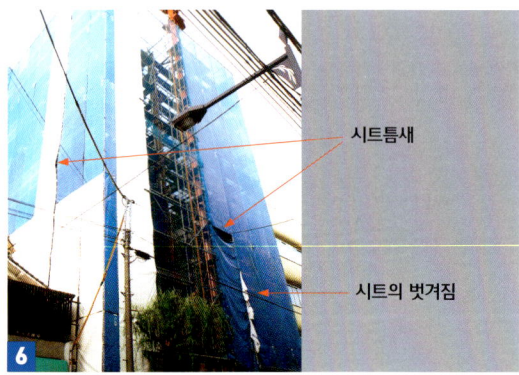

6 위 사진과 같이 틈새가 있으면 바람으로 인해 시트의 펄럭이는 작업소음이 발생한다.

31 소음 · 진동발생의 실패

건물이 완공되어 사용을 시작하면서부터 예상치 못한 소리의 괴로움이 발생하는 경우가 있다. 이 반응에는 매우 큰 노력을 필요로 한다. 설계내용의 부족으로부터 발생하는 경우가 많으나, 시공자에게 알리지 않고 지나칠 경우 결국 시공자의 책임으로 고쳐야 한다.

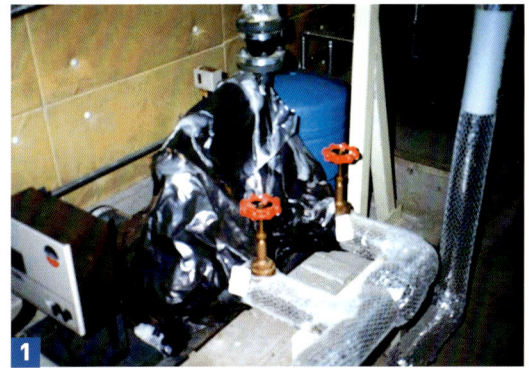

1. 호텔의 펌프음이 객실에 전달되어 납으로 덮어 음을 낮추려 하고 있다. 설비의 지식이 없는 설계자가 레이아웃을 생각하지 않고 설계한 것이 원인이다.

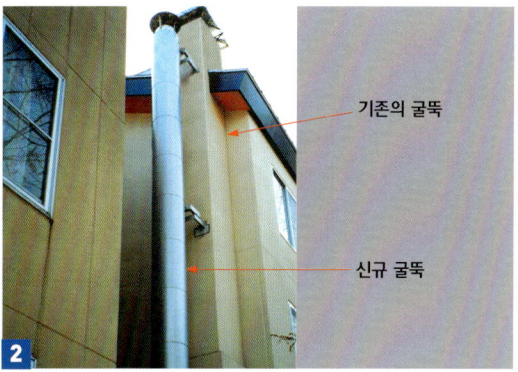

2. 객실에 인접하여 보일러의 연통을 설계하였기 때문에 보일러의 진동음이 굴뚝으로부터 객실에 전해졌다. 결국, 사진과 같이 새로운 굴뚝을 설치하게 되었다.

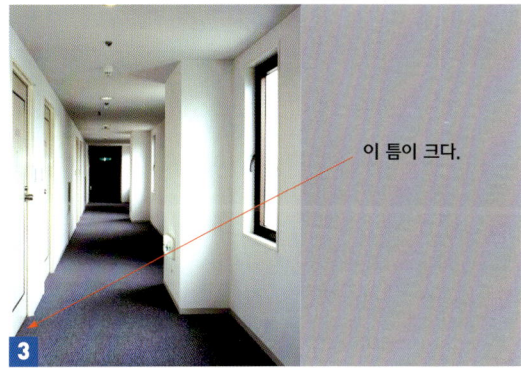

3. 호텔 객실문 밑에 틈이 크기 때문에 인접실의 소리가 들린다.

4. 후에 설계변경이 되었기 때문에 사전에 고려하지 않고 안이하게 배치하게 되었으나, 주변 이웃의 민원을 배려하여 위치를 다시 정해야 한다.

5. 제네레이션 설비는 그 진동이 주변에 전달되기 쉽기 때문에 슬라브 두께를 크게 하는 등의 대응이 필요하다. 또한 그 레이아웃에 주의해야 한다.

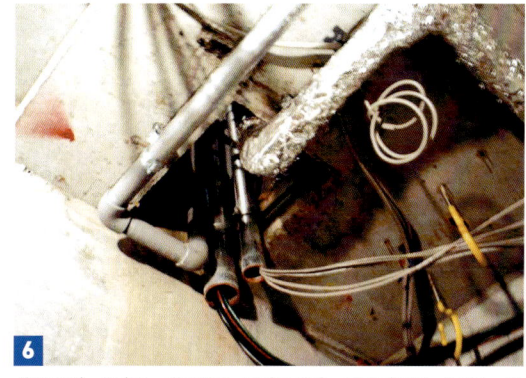

6. 샤프트의 슬라브 개구부가 그대로이다. 배수관으로 흐르는 음이 아래 방에 피해가 되지 않도록 방음대응이 필요하다.

32 공사현장에 금품 요구

공사책임자는 공사를 제대로 궤도에 올려 진행시키기 위해 최선을 다하고, 그 전적인 책임을 진다. 그러나 모든 것이 제대로 이루어지진 않는다. 중요한 것은 트러블이 발생하였을 때의 대응이다. [그 때] 심각성과 번잡성으로 인해 [회피]를 하면, 그 약한 부분에 파고들어 돈을 얻으려고 하는 사람들이 존재함을 잊으면 안 된다. 그때 문제로부터 회피하는 일 없이 정정당당하게 책임을 지는 것이 낫다.

환경단체

[산업폐기물을 불법 투기하겠지. 돈을 지불하지 않으면 민원을 제기하여 공사를 스톱시키겠다.]라고 협박하여 건축회사 직원으로부터 현금 100만엔을 받아냈다. ....(신문기사) 환경단체의 이름으로 석면을 어떻게 했는가?...등의 질문을 하는 집단이 있다. 또는 그러한 집단의 사람이 현장에 들어가 무엇인가를 확인하는 일이 있다. 문제가 발생한 때에는 숨기려 하지 말고 당당히 경찰이나 행정관서에 상담해야겠다.

소음

[공사장 소음이 시끄러워 견딜 수가 없다. 이번 당신들 회사는 얼마정도 돈을 지불하겠냐? 이전 회사는 제대로 지불했었다.]...공사 현장으로부터 100m 정도 떨어진 주택의 주인이 불량배와 함께 사무소에 화를 내며 들이닥쳤다. 소음을 측정해 보면, 거의 영향은 없었다. 그 동네의 대표에게 상담해보니 [절대 돈을 지불하지 말아주게. 이전 공사회사가 지불한 탓에 일부 사람들에게 돈이 흘러들어 문제가 되었다.]...그 후, 경찰에도 상담하여 현명하게 동네대표 등과 힘을 합쳐 공사를 진행시켰다.

동네모임

[동네모임대표자입니다만...이번축제의 기부를 부탁드립니다.]...이런 식으로 들어온 사람에게 속절없이 속아 기부를 하고 말았다. 영수증을 가져와서 [다음에 연등에 이름을 올려드리겠습니다.]라고 안심시키는 듯한 이야기를 하였다. 후에 생각해보면, 약간 불안한 모습이었다. 또 마을모임의 아는 사람에게 이름을 물어도 알지 못하는 사람이었다. 공사관계자가 [마을모임]이라는 말에 약하다는 것을 아는 비열한 자의 소행이었으나 속은 자신의 어리석음을 반성하는 기회였다.

떼쓰는 사람

두 명을 데려온 어떤 한 사람이 무릎을 다쳤다며 사무소에 화를 내며 들이닥쳤다. [도대체 관리를 어떻게 하는 것이야! 이 다리를 어떻게 할 거야?]...내용을 들어보니 출입구 부근에 거푸집의 화목이 도로변에 15cm정도 나와 있어 그것에 걸려 넘어졌다는 것. [바쁘니 돈을 준다면 참아보겠다.]라는 이야기이다. 나중 일을 생각해 택시로 근처 병원에 가서 X선검사 등으로 확인하였으나 뼈에도 외상에도 이상은 없으나 본인은 아프다고 하고 있으므로 타박상으로 진단하였다. 결국 액수는 적었으나 진료비를 지불해야 했다. 지금 반성하는 것은 병원 다음으로 경찰에 가서 사고의 내용을 보고해야 했다. 이러한 때는 충분히 시간을 들일 각오를 하지 않으면 잘못된 판단을 하게 된다.

강매

꽤 이전의 일이지만, 현장사무소에 로프, 장갑 등의 잡품을 가져와서 시가보다 수십배의 돈을 요구받았다. ...[당신네 회사의 ○○○씨와 ○○○씨에게는 언제나 도움을 받고 있다.]라고 이야기를 한다. 여기서 이 사람으로부터 물건을 산다면, 본인 이름도 이처럼 이용될지도 모르는 일이다.

경찰과의 연락

번화가에서 공사를 실시할 때, 금품을 요구하는 사람의 전화가 자주 걸려왔다. 이러한 일들을 경찰과 상담한 결과 현장부근에는 200개 이상의 단체가 있기 때문에 주의할 것을 조언 받았다. 그 후 전화가 걸려올 때에 레코더를 설치하여 상대에게 녹음 중임을 알려주었다. 그 결과 자연히 그런 전화가 줄어들었다.

[3] 시공계획

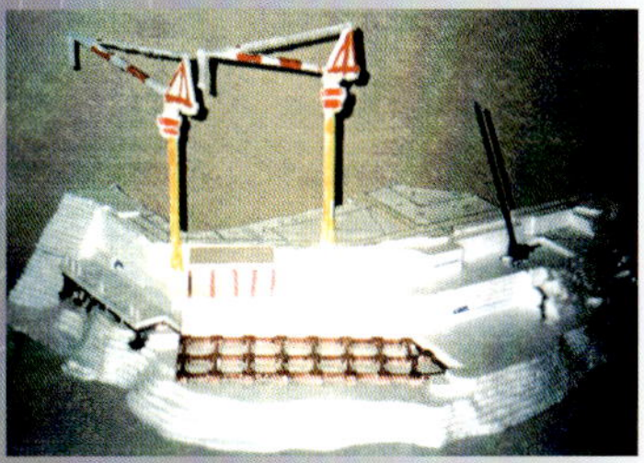

33. 투시도에 의한 시공계획(1)
34. 투시도에 의한 시공계획(2)
35. 모형에 의한 시공계획
36. 투시도에 의한 프레젠테이션
37. 엑셀·파워포인트에 의한 3차원 표현
38. 네트워크 공정의 중요성
39. 불량한 시공계획이 나타난 사례
40. 발주자 요구의 파악
41. 현장책임자의 자세

33 투시도에 의한 시공계획(1)

중기의 배치와 교체 순서는 바차트 공정표나 네트워크로는 전망하기가 힘들다. 그래서 아래 그림과 같이 공사의 움직임을 구체적으로 나타낸 것을 제작하여 네트워크에 이행하면 보다 정밀도가 높은 가설계획이 된다. 여기에 든 공사는 10여장의 도면을 제작하여 계획대로 공사를 수행해왔다.

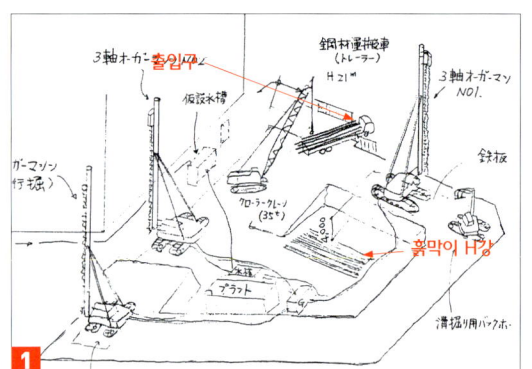

지하가 있었으므로 주변지반에 맞추어서 흙의 양이 부족하지 않게 경사를 이용하여 자재를 반입하였다. 또한 설비의 위치를 검토하였다.

왼쪽의 계획도면의 실행상황. 부지를 유효하게 활용하여 중기와 설비자재를 배치하고 있다.

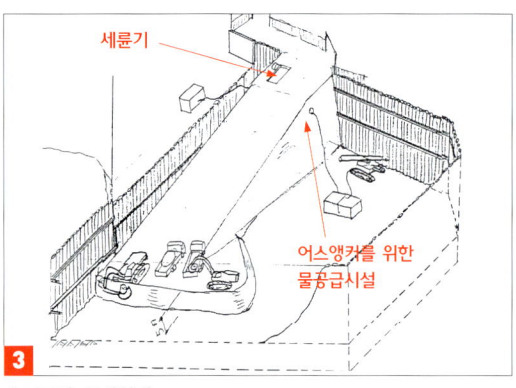

슬로프와 굴착상황

좌측의 계획도의 실행상황

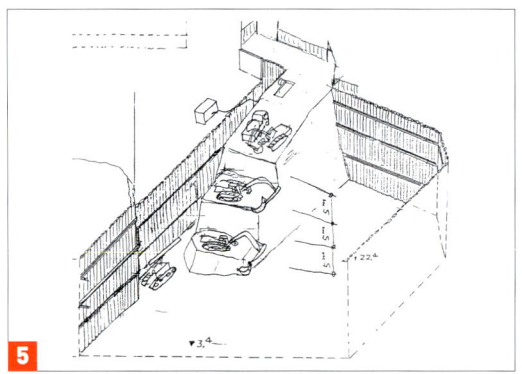

최후의 슬로프의 굴착순서

안쪽으로부터 버림콘크리트를 타설하여 구조체공사를 시작하고 있다.

34 투시도에 의한 시공계획(2)

시공계획은 복잡한 공사내용·시공순서를 표현하지 않으면 안 된다. 여러 장면에서 관계있는 많은 사람들에게 확실히 장래의 한 장면을 제시하지 않으면 그 사람들에게 역할을 맡길 수 없기 때문이다. 그렇기 때문에 건축관계자만이 이해할 수 있는 공정표가 아닌 아래 그림과 같은 [눈으로 보는 공정표]가 유효하다.

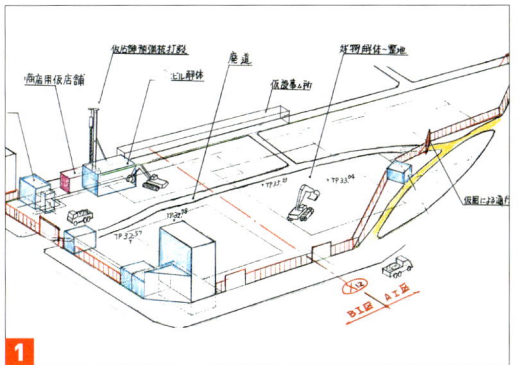

1

가설점포를 위한 점포의 건축과 해체순서를 구체적으로 나타내고 있다. 폐도로까지의 가설펜스의 위치를 알기 쉽게 표현하였다.

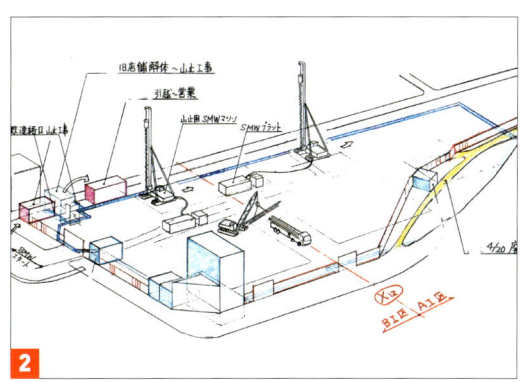

2

흙막이 공사의 개시와 가점포의 완성 이전과 그때의 공사상황

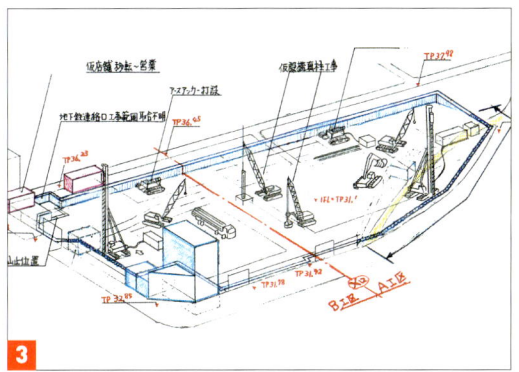

3

폐도로 후의 흙막이공사의 진행법, 구조기둥의 개시

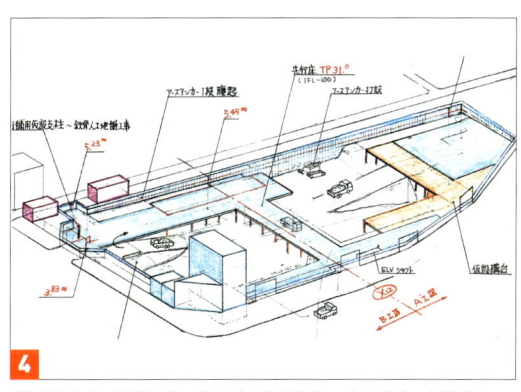

4

선행바닥과 가설구대·잔토의 반출상황·어스앵커 타설상황

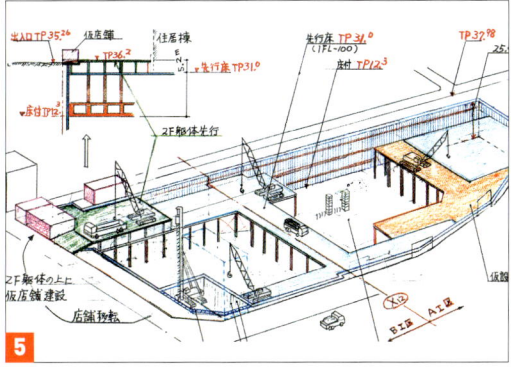

5

해체시기가 늦은 건물의 해체와 다른 부분의 취합상황·높이가 다른 출입구의 상황

6

실시한 상황. A공구는 역타설·B공구는 순타설로 시공을 실시하였다.

35 모형에 의한 시공계획

강변의 절벽을 깎아내어 온천여관을 건설하는 계획이다. 매우 협소한 절벽 부분을 어떻게 공사 진행할지가 상상하기 힘드므로 모형을 만들어 공사의 흐름을 하나하나 설명해 갔다. 복합한 공사ㆍ미경험 공사를 머릿속에서만 구축하는 것은 어렵다. 그 상황을 눈으로 보이는 형태로 만들어 전문공사자의 의견을 반영해 전체를 구축하면 확실히 할 수 있다.

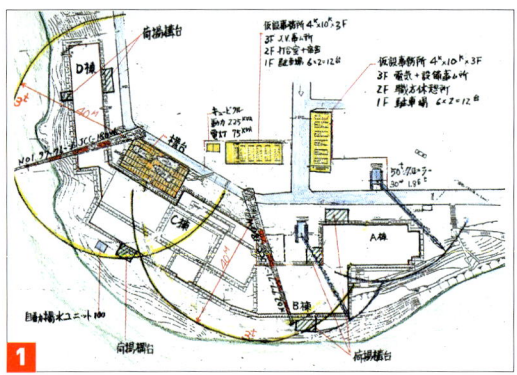

통로가 없으므로 타워크레인에 의해 자재를 가장 안쪽 공구(D동)까지 운반하지 않으면 안된다. 그 크레인을 세우기 위해서는 구대가 필요하다.

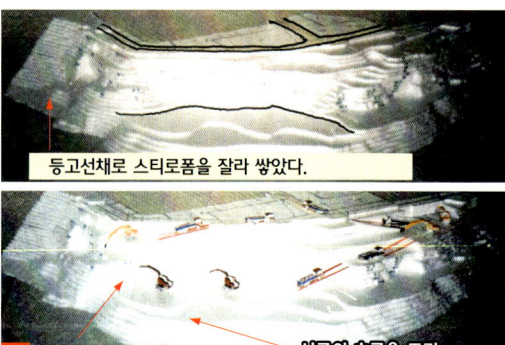

5㎜두께의 스티로폼보드를 등고선대로 쌓아 현재지반을 형성하였다.

안쪽 공구의 굴삭완료

안쪽공구 공사를 위해 구대를 세워 구대 위로부터 타워크레인(T.C.)을 조립한다.

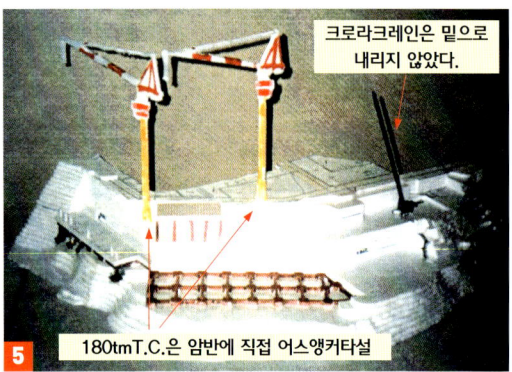

구대부분에 정화조가 있었으나 구대 해체 후에 단시간으로 시공하기 때문에 최초부터 PC로 변경

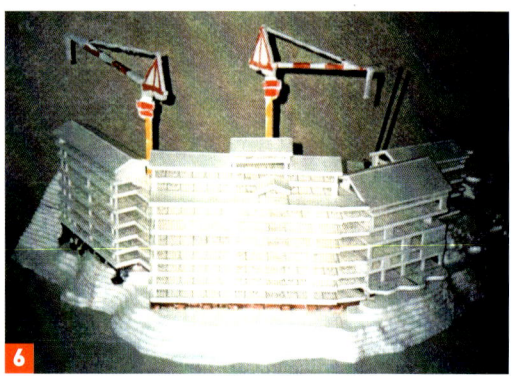

기동력을 살려 PC작은 보ㆍPC발코니를 시공. 시공완료까지의 세밀한 순서를 작성하여 전원에게 주지시키는 것으로 공기를 2개월 단축시켰다.

36 투시도에 의한 프레젠테이션

여관 객실의 가장 중요한 바닥공간의 모양을 투시도로 제작하여 발주자의 승인을 얻어 공사를 시작하였다. 그 덕택에 도중에 설계변경이나 재시공 없이 단기간에 훌륭한 공사가 가능하였다. 투시도의 제작은 업무를 이해하지 못하면 그릴 수 없지만 익숙해지면 놀랄 정도의 속도로 제작이 가능하다.

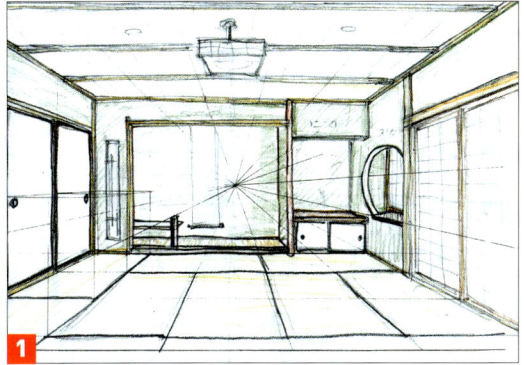

1 내부 투시도
이것으로 거의 목공사를 위한 준비에 들어갈 수 있다.

2 완성된 객실

투시도를 근거로 시공제안

3 설계자・발주자의 이미지를 투시도로 제작하여 승인을 얻어 시공

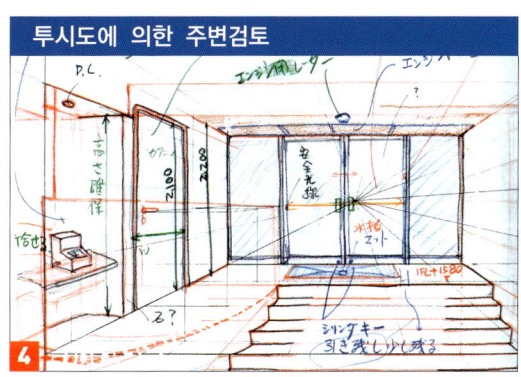

투시도에 의한 주변검토

4 복잡한 부분일수록 이러한 투시도를 그려 검토하면 지금까지 보이지 않았던 부분이 보인다.

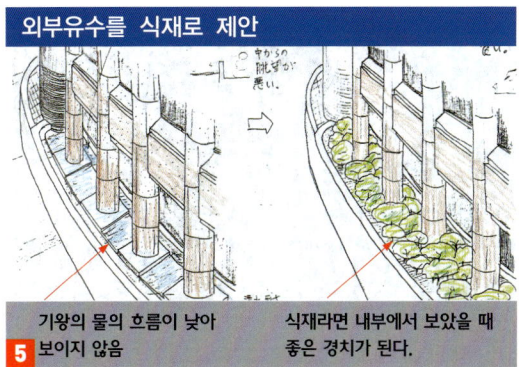

외부유수를 식재로 제안

5 기왕의 물의 흐름이 낮아 보이지 않음
식재라면 내부에서 보았을 때 좋은 경치가 된다.

설계도에서는 보이지 않았던 부분에 대해 어떠한 문제가 있고, 어떻게 해결하는 것이 좋은가를 제안하기에 유용하다.

식재의 실시

6 이 높이에서 물을 흘려보내는 것은 외부에서는 보이지 않았다.
내부에서 작은 나무들이 아름답게 보인다.

원설계보다 안정된 외부구조가 되었다.

37 엑셀·파워포인트에 의한 3차원 표현

자신의 생각을 타인이 알기 쉽게 표현한다는 것은 매우 중요한 일이다. 발주자에게 하는 프레젠테이션부터 실제로 작업을 하는 작업원까지 각각의 단계를 이해시켜 협의를 한다든지 설득을 하기 위해 엑셀의 삼차원표현은 간단하게 작성하면 도움이 된다. 또한 파워포인트로 애니메이션을 표현하면 보다 쉽게 이해를 할 수 있다. 아래에 나타내는 그림은 특별한 프로그램이 아닌 엑셀 기능의 도형과 삼차원을 사용하여 표현하였다.

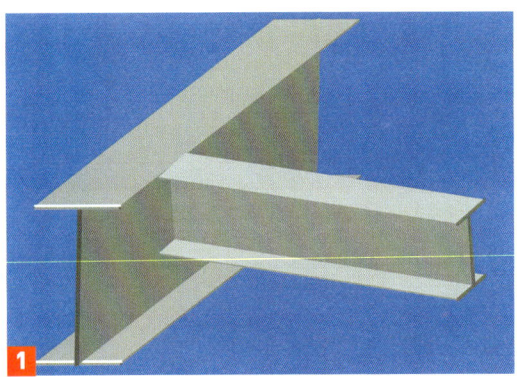

1 H형강의 표현 방법은 하부플랜지·웹·상부플랜지의 순으로 선을 그리고 그룹화한 후, 안목길이를 결정하여 종횡으로 회전시킨다.

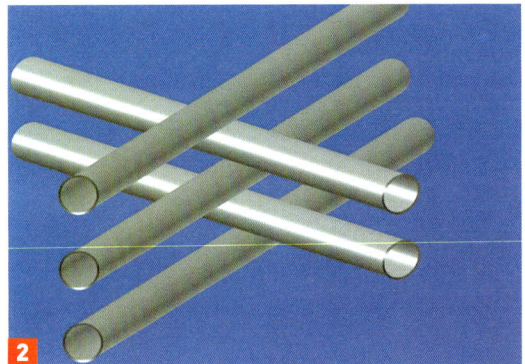

2 단관은 원을 그리고 3-D로 길이를 결정하여 회전시킨다. 순서대로 위로 복사해가면 위의 그림처럼 된다.

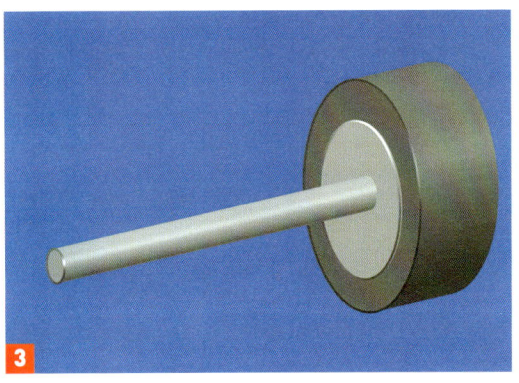

3 3개의 원기둥은 1개 제작한 것을 복사하여 크기와 색을 변화시켜서 순서를 조정한다.

4 유리가 들어간 샷시를 표현하고 있다. 유리는 반투명으로 설정을 하였다.

5 틀비계를 표현하였다. 그림 3의 원기둥의 응용으로 순서와 크기·길이로 조정하였다. 상판은 사각형을 3-D화하여 배치한 것이다.

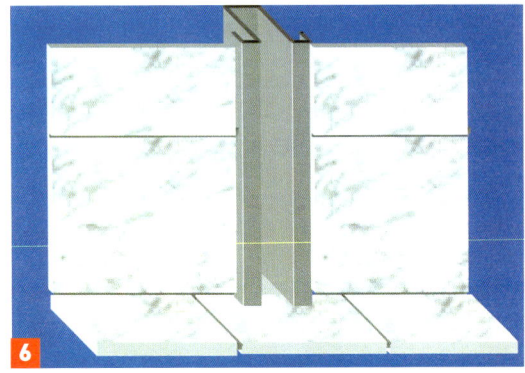

6 셔터레일의 단면을 오버쉐이핑으로부터 자유선을 선택하고 그것을 3-D화, 사각형을 3-D화한 입체의 소재를 표면효과·텍스쳐로부터 돌을 선택

38 네트워크 공정의 중요성

[저 현장은 일의 진행 순서가 계획이 어려워서 일이 너무 어렵고]이러한 이야기를 곧잘 듣는다. 건설코스트가 내려가는 중에 현장책임자가 할 일은 세련되게 일을 진행시키는 것이다. 재시공하지 않도록 모든 구성을 종합하여 물흐르듯이 현장을 진행해 간다. 그때 유용한 것이 네트워크 공정표이다. 네트워크 공정이라고 하는 정합공정 밖에 없다고 생각하는 사람이 많지만, 평상시 공사 중에 사용해야만 그 효과가 크다.

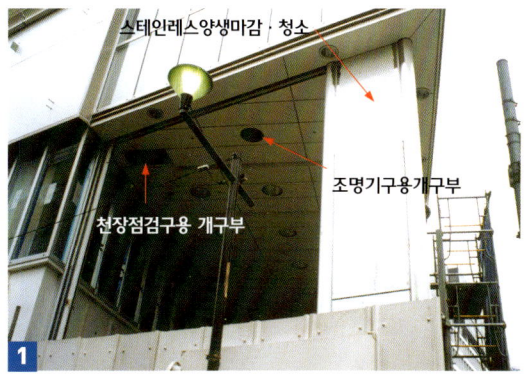

1

뿜칠부분에 발판을 설치하여 높은 부분의 작업을 완료시킬 예정이었으나, 조명기구와 점검구의 제작이 어긋나 발판을 해체하였다. 후에 다시 발판을 설치하였다.

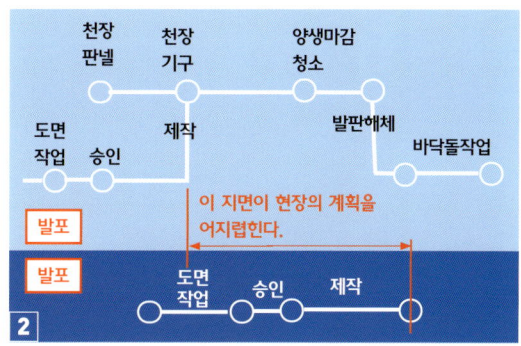

2

그림에서 상부의 공정으로 시공할 예정이었으나, 도면작업이 늦어져 이러한 필요없는 작업이 증가되었다. 발판해체까지 무엇을 하지 않으면 안되는지 작은 단위로 정리하여 그림처럼 네트워크를 작성하여 실시해야 한다.

3

4

사진 3은 벽의 형틀제작이 늦어져 할 수 없이 벽의 보드설치를 선행시공한 것. 사진 4는 이제야 형틀이 들어와서 형틀을 설치한 것. 형틀 주변에 얇은 보드를 채워 놓았기 때문에 깨끗하게 마감하기 어렵다. 또한 보드를 채우는 작업원의 노력이 많이 소요된다. 현장을 운영하는 사람으로서 이러한 작업을 시켜서는 안된다. 벽의 경량철골기초가 달려있다면 약간의 틈도 없이 형틀을 달아서 벽의 보드를 채운다. 기분 좋은 일의 진행 순서를 항상 마음에 담아두어야 한다.

5

이것은 벽보드를 채우고 말아서 서둘러 벽을 부수고 문을 설치한 사진이다. 도면을 파악한 후에 현장을 운영하는 것이 필요하다.

6

최근의 설계는 커다란 벽을 사용하고자 하는 경향이 있다. 엘리베이터에 적재할 수 없기 때문에 고생하여 양중하고 있다. 양중설비가 가능한 때에 올려 놓아야 한다.

39 불량한 시공계획이 나타난 사례

공사착수기간에는 해야 할 것이 많으므로 시공계획은 나중으로 돌려지나 힘든 공사일수록 냉정하게 앞을 읽을 수 있는 인재를 배치하지 않으면 안 된다. [공사가 시작되어서부터 배치할 수 없다.]로는 사진 1과 같은 공사밖에 할 수 없다.

사진 1은 양중설비를 없앤다고 하여 자재를 모아놓아서 이후의 작업할때마다 자재를 이동시키지 않으면 안 되었다. 일의 순서가 없는 책임자의 현장은 이러한 무모함의 연속이다. 사진 2는 공사와 양중설비의 시공계획을 확실히 하였기 때문에 정돈된 공간으로 되어 있다. 좋은 작업공간을 제공하는 것도 책임자의 가장 중요한 일이다.

짧은 공기의 개수공사현장이다. 짧은 공기라면 훨씬 더 작업능률을 중시한 시공계획이 필요해진다. 부산스러운 작업이 계속된다면 품질상의 결함을 발견할 수 없어 빠트릴 수 있다.

이제부터 벽철근을 설치해야 함에도 주변은 재료가 산처럼 쌓여있다. 이렇게 해서는 사다리도 발판도 세울 수 없다.

간신히 반입한 덕트가 불용재로서 버려져 있다. 설계변경 내지는 측정오류이다.

40 발주자 요구의 파악

발주자와 충분히 이야기 하여 어떠한 것을 건축할지를 듣고 발주자의 결단을 종합한 것이 설계도이다. 하지만, 공사를 실시해보면, 발주자의 요구는 설계도와는 별도로 있는 경우가 있다. 완성된 설계도가 발주자의 충분한 설명 없이 [견적도]로서 발행되어, 공사를 진행해가면서 앞으로의 설계를 실시하는 케이스가 많으므로 재시공사례가 많아져 필요 없는 시간과 코스트를 낭비하게 된다.

발주자가 말하는 [좋은 건물]의 확인

흔히 [아무튼 『좋은 건물』을 지어주게]라고 말하지만, 발주자가 생각하고 있는 [좋은 건물]의 내용이 구체적으로 어떠한 것인지, 각각 다르다. 발주자 의도하는 것을 구체적으로 들어서 중점시공방침으로서 작업원 전원에게 각인시키는 것이 중요하다.

발주자의 결단 확인

공사 도중에 재시공이 없도록 확인할 것·이상하다 생각했던 것은 서둘러 문서 등으로 확인해 놓는다. 설계도와 닮은 건물이 있다면 발주자·설계자가 견학하여 설비 등도 포함한 확인을 해 놓는다. 또는 설계도서를 알기 쉽게 색으로 구분하여 간단한 투시도를 그리고 설명을 하여 전원이 공통의 인식을 같도록 한다. 적극적으로 [발주자가 생각하는 좋은 건물]을 구체적으로 표현하여 실시에 옮기는 것이 중요하다.

유지보수면에서 설계를 재고하다.

설계 속에서 유지보수를 우선적으로 생각하는 것은 어렵다. 하지만 이러한 사항을 간과하면 장래적으로 발주자에게 있어서 커다란 손실이 된다. 유지보수의 코스트 절약이 될 수 있는 사고와 생각을, 설계의 디자인사고와 생각에 거스르지 않도록 전략적으로 실시하는 것이 발주자를 위함이다.

발주자의 늦은 결정의 불이익

레이아웃의 결정 후가 아니면 각 설비의 검토가 개시되지 않는다. 그 시간이 적으면 충분한 검토 없이 시공으로 이어지는 일이 있다. 건축공사는 많은 사람이 연관되어 있기 때문에 작은 범위의 피드백이 어렵다. 그것이 어떠한 형태로 나타날지는 상황에 따라 변하겠지만, 결정을 서두르는 것이 보다 좋은 일로 이어지는 것은 틀림이 없다. [발주자가 결정하지 않으니까 어쩔 수 없다.]에 포기하지 않고 조기결정을 유도해야겠다. 그런 도구로서 마스터 스케줄 속에서 각 공사별 발주자의 결정을 위한 사전준비 결정 제작 시공을 기입하여 연속시공 형태를 취한다.

합리적인 시공이 잘 진행되지 않는 이유

건축공사는 헛된 소비가 많다. 대형크레인이 있을 때 배관과 중량물 등의 설비기기를 서둘러 계획하여 배치하면 좋으나, 비용에 압박이 있는 공사의 경우 업자 선정 시간이 너무 걸리는 경향이 있다. 설비공사의 경우는 하청업체구조 결정이 어렵고 그 하청업자를 선정하는데 시간이 걸린다. 비용압축에만 초점을 맞추는 악순환이 계획을 늦추어 실제 시공자가 결정될 때에는 이미 늦어버리는 것이 많다.

견적과 계약

입찰에서 공사가격이 가장 낮은 도급자로 결정되었을 경우 그대로 계약해버리는 것이 보통이지만 견적서 중에 극단적으로 높은 단가와 너무 싼 단가가 있는 경우는 조정협상을 하는 것이 좋다. 나중에 설계 변경이 될경우, 그 견적단가가 기준이 되므로 극단적으로 높은 단가의 공사가 확대되면 그 단가를 채용하지 않을 수 없어 손실이 크게 된다.

41 현장책임자의 자세

현장책임자는 어느 정도 일이 진행되면 매니저가 되어 버리는 경우가 많다. 하지만 거기서 기술자로서의 태도를 없애는 경향은 잘 없다. 관리란 각각의 공정에 기준을 두어 판단해 나가는 것이다.

시공계획을 스스로 만든다.

공사 착수용 시공계획이 아닌 자신이 열심히 만든 계획을 실시에 옮겨보자. 그렇게 하면 여러 장애가 발견된다. 그것을 하나하나 해결해 나가면 매우 보람이 있다. 이러한 과정을 반복하는 사이에 훌륭한 현장맨으로 성장할 수 있다. 책임을 회피하여 타인의 탓으로 돌리는 사람에게는 전술한 바와 같이 문제해결능력을 키울 수 없다.

시공 후의 반성

완성된 건물을 냉정한 눈으로 다시 보자. 진정으로 이것이 베스트였는가? 완성된 후에 반성해야 할 점은 그러한 시점으로 보면 매우 많을 것이다. 거기서 반성을 한 사람은 이전과 비교하여 크게 성장해 있다. 왜냐하면 다음에는 그 반성에 대해 보완하여 건물을 짓기 때문이다. 작금에는 이러한 반성을 할 여유가 없이 단지 보통을 유지하여 동일한 불합리를 그저 흘려버리는 경향이 강하다. 기술자에게 필요한 [진리의 추구·자기연마]는 진정으로 반성할 때 달성가능하다.

새로운 시공방법에 도전해본다.

지금까지 해왔던 것과 다른 것에 대면해서는 반드시 회사 내의 반대가 있다. 그것에 포기하면 개선은 있을 수 없다. 문제를 하나씩 해결하여 그 계획을 실적으로서 진행해 나가는 기술자의 도전적인 모습도 필요하다.

납기 기한 지연

제작물의 납기가 늦어지면 현장의 계획이 대폭어지럽혀 진다. 특히 공사의 최종국면에서의 납기 기한의 지연은 치명적이게 된다. 특수한 석재·장식 등은 신경을 써서 제작상황을 확인해야 한다. 또한 외장을 설치하지 않았다면 발판은 해체하면 않된다. 간판류는 결정이 늦어지는 경우가 있으므로 발주자에게 앞선 단계에서 의뢰해 놓아야 한다.

협력업체의 도산

어느 철근가공회사가 도산되었다. 철근재료를 상사에 발주하여 그 가공회사에 가공을 위해 반입한 직후였다. 자재거치장에서는 자신의 현장의 재료라 하더라도 공장이 폐쇄되어 많은 동업자들이 분배하는 것으로 되어 결국 많은 시간이 걸려 재료는 거의 돌려받지 못하고 재발주를 해야 했다. 이러한 경우, 돌아올 것이라고 기대한다면 공기가 늦어질 우려가 있으므로 어느 시점에서의 결단이 요구된다.

이미 외주를 맡기지 않고 자신의 기준을 정한다.

가설구조계산·흙막이 계산·결로계산·풍압계산 등, 혼자 하기에는 무리한 일이기 때문에 포기할 것인가? 일반적인 엑셀 등의 계산 소프트웨어로 그들의 자동 계산 프로그램이 간단히 가능하다. 그들을 도구로서 여러 가지 조건에 대응가능한 자신의 기술적인 눈, [기준]을 가지면 확실하게 현장운영이 가능하며 후배들의 교육도 가능하다.

[4] 가 설

42. 방호구조·가벽
43. 가설사무소계획의 실패
44. 통행량이 많은 장소에서의 외부 작업
45. 외벽공사용 상하 이동발판
46. 짐부림구조의 철거(1)
47. 짐부림구조의 철거(2)
48. 지하공사의 효율화
49. 옥상에 이동식 크레인의 설치
50. 타워크레인의 선택
51. 타워크레인 해체계획의 실패
52. 건물 내부 개구부에 전용 크레인과 스테이지 제작
53. 중량물 이동 잭업(Jack-up)
54. 보드 이동판 수레
55. 높이 28.5m 천장의 발판계획
56. 가설발판(1)
57. 가설발판(2)
58. 계단발판의 실패와 대책(1)
59. 계단발판의 실패와 대책(2)
60. 엘리베이터 기계실 밑의 발판
61. 엘리베이터 샤프트(Shaft)내 발판
62. 수평그물을 설치할 때 포인트
63. 철골 스테이지의 주의점
64. 철골에 붙이는 가설
65. 천장공사용 발판의 개발
66. 지하공사의 환기설비의 실패
67. 가설전기계획의 실패

42 방호구조 · 가벽

방호구조 공사는 통행인이 없어진 심야에 밖에 작업할 수 없기 때문에 시간이 많이 소요 되고, 공사 착수 시에는 인원이 적어 각종 수속에서 너무 바빠 구조의 계획까지 일손이 돌아가기 힘들다. 하지만, 이러한 때일수록 확실한 전략을 세워 외부에서 보아도 스마트 하게 일을 진행해야 한다.

지하철출입구 근처이기 때문에 하루 작업시간이 4시간 밖에 없었다. 조립뿐만 아니라 해체에도 노력이 요구된다. 프리패브화한 다른 공사는 절반 정도 노력으로 진행되었다.

가설사무소의 오버브릿지의 철골을 고소작업차로 도장하고 있는 중이며, 조립 전에 도장해 놓으면 투입될 노력이 줄어든다.

아래의 보도의 통행량이 많고, 방호구조의 기둥을 세울 여유가 없었으므로 본체 철골로부터 들어내었다.

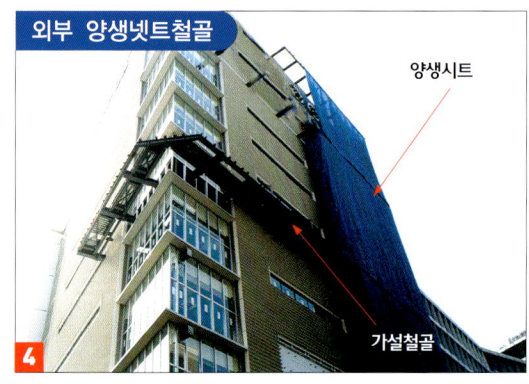

최후에 양생메쉬시트를 걷어낸 것. 외벽으로부터 빠져나온 가설철골은 회전과 슬라이드로부터 내부로 밀어 넣어 엘리베이터로 반출하였다.

아연강판 위에 도색을 하였으나 도장이 벗겨져 있다. 가벽의 설치기간이 긴 경우는 코팅한 도장가벽강판을 사용하는 것이 좋다.

가벽설치 시의 주의점

도로를 빌리는 경우 신호등 · 가로등 · 맨홀 등의 조정이 필요하다.

맨홀뚜껑, 통신구 뚜껑등은 열 수 있도록 가벽을 밑으로 한다.

도로를 점유하는 가벽이 횡단보도나 신호등 · 전기 · 전화맨홀에 영향을 미치는 일이 있다. 각각에 대해서 협조가 필요하다.

43 가설사무소계획의 실패

시작 시점에서 현장사무소를 어떻게 계획할까에 따라 비용이 크게 변한다. [예산이 작은 공사니까]라는 생각으로 작은 면적으로 계획하면, 이동과 증축으로 필요없는 비용이 든다. 작업원 휴게소에 아무런 설비도 없다는 것은 있을 수 없다. 여름에는 에어컨, 겨울에는 난방이 필요하다. 현장건물 내에 사무소를 만들면, 이동할 때마다 그 설비도 바꿔야 한다.

첫 번째 증축

바닥 면적 2만㎡, 공기 2년의 사무소 겸 작업원 휴게소를 6×5간의 3층으로 건설하였으나, 바로 면적부족이 되어 증축을 하게 되었다. 처음부터 10×5간의 3층으로 건설하는 것이 결국 3할 정도 저렴하게 시공할 수 있었다.

먼지가 많고, 냉난방이 없는 작업원 휴게소

건물 내의 작업원 휴게소는 아무래도 환경이 나쁠 수 밖에 없다. 흡연자가 많기 때문에 연기로 공기가 탁해진다. 환기설비를 처음부터 계획하는 것이 필요하다.

테이블·락커·냉난방·환기설비가 갖추어진 작업원 휴게소. 될 수 있는 한 이러한 설비를 준비해야 한다. 또한, 전철통근을 하는 작업원을 위한 샤워룸도 준비하면 좋다.

휴게소도 사람 수가 많아지면 도시락이나 깡통과 같은 쓰레기의 양이 많아진다. 재활용이 가능한 도시락통이나 빈깡통 재활용을 처음부터 계획해야 한다.

주차장

도시의 작업장에서는 주차장을 확보하기가 꽤 어렵다. 하지만 전철 첫차를 타도 조회에 늦는 그룹이 있을 수 있으므로, 어느 정도의 주차댓수를 확보해 놓을 필요가 있다. 또한 계약 시에 주차장의 유무를 명기해 놓는 것이 필요하다. 노상주차가 증가하면 경찰이나 도로관리자로부터 관리책임을 묻는 경우가 발생한다.

사무소 임대

현장사무소는 부지 내에 세우는 것이라고 고정하지 말고, 일단 외부에서 현장관리에 지장이 없는지를 알아본다. 사무소의 조립·지불, 리스비용, 냉난방, 조명기구, 위생기구, 씽크대, 내장마감철거처분비용 및 외장마감 시의 이동비용 등을 합계한 것과 외부에 빌린 장소의 비용을 비교해 볼 필요가 있다.

44 통행량이 많은 장소에서의 외부 작업

통행자에 대한 낙하비산방지를 위해 보통은 외부에 양생발판을 설치하나, 심야의 짧은 시간에만 도로를 사용할 수 밖에 없다는 환경 하에서 철골조립에서부터 발판조립을 하는 것은 어렵다. 거기서 외부에 양생을 위한 메쉬시트를 붙여 그 안에서 발판 없이 작업을 하는 계획을 세웠다.

종래의 메쉬시트를 붙여 결속도 강풍에 견디지 못하고 위사진과 같이 늘어지거나 끊어져 버린다.

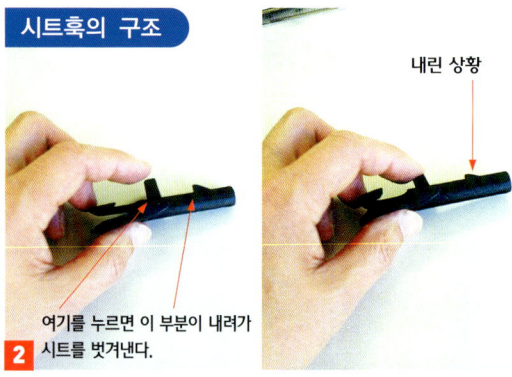

시트훅의 구조

여기에 두장의 메쉬시트를 꿰뚫어 고정하는 식의 훅이 개발되었다.(특허신청완료)

시트훅으로 두장의 메쉬시트의 구멍을 통해 와이어에 매달아 고정한 곳. 두장의 시트를 쌓아놓은 부분이 유효하게 작용됨을 알 수 있다.

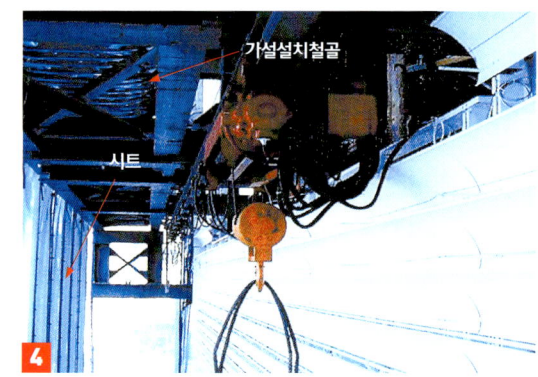

가설철골 하부에 주행호이스트를 달아서 외벽설치를 실시하였다.

메쉬시트와 붙인 외벽사이에 곤도라를 내려 실링작업을 하고 있다.

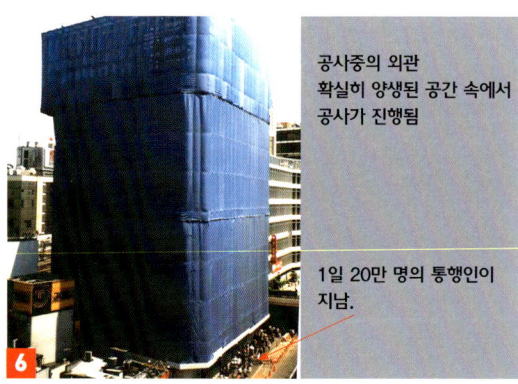

공사중의 외관 확실히 양생된 공간 속에서 공사가 진행됨

1일 20만 명의 통행인이 지남.

초고층건물의 경우, 주변에 빈 땅이 있으나 이러한 도로에 근접한 경우의 공사는 외부에의 배치가 특히 필요하다.

45 외벽공사용 상하 이동발판

외부 전면에 작업성이 좋은 거푸집발판을 설치하려면 브라켓 발판을 제대로 교체 설치하지 않으면 안 된다. 하지만 작업과 교체 타이밍이 어렵기 때문에 그림 1과 같은 이동식 발판을 계획하였으나, 너무 무거웠기 때문에 그림 3과 같은 것으로 개선하였다. 그 결과, 전면 발판을 조립하는 경우와 비교하여 공정관리 및 시공의 검토가 하기 쉽게 되었다.

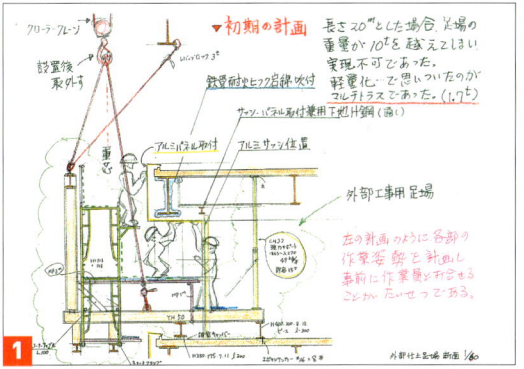

작업성이 좋은 발판의 계획도. 작업은 하기 쉬워졌으나, 길이 20m가 10t으로 중량이 너무 무거웠다.

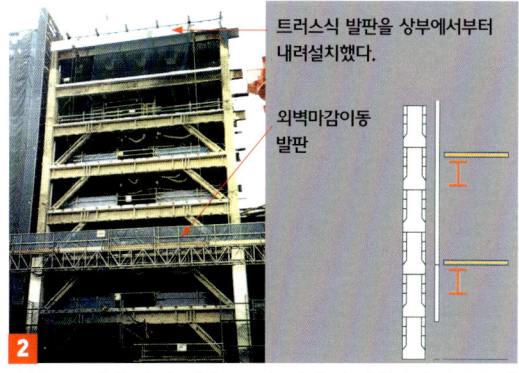

오른쪽 그림과 같이 전면 발판을 세우면 작업성이 나쁘기 때문에 왼쪽 사진과 같은 트러스식의 보재를 H강 대신 사용하였다.

설계도와 와이어가 설치되어 있는 부분

사진 1에서는 10t이었던 것이 트러스를 사용하는 것으로 인해 1.7t으로 되었다.

내부에서 가설계단. 4본와이어로 설치하기 위해 곤도라를 사용했을때 보다 흔들림도 없고 작업성이 우수하다.

교체는 30분 정도로 가능하였다. 순서대로 올라가므로 공정관리가 쉬워졌다. 또한 마감이 외부에서 보여 검사도 하기 쉬워졌다.

46 짐부림구조의 철거(1)

[어떻게 하면 타이밍 좋게 부드럽게 자재를 양중할까]에 따라 현장 공정이 변한다. 종래는 자재양중용 엘리베이터가 그림 1과 같이 짐부림구조에 의해 양중을 하였다. 하지만, 아래 서술한 바와 같은 연구에 따라 짐부림구조 없이 자재의 반출입도 가능하다.

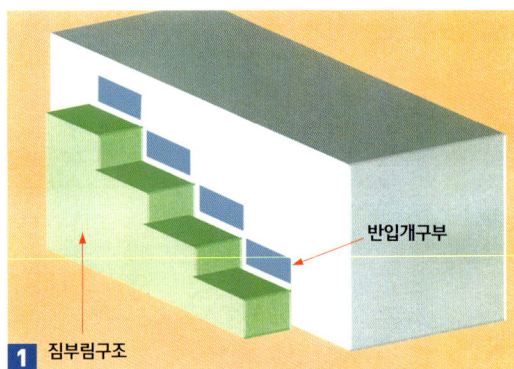

1 짐부림구조

종래는 위의 그림과 같이 외부에 짐부림구조를 만들어 반출입 하였다.

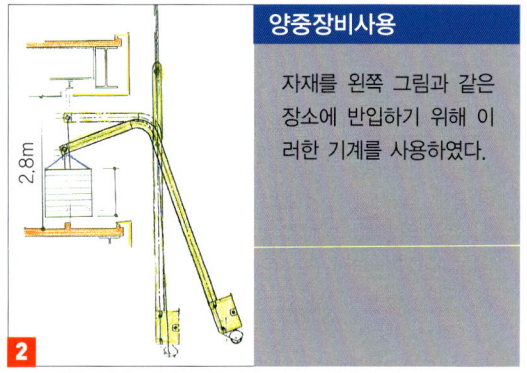

양중장비사용

자재를 왼쪽 그림과 같은 장소에 반입하기 위해 이러한 기계를 사용하였다.

2 위 그림과 같이 반입용 기기가 있다. 하지만 반입장소의 높이가 필요하다.

3 올리는짐과 무게추가 밸런스를 이루고 있다.

위의 사진과 같이 짐을 올린다.

4 벽

이것은 짐받침과 구조를 겸한 것이다. 짐을 짐받침에 올려 놓고 있다.

여기에 반입한다.

5 반입장소의 층까지 크레인으로 묶어 올린다.

6 크레인으로 묶은 상태에서 그 층의 바닥에 고정하여 짐을 내린다.

47 짐부림구조의 철거(2) 트롤리(trolley)반입기계의 개발

짐부림구조를 사용하지 않기 위해 그림 1과 같은 트롤리 빔의 제작도를 그려 제작, 실시하였다. 발코니 내측 PC판 설치에도 응용되었다.

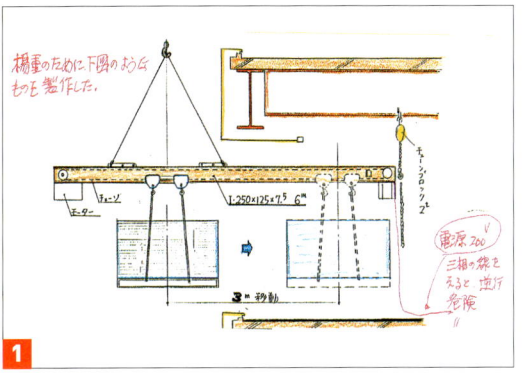

제작도

아래에서 짐을 묶어 나눈 부분

반입층에 당겨 넣는 것.

빔의 선단에 체인블록을 건다.

전원을 연결하여 트롤리를 이동시킴.

체인블록을 느슨하게 하여 짐을 내림.

48 지하공사의 효율화

지하공사 시 중기의 사용은 작업능률을 올리기 위해 중요하다. 하지만, 크레인 등의 중기를 배치할 때는 넓은 바닥구조를 설치하지 않으면 안 된다. 아래는 바닥구조를 설치하는 대신 크롤라 크레인 본체를 지하에 내려 버림콘크리트 위에 배치하여 필요한 장소에 이동하면서 자재를 반출입했던 예이다.

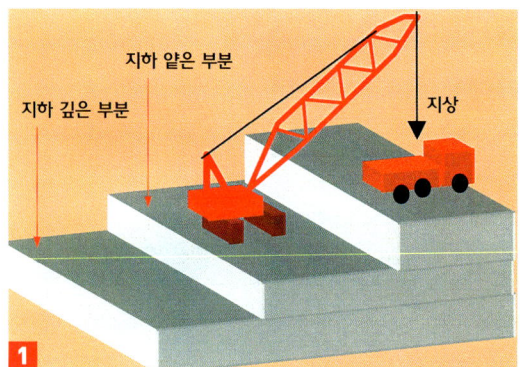

1 지상에 크레인을 배치하여 지상면을 짐부림 바닥구조처럼 사용하기 위해서는 지상면이 좁아도 대응가능하다.

2 얕은 부분의 버림콘크리트 위에 크롤라 크레인을 배치하여 이동하면서 깊은 부분(기계실)의 공사를 진행한다. 지상의 트럭으로부터 직접 짐을 내린다.

3 기계실 부분의 슬래브 콘크리트를 타설하여 대들보사이에 H강으로 바닥구조를 만들고, 그 위로 이동한다.

4 사진 3에서 만든 바닥구조에서부터 얕은 부분의 기초구조체공사를 개시한다.

5 이 단계에서 임무를 끝내고 타워크레인이 그 역할을 이어 받음.

6 크롤라 크레인은 그 후, 지상에서 철골가설의 보조로서 사용한다. 오퍼레이터를 계속 근무시킴으로 의사소통을 해야 공사가 원활히 진척된다.

49 옥상에 이동식 크레인의 설치

철골가설을 이동식 크레인으로 시공이 가능하면 대형 타워크레인을 설치하지 않고, 그 후의 양중에는 소형 크레인을 이동식으로 하는 것으로 대체 가능하다. 여기서는 10t 유압크레인을 이용한 예와 곤도라레일을 이용한 예를 소개한다.

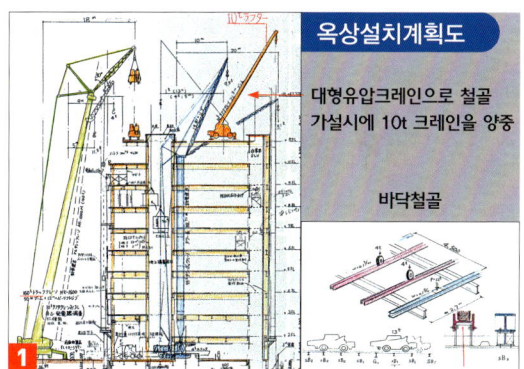

철골은 이동식 크레인으로 안쪽으로부터 정리해 나간다. 철골공사 중에 10t 유압크레인을 옥상에 양중

가장 마지막에 10t 유압크레인을 배치한 장소에 지상으로부터 대형 크레인으로 유압크레인을 내린다. 실제 설치될 비상용발전기를 그 위치에 설치하였다.

철골공사 중에도 옥상에서 크레인을 사용한다. 크레인에 전력을 사용하지 않으므로 저압수전으로 곤란한 부분도 넘어 갈 수 있었다.

옥상에 10t 크레인을 설치. 타이어 부분의 철골을 제거하여 아우트리거를 내리면 철골보강한 옥상 슬래브 위를 자유롭게 주행가능하다.

이것은 옥상의 곤도라레일을 이용하여 크레인을 주행시킨 것. 바깥 주변을 주행이 가능하기 때문에 외벽작업에 효과가 있다.

실패방지 포인트 2

공사를 훌륭히 진행시키는지 아닌지는 양중설비계획이 좋은지 나쁜지가 좌우한다. 철골·외벽의 마감재료·옥상 기기 등의 중량과 위치와의 확인을 실시하여 그들을 효율 좋게 양중·설치가능한 양중기기를 선정하지 않으면 안 된다. 타워크레인뿐 아니라 여러 가지 기기 중에서 선택할 수 있도록 신경을 써야겠다. 특히 고층 건물에 있어서 지하 철골이 무겁다. 지하의 철골의 무게에 맞추어서 타워크레인을 선택한 경우, 위에는 과중한 설비가 되어버린다. 지하철골의 마디 나눔을 변경하든지, 지하철골만 크롤라 크레인으로 세우는 방법도 생각할 수 있다.

50 타워크레인의 선택

사진 2는 지하에서 지중보에 H강을 걸쳐놓아 바닥구조 위에 크롤라 크레인을 설치하여 무거운 철골기둥 근처에서 조립을 실시하는 모습이다. 이에 따라 최고 중량의 인장을 피할 수 있어 과도한 능력의 타워크레인을 설치하지 않아도 되었다. 또한, 역으로 사진 3과 같이 철골선조립·설비의 선조립 등을 이용하여 능률을 올려 종합하여 원활히 수행된다면 대형 타워크레인을 채택하는 것도 좋은 방법이다.

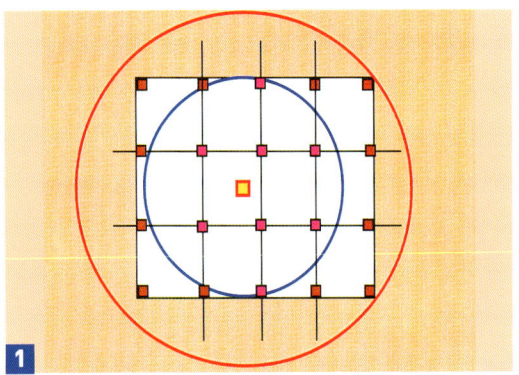

지상 철골기둥을 세울 때 딱 맞는 능력의 크레인으로는 지하 철골기둥은 너무 무겁다. 그렇기 때문에 파란색 원의 바깥 기둥은 세울 수 없게 된다.

지하에 놓은 바닥구조를 설치하고 크롤라 크레인으로 사진 1의 파란색 원의 바깥 철골기둥의 가설을 커버한다. 흙막이도 이 계획을 위해 어스앵커공법으로 하고 있다.

이것은 전략적으로 능력이 큰 크레인을 사용하여 지상에서 철골과 데크류를 선조립한 것. 지상에서의 발판 등 가설을 줄일 수 있다.

지상조립한 것을 설치한 상태. 여기서는 400t·m의 타워크레인을 채택하였다. 40m 반경의 장소에서 10t을 들 수 있는 능력은 크다.

여기서 지상조립을 하고 있다. 가설 H강을 사용하여 작키로 레벨을 잡고, 위치결정피스를 용접하여 정밀도를 향상시키고 있다.

위의 사진과 같이 덕트나 공조기기도 선조립 할 수 있다. 보의 접합부는 용접 불꽃이 튀기 쉬우므로 배치에 주의하지 않으면 안 된다.

51 타워크레인 해체계획의 실패

타워크레인의 설치계획은 조립계획과 비교하여 해체계획은 적당히 해버리는 경향이 있다. 하지만 설치계획은 해체계획에서부터 시작해야 한다. 사진 1은 타워크레인의 해체 직전에 세운 계획이 나빠 매우 위험한 상태가 된 예이다.

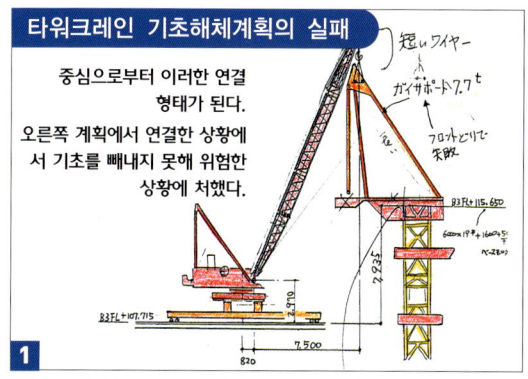

7.7t의 기초를 60t크레인으로 묶어 올렸을 때, 위와 같이 들어올림 높이를 확보하지 못해 묶은 채로 움직이지 못하는 상황이 되어버렸다.

선회장치부분을 내리는 것으로 들어올림 높이를 확보할 수 없었다. 사무실 책상에서만 생각한 것으로는 이러한 실패를 할 수 있다.

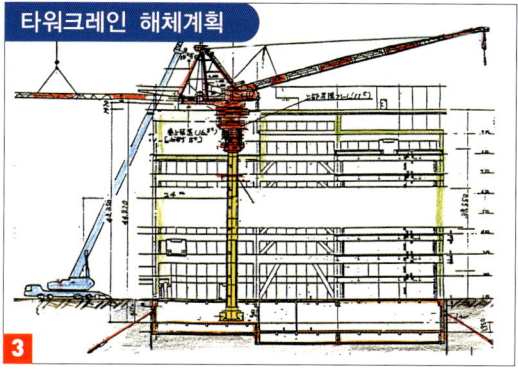

타워크레인을 계획할 때는 반드시 해체계획을 끝내고 조립계획을 해야 한다.

고층건물에서는 타워크레인 해체를 위해 순서로 작은 크레인을 사용하여 해체하나, 가장 마지막의 크레인 때문에 베이스 철골의 반출이 어렵다. 위의 사진과 같은 철골에 그 베이스철골을 준비하면 불필요한 수고가 준다. 또한, 장래의 개수공사에도 사용할 수 있으므로 발주자도 기뻐한다.

그림 1에서 나타낸바와 같이 타워크레인 해체에서 문제가 되는 것이 높이이다. 전체를 내리면 문제는 없지만 지브가 장애가 되어 버린다. 지브만을 제거한 경우에는 밸런스가 나빠지므로 승강프레임의 방향으로만 하강할 수 없게 된다. 해체를 생각한 베이스 설계가 필요하다.

52 건물 내부 개구부에 전용 크레인과 스테이지 제작

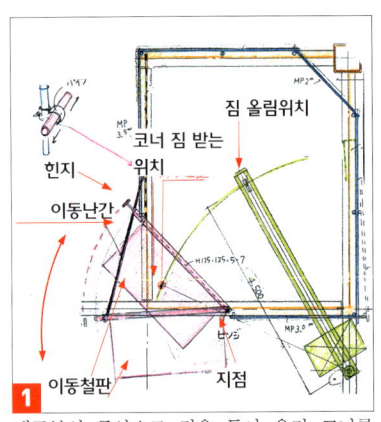

개구부의 중앙으로 짐을 들어 올려 코너를 이용하여 짐을 받는다.

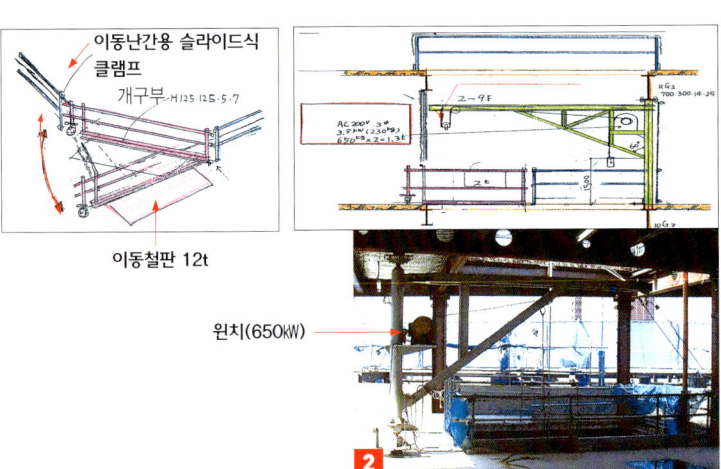

내부 개구부 양중짐받이 스테이지

스테이지가 열려 있는 상황. 짐받이 스테이지와 철판

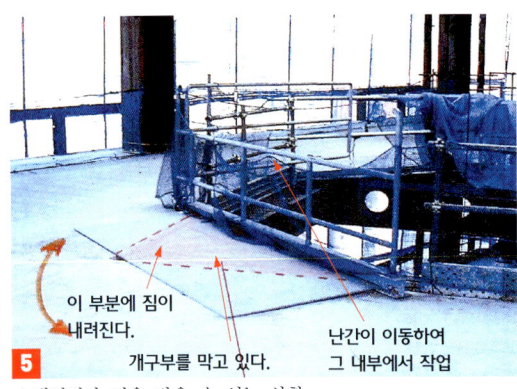

스테이지가 짐을 받을 수 있는 상황

짐내리기 중의 상황. 개구부의 코너에서 짐내림을 하고 있다. 거의 모든 자재를 이 개구부로부터 반입하였다.

53 중량물 이동 잭업(Jack-up)

크고 무거운 설비기기를 보통의 루트로 얼마나 원활하고 능률적으로 반입할 수 있을지는 가설계획을 세우는 사람의 능력에 달려있다. 당초의 계획에서 그 치밀한 계획을 세우기에는 어떠한 도구를 사용할 것인가를 알아야 한다. 여기서는 매우 높은 물체를 이동시키는 도구를 소개한다.

1 기기의 네 주변에 롤러를 달아 수평이동하고 있다.

2 롤러를 확대한 것. 여기에 핸들을 걸어서 당긴다.

3 상부가 회전하도록 되어있다.

4 하부의 롤러

5 유압작키로 필요한 높이까지 올린다.

6 설치용 받침에 올린 후에는 롤러로 소정의 위치까지 이동한다.

54 보드 이동판 수레

작업 시 내장마감보드는 사용량이 매우 많아진다. 그러한 대량보드를 훌륭히 이동시키기 위해 아래와 같은 것을 만들어 능률향상성을 검토해 보았다. 사진 6은 엘리베이터에 적재하고 내리는 수고를 해소하기 위해 개발하였다. 보드를 세운상태로 운반할 수 있는 수레이다.

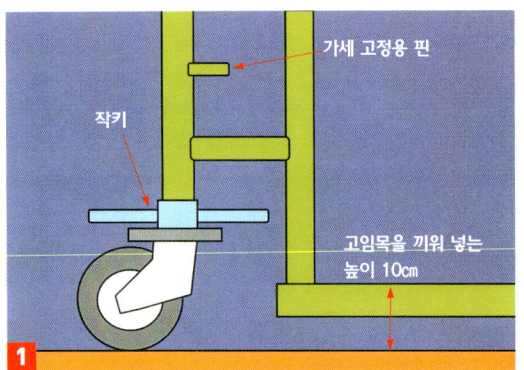

위 그림의 작키를 10cm에서 조금 올린 상태로 보드를 실어 운반한다.

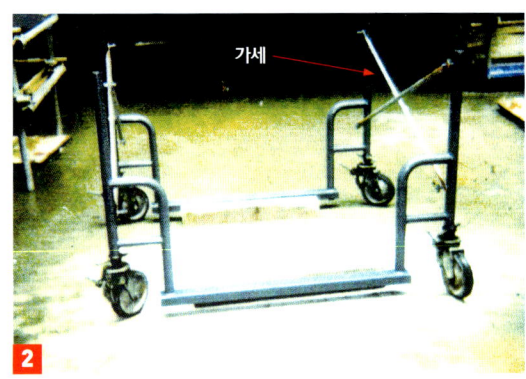

보드를 싣기 전 상황

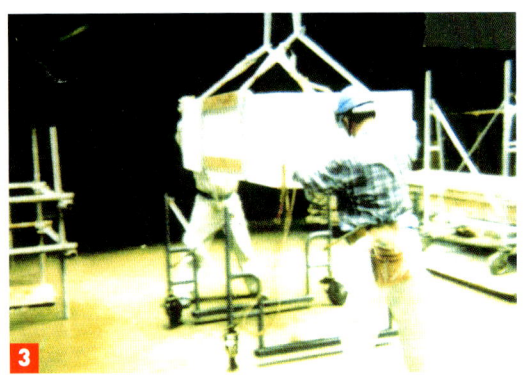

보드를 싣고 있다.

이 상태로 이동한다.

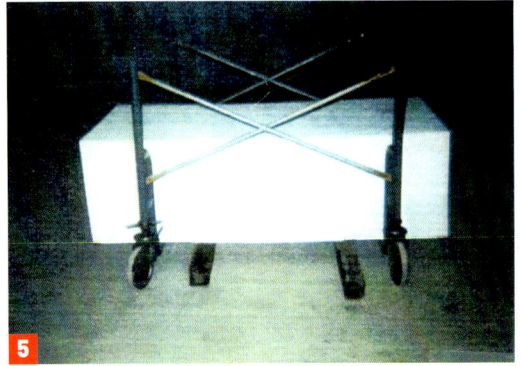

고임목을 밑에 끼워 작키를 헐겁게 하면 수레를 빼낼 수 있다.

위의 수레는 보드를 바꿔 쌓는 수고를 줄이기 위해 개발된 것으로 엘리베이터에 실을 수 있다.

55 높이 28.5m 천장의 발판계획

12.8×16m 스팬으로 높이가 28.5m인 부분에는 거푸집 발판으로 작업 스테이지를 만들면 매우 큰 가설재료가 필요하여 하부의 공사도 할 수 없게 된다. 그래서 아래와 같은 계획을 세워 실시하였다.

타워크레인을 설치한 부분이 중앙 개구부가 된다. 크레인 해체 후 발판을 조립한다.

가설 스테이지를 세부분으로 나누어 철골공사 전에 조립하였다. 골조는 높이 60㎝의 파이프 트러스재를 사용하였다.

해체 시 전면으로 이동하기 위해 캐스터를 설치하였다. 또한 휨을 적게 하기 위해 중앙을 철골과 연결하였다.

발판 위에서 철골을 세워 개구부 위 구조물을 설치

사이 구조물 패널까지 채운 후, 발판을 제거한 상황. 트러스 골조만 남아 있다. 캐스터가 사용하고 앞으로 이동해 온다.

패널 윗면과 파이프 트러스와의 사이에 충분한 거리 확보가 되지 않아 양단에 원치를 설치하여 크레인에 연결할 높이까지 원치로 내려 크레인으로 옮겼다.

56 가설발판(1)

외부와 내부의 발판으로부터 추락사고가 좀처럼 줄지 않는다. 이런 사고가 발생하면 거의 대부분이 중상 혹은 사망에 이른다. 안전 제일이라고 입으로는 외치고 있으나 현장책임자에게 책임을 넘기기만 할 것이 아니고, 더욱 진지하게 원인을 추구하여 대책을 생각하여 교육에 힘 쓰지 않으면 사고를 감소할 수 없다. 또한 제대로 교육훈련도 하지 않고 작업원을 투입시켜 현장에 보내는 것 만으로 재해를 예방하였다는 것은 있을 수 없다. 사람을 교육시키는 풍토를 확실히 만들어 정착해야 할 것이다.

콘크리트타설 시 발판에서 추락

내진보강벽을 기존벽에 추가로 타설할 때 이러한 상황이 일어난다.

콘크리트압송호스

작업 전에 이 높이로 추락방지 틀발판을 설치해야 한다.

1. 본인은 생명줄을 사용하지 않는 것에 익숙해져 있기 때문에 위험을 느끼지 않는다. 충분히 안전한 설비와 제대로 된 안전교육이 필요하다.

외벽패널용 철근 설치중의 추락

이 자세에서의 작업에서는 가새는 난간대신 이 될수없다.

2. 이렇게 구부리고 있을 때 추락하는 예가 많다.

난간 대신 사용되는 가새

발판의 단부

3. 발판의 폭이 부족하면 난간 대신 가새와의 사이의 틈이 너무 커져서 추락의 위험이 증가한다.

스테이지

4. 조립 발판의 틈에 설치한 승강 트랩이나 위에 스테이지가 있어 올라가면 그곳에 머리를 부딪치게 된다. 주변을 잘 보고 발판을 세워야 한다.

5. 이러한 계단에서 발을 헛디뎌 맨밑으로 추락한 예도 있다.

6. 이렇게 계단참이 없는 가설계단은 위험하다.

57 가설발판(2)

가설발판은 그 발판으로 작업하는 사람이 얼마나 간편하고 안전하게 작업할 수 있는지가 중요하다. 공종이 달라지면 높이의 변화가 필요하다. 시공 전에 조립하는 사람과 그것을 사용하는 작업원이 충분히 조정을 하면 사용하기 편한 합리적인 발판이 된다.

통로로 되어 있는 장소이므로 현장책임자도 통행하고 있으나 익숙해진 만큼 위험하다는 의식이 없어지고 있다.

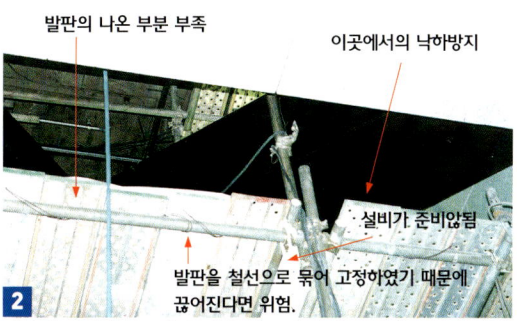

발판의 길이가 4m밖에 없기 때문에 약간 모자란 부분은 단부의 개구부가 되어버렸다. 즉흥적인 가설계획으로 이런 식이 되었다. 불안정한 시기에 모든 가설계획을 세우고 끝내려고 하는 마음이 필요하다.

큰 홀 전면에 발판을 대고 있다. 절반정도나 1/3의 발판을 만들어 이동하는 것은 불가능하였나? 또는 천장마감재를 슬라이드 시키는 방법은?

실패방지 포인트 3

사진 3과 같은 대공간의 가설공사의 계획은 건축기술자의 실력을 보여줄 수 있는 좋은 기회이다. 의장을 조금 바꾸어 철골공사 시점으로 주행레일을 천장에 설치하여 이동식 연결발판 같은 것도 괜찮다. 새로운 것을 실시하고자 하면 [전례가 없다]라는 한마디로 거부되곤 하지만, 그것에 지지 않고 강도계산과 확실한 계획을 만들어 작업하는 사람의 의견도 추가하면 도전해볼만 하다. 비록 그것에 다소 실패가 있어도 반드시 다음에 활용할 수 있을 것이다. [시간이 없으므로 종래의 방법으로 하자]라고 해서는 건설기술의 발전은 있을 수 없다.

약간의 위험한 부분을 고치고 싶은데 손이 부족한 경우는 위와 같이 그물망을 설치하면 효과적이다. 적어도 이것으로 추락사고는 막을 수 있다.

발판의 해체

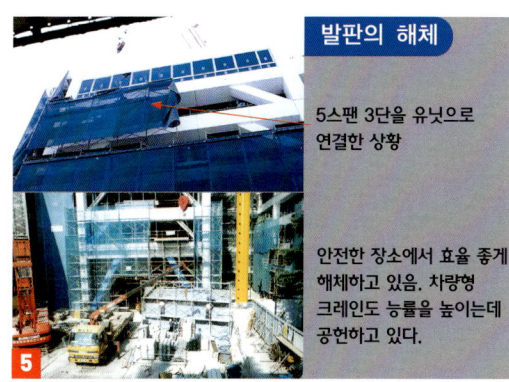

거푸집 발판을 어느 정도 크기의 유닛으로 해체하는 것이 능률이 올라가고, 추락 위험도 대폭 적게 된다.

58 계단발판의 실패와 대책(1)

사진 1은 하부의 통행을 전혀 고려하지 않고 계단의 발판이 조립되어 있다. 계단발판은 작업 하기 쉽고, 하부의 통행이 용이한 것이 아니면 안 된다. 긴 재료는 발판 해체 시 마감한 벽에 상처를 내기 쉬우므로 가능한 피해야 한다. 흔들림 방지와 난간을 확실히 하면 그림 6과 같은 발판도 자재가 적게 들어서 좋다.

이것은 주요한 통로가 되고 있는 계단을 지나갈 수 없게 한 계단발판이다. 이렇게 극단적이지 않더라도 계단발판이 있다면 통행하기 어렵게 된다.

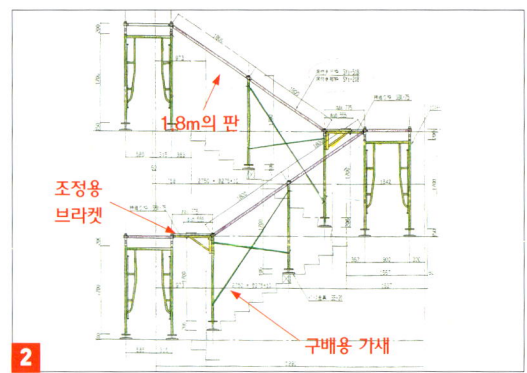

계단의 구배에 맞추어 구배용 가새를 만들어 계단참의 가설발판을 긴 쪽 방향으로 설치하는 것으로 넓은 통로가 확보가능하다.

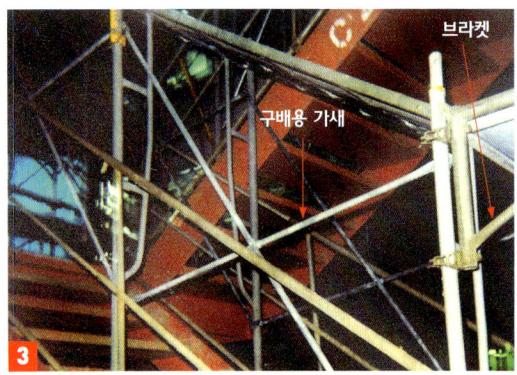

계단전용 슬라이드식의 발판이 있지만 위의 사진은 구배가새와 브라켓을 사용하여 통행하기 쉽게 한 계단발판이다.

이 계단참은 가새 대신 지지대를 사용하고 있다.

상부로부터의 사진
보통의 계단발판과 비교하여 작업과 통행이 하기 쉬워졌다.

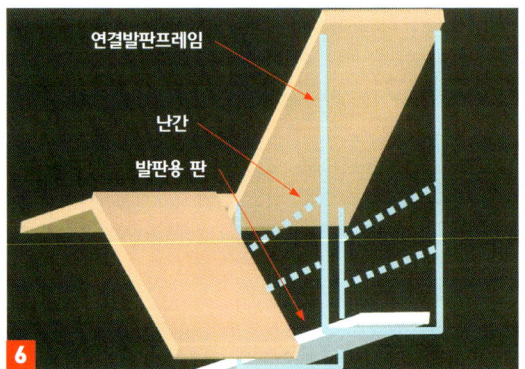

계단 프레임에 연결 발판의 앵커를 설치하여 위의 그림과 같이 연결하면 가설자재는 최소로 누를 수 있다.

59 계단발판의 실패와 대책(2)

계단의 최상부는 사진 1과 2처럼 불안정한 발판이 되기 쉽다. 특히 뿜칠부의 발판은 위험성이 높다. 새로이 그림 4와 같은 계획을 세우면 보다 안전하고 작업성이 좋은 발판이 된다. 또한, 설계단계부터 고려하면 사진 6과 같이 합리적인 시공이 가능하다.

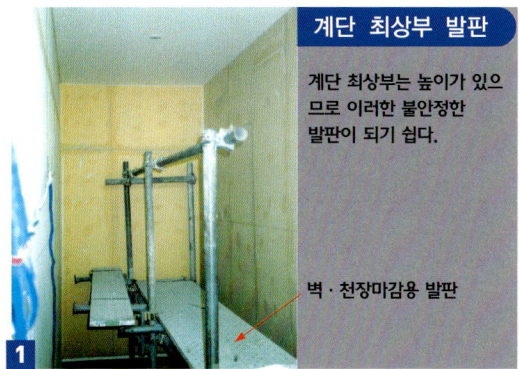

계단 최상부 발판
계단 최상부는 높이가 있으므로 이러한 불안정한 발판이 되기 쉽다.

벽·천장마감용 발판

1 단관발판으로 구성되어 있으나, 발판의 조립·내장공사·발판의 해체와 최종까지 무사고로 완료하기에는 불안정하다.

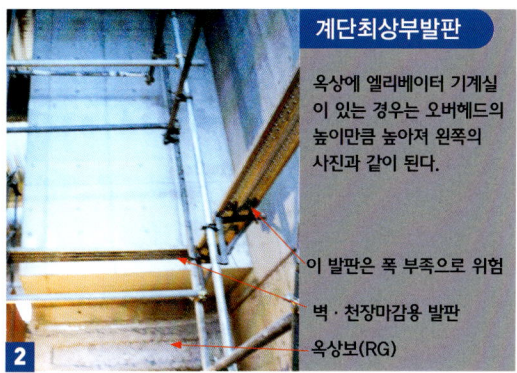

계단최상부발판
옥상에 엘리베이터 기계실이 있는 경우는 오버헤드의 높이만큼 높아져 왼쪽의 사진과 같이 된다.

이 발판은 폭 부족으로 위험
벽·천장마감용 발판
옥상보(RG)

2 이것도 단관발판으로 발판의 폭이 좁다. 추락사고가 발생하면 책임을 면할 수 없다.

3 계단이 없는 외쪽의 부분에는 뿜칠용 마감발판이 필요하다.

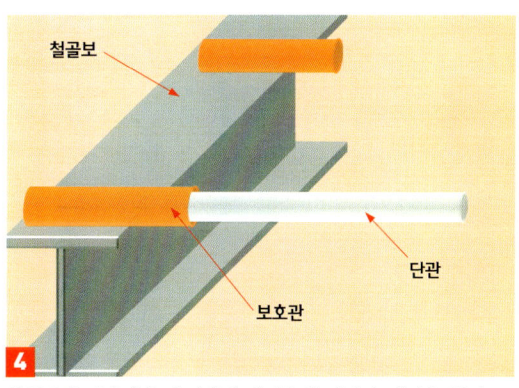

철골보
단관
보호관

4 철골보에 보호관을 용접하여 발판용의 바닥판 단관을 꽂아 그 위에 발판을 설치하면 가설자재가 대폭 절감된다.

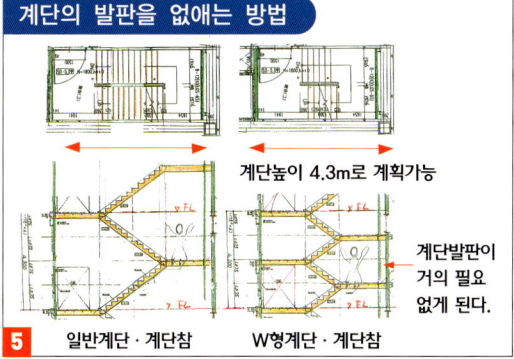

계단의 발판을 없애는 방법
계단높이 4.3m로 계획가능
계단발판이 거의 필요 없게 된다.

5 일반계단·계단참   W형계단·계단참

오른쪽 위의 그림과 같이 계단참을 2개 늘림으로서 가설발판이 거의 불필요해져 계단실의 면적도 적게 된다. 설계시부터의 계획이 필요.

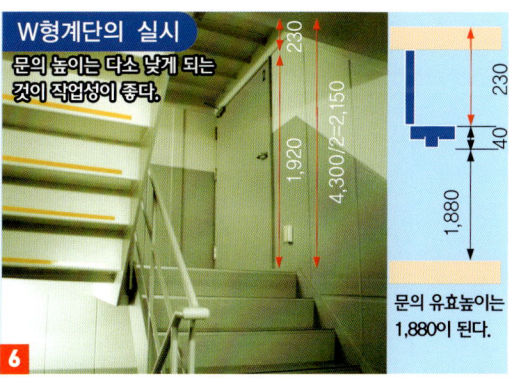

W형계단의 실시
문의 높이는 다소 낮게 되는 것이 작업성이 좋다.

230
1,920
4,300/2=2,150
230
40
1,880

문의 유효높이는 1,880이 된다.

6 그림 5를 실시한 예이다. 계단참이 많으므로 패닉 시 연달아 넘어짐 방지가 되어 안전성이 높아진다.

60 엘리베이터 기계실 밑의 발판

계단발판 및 엘리베이터 기계실의 하부에는 사진 1과 2와 같은 복잡하고 위험한 발판을 조립해 버리는 경우가 많다. 좁은 장소에다가 높은 곳이기 때문에 추락의 위험이 있다. 엘리베이터 기계실이 없다면 이러한 장소가 없어진다. 최근, 기계실이 없는 엘리베이터가 개발되어 시공이 쉬워졌다.

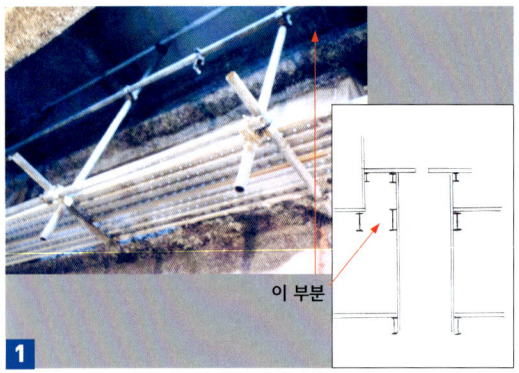

ELV샤프트 구분막이·철골의 내화피복을 이 좁은 부분에 시공하여 추가적으로 발판을 해체한 후에 다시 철골클램프부분의 내화피복의 보수를 하지 않으면 안된다.

이것은 엘리베이터 기계실 옆의 계단실에 조립해 놓은 발판이다.

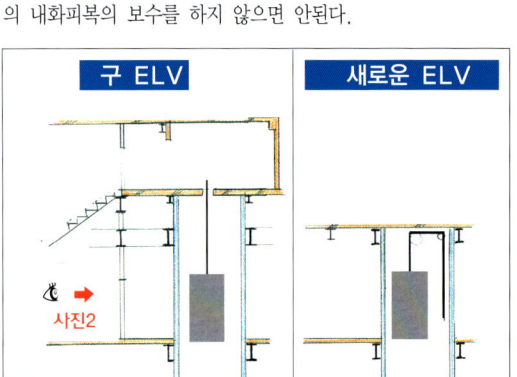

오른쪽이 기계실이 없는 타입의 엘리베이터이다. 왼쪽 그림과 같이 스킵하는 경우도 없이 기계실도 없으므로 깔끔하게 되었다.

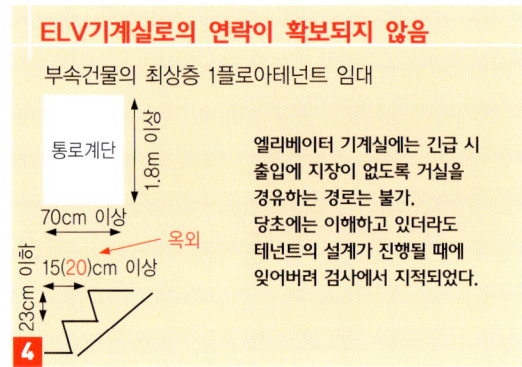

기계실이 없으므로 위와 같은 것으로 인해 번거롭지 않아도 된다. 기계실내의 환기·공조설비 등도 불필요하다.

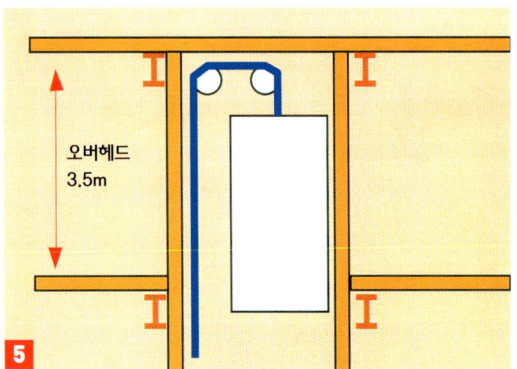

기계실이 필요 없는 엘리베이터. 15인승·1,000kg·속도 105m/분·샤프트 내 규격2.3×2.15m. 비상용 ELV는 아직 없다.

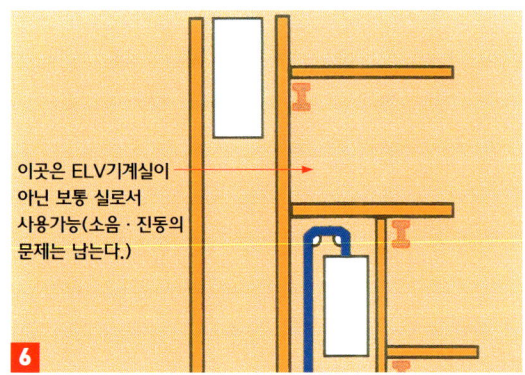

고층건물에 있어서도 저층용 엘리베이터로 사용하면 그림과 같이 샤프트 상부를 유효하게 이용할 수 있다.

61 엘리베이터 샤프트(Shaft)내 발판

공사현장 출입구에서의 교통재해를 방지하기 위해서는 주변의 교통상황에 대해서 유도원을 배치하지 않으면 안된다. 단지 배치하여 임명하는 것이 아닌 현장책임자가 유도상황을 주의깊게 확인하여 주의점이 있다면 분명하게 주의하고 과거에 일어났던 사고예를 발견하고 지도를 한다면 사고를 사전에 예방 할 수 있다.

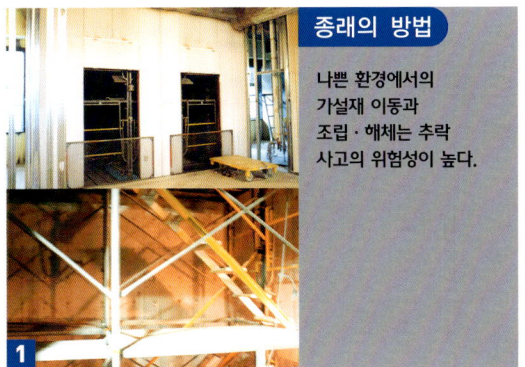

종래의 방법
나쁜 환경에서의 가설재 이동과 조립·해체는 추락사고의 위험성이 높다.

1
샤프트 내에 발판을 만들면 많은 자재가 필요하므로 사고의 위험도 많아진다.

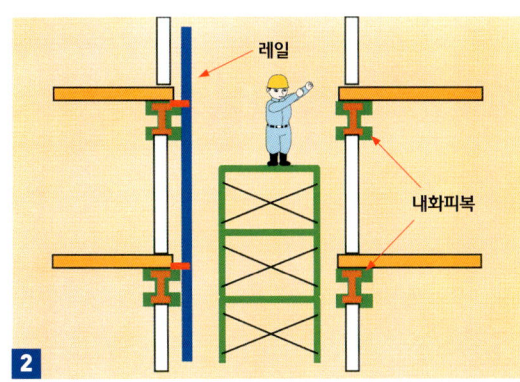

2
종래방법의 마무리로서는 철골의 내화피복·슬래브콘크리트의 면처리 등을 위한 발판이 필요하였다.

3
ALC를 샤프트쪽에 외벽과 같이 만들어 레일설치를 위해 수직으로 철골을 도달시켰다. 낙하방지그물을 ALC의 겹침부분에 설치하였다.

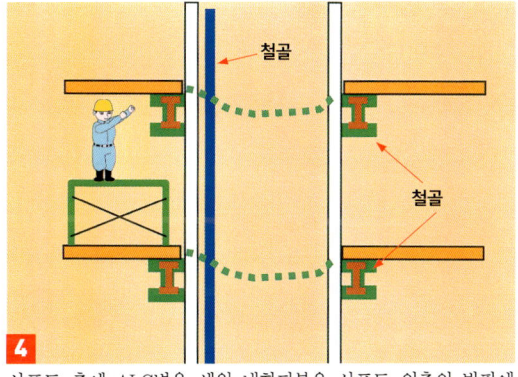

4
샤프트 측에 ALC벽을 세워 내화피복은 샤프트 외측의 발판에서 안전하게 작업이 가능하다. ELEV레일설치공사는 곤도라로 작업한다.

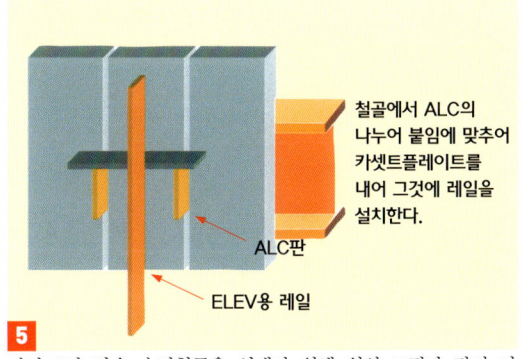

5
사진 3과 같은 수직철골을 없애기 위해 위의 그림과 같이 카셋트플레이트를 내면 레일을 설치할 수 있다.

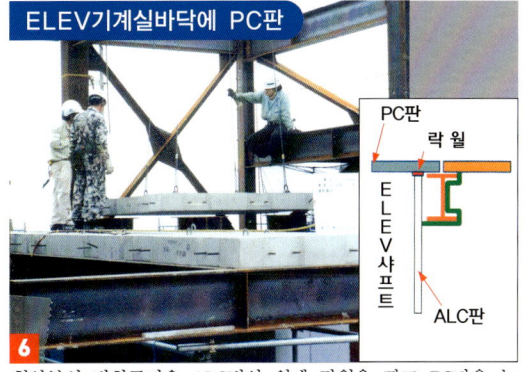

ELEV기계실바닥에 PC판

6
최상부의 방화구면은 ALC벽의 위에 락윌을 깔고 PC판을 놓는 것으로 형성한다. 플레이트데크를 반대로 사용하는 것도 같은 방식의 시공이 가능하다.

62 수평그물을 설치할 때 포인트

추락사고는 기둥의 주변과 대들보 주변의 텍크 단부에서 일어나기 쉽다. 수평그물계획이 나쁘면 설치해야 할 장소의 그물을 제거하는 시간이 소요된다. 그러한 때에는 사고가 발생하므로 가설설비를 고려한 충분한 검토와 확인이 필요하다.

그물용 훅을 이 장소에 계획하면 확실히 설치할 수 있어 재설치의 노력도 없어진다.

1

깔끔하게 그물이 설치되어있는 것처럼 보이지만 스테이지의 작업 중에는 스테이지 주변의 그물이 제거되고 만다. 데크에서의 추락을 막을 수 없다.

추락의 위험 　 그물용 훅의 필요위치

2

아래에서 본 것. 스테이지의 크기를 고려한 수평훅의 위치결정을 한다면, 확실한 양생이 가능하다. 기둥 승강부도 최소한의 크기 개구부를 만든다.

3

수평그물이 깔끔히 설치되어 있으나, 그물설치시 장력이 너무 걸려 시공성이 나쁘다. 낙하시를 생각하여 약간 여유롭게 해야 한다.

수평그물용 클램프

계단실의 최상부에 훅을 붙이는것을 잊어버리고, 클램프를 설치하였다.

4

수평그물의 훅의 배치를 잊으면, 많은 노력이 필요하다. 철골배치 시에 충분히 검토하지 않으면 안 된다.

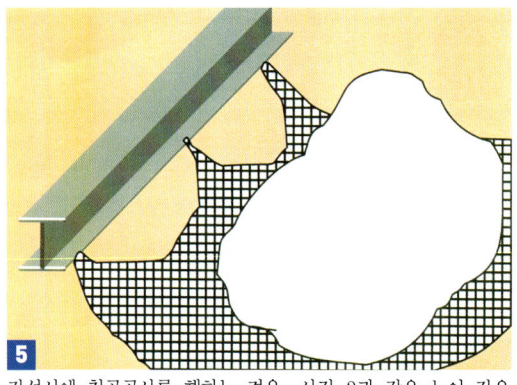

5

강설시에 철골공사를 행하는 경우, 사진 3과 같은 눈이 작은 수평그물을 설치하면 눈이 쌓여 무거워 위험한 상태가 된다. 100각 그물을 사용하면 눈을 떨구기 좋다.

6

이것은 거리의 철골공사현장 사진이나 수평그물·수직그물은 고사하고 안전설비를 거의 볼 수 없다.

63 철골 스테이지의 주의점

그림 1·2와 같이 보통 아무 생각 없이 그린 설계도가 실제 시공되면 위험한 상태인 경우가 있다. 현장에 나와 본 경험이 없는 사람에게 계획도를 맡겨놓으면 실패가 반복되게 된다.

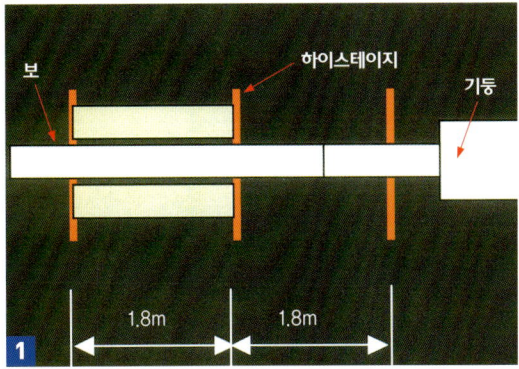

1 철골하이스테이지를 나누어 설치할 때, 위의 그림과 같이 보 측과 기둥 브라켓측의 사이를 1.8m로 나누어 달아 1.8m의 판을 다는 것으로 계획할 수 있다.

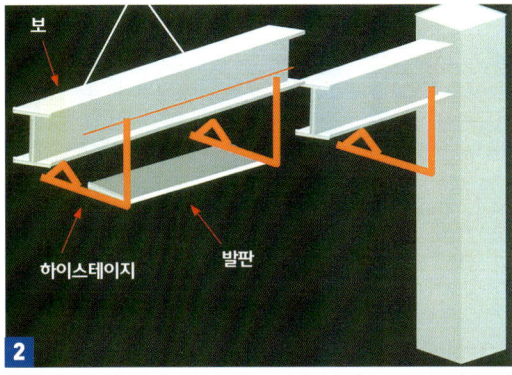

2 보의 스테이지 위에서부터 기둥 브라켓측에 1.8m의 판을 거는 작업은 매우 위험하다. 3m 정도의 발판이라면 발판을 건너 넘어가기 쉽다.

3 칼럼(column)스테이지가 제대로 설치되지 않아 와이어와 얽혀져 있다. 와이어의 장력에 의해 스테이지가 떨어질 우려가 있다.

4 가설구대의 지주. 하이스테이지를 제대로 조립한 예이다.

5 체육관의 옥상구조용 대형 트러스 발판. 대형 트러스의 발판을 하이스테이지와 같이 선조립하여 성공한 예

6 대형 트러스를 설치. 큰 보를 설치한 후 바로 수평그물을 설치하고 작은 보를 설치하여 발판의 정비를 한다.

64 철골에 붙이는 가설

철골의 가설은 그 가설의 필요한 시기를 잘 생각하지 않으면, 사진 1과 같이 실패한다. 그 후의 작업이 부드럽게 진행되도록 철골에 가설부재를 설치하여야 한다.

기둥설치용 피스는 용접의 단계에서 절단된다. 보호그물을 설치하기 위한 훅을 겸용하면 위의 사진과 같이 다시 설치를 하게 된다.

기둥거푸집의 철골설치부분을 거푸집으로 시공하면 고정이 어려워 떨어지기 쉽다. 거기서 위의 사진과 같이 그 부분에 리브플레이트를 넣으면 깔끔하게 설치된다.

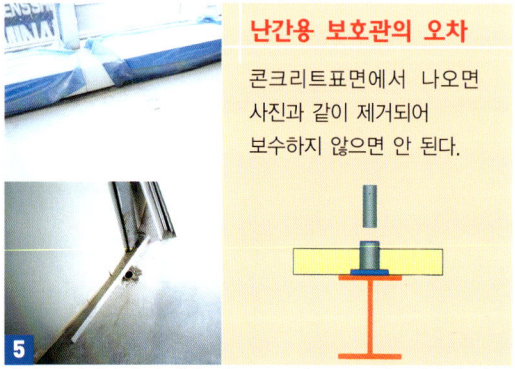

개구부의 양생으로 난간을 2단으로 두르고 내부에는 매쉬를 깔고있다. 난간의 지주는 철골에 보호관을 용접하고 있다.

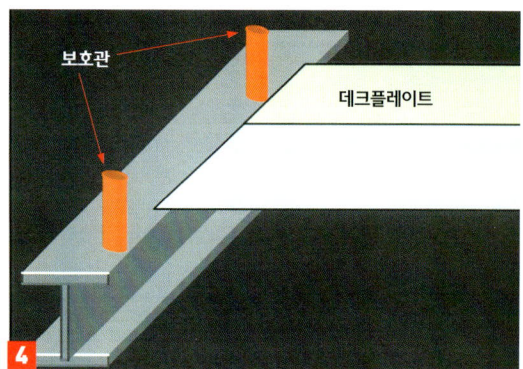

개구부의 난간 시공은 타이밍이 늦으면 사고로 이어진다. 데크공사의 결정에 보호관 설치를 포함하면 시기적절하게 시공 가능하다.

난간용 보호관의 오차

콘크리트표면에서 나오면 사진과 같이 제거되어 보수하지 않으면 안 된다.

애써 추락방지에 효과가 있는 보호관도 콘크리트면에서 나오면 그것의 처리에 많은 노력이 필요하다.

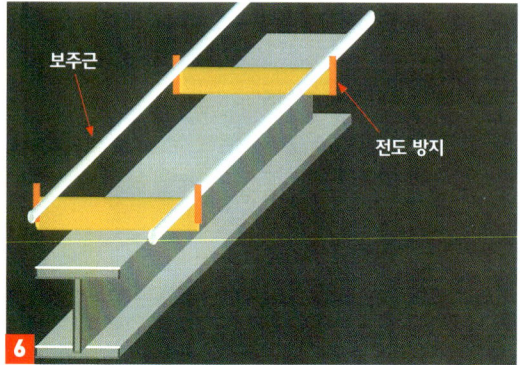

SRC의 철골보의 경우 철골받이에는 반드시 단부의 위치에 철근의 전도방지를 설치해 놓는다.

65 천장공사용 발판의 개발

안정되고 작업성이 좋은 발판을 현장에서 고안·제작하여 실시하였다. 하나의 유닛이 3.8m×1.8m로 크기 때문에 이동이 용이하여 비용상의 장점도 있다.

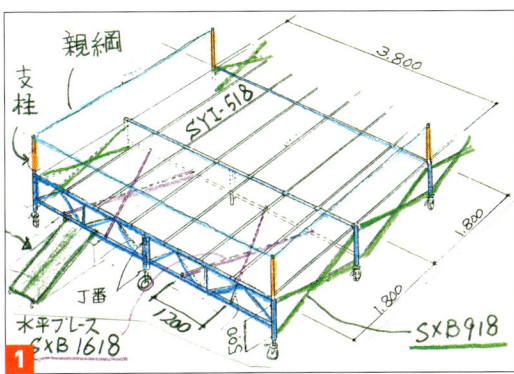

1 조립개념도. 기존의 가새·합판을 이용할 수 있도록 설계하였다. 판을 단의 파이프가운데에 걸어놓으면 승강하기가 쉽다.

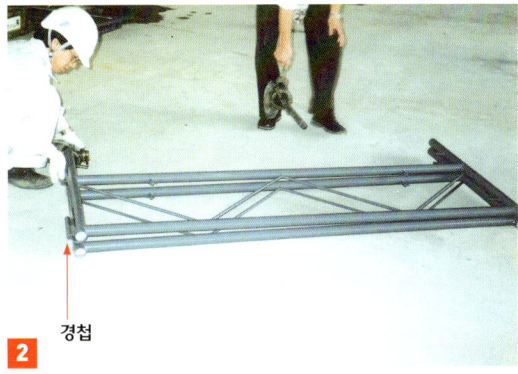

2 접어놓으면 1.9m가 되기 때문에 엘리베이터로 운반이 가능하다. 캐스터를 3개소 설치하여서 세워 조금 벌리면 세울 수 있다.

3 캐스터를 넣어 조금 넓히면 병풍과 같이 세울 수 있으므로 조립하기 쉽다.

4 고정용 가새를 넣는 모습. 각각의 면을 보강하기 때문에 수평·수직 가새를 넣는다.

5 작업바닥의 위가 브라켓으로 안정되어 있다. 또한, 난간을 설치하도록 설계되어 있다.

6 천장 작업을 하는 모습. 이동도 간단하여 능률이 올랐다.

66 지하공사의 환기설비의 실패

지하의 역타설공법과 지하개수공사에서는 가스차단 및 용접, 또는 콘크리트제거·중기의 배기가스 등에 습기가 더해져 열악한 환경이 된다. 하지만, 이 상황을 먼저 예측하여 계획을 세우고 있는 현장은 적다. 그때가 되어서야 처음으로 대책을 취하기에는위해서 작업환경이 개선되기 힘든 상황이다. 환기의 포인트는 지하의 전역에 공기의 흐름을 전략적으로 만들어 내는 것이다. 건물과 자연의 바람의 흐름을 읽고, 끝에서 바람을 넣어 반대측에서 배기를 하는 계획을 하면 좋다.

1 배기가스와 습기, 콘크리트 가루의 먼지로 숨도 쉬기 힘든 상황이 되고 있다.

2 지하의 보일러와 변전설비를 해체하고 있다.

3 기계실의 들뜬 콘크리트를 브레이커로 부수고 있으나 환기가 되지 않고 있다.

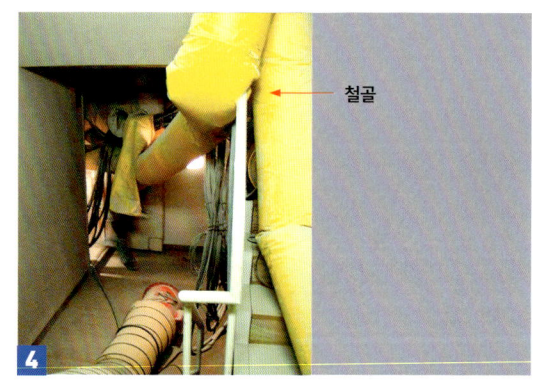

4 처음부터 철저한 급배기계획을 하지 않으면 추가적인 비용이 든다. 잊기 쉬우므로 앞을 내다보고 일을 진행해야 한다.

5 커다란 개구부를 만들어 반출입겸용으로 위의 사진과 같은 설비를 설치하지 않으면 근본적으로 해결되지 않는다.

6 피해를 줄이기 위해 굽는 부분벤딩에 철재 덕트를 사용하고 있다. 확실한 가설계획이다.

67 가설전기계획의 실패

가설전기의 계획은 공사전체를 어떻게 진행해 나갈 것인가에 따라 바뀐다. 타워크레인, 피트, 엘리베이터의 조기공사사용, 용접기, 조명, 양수펌프, 사무소·휴게소의 냉난방 등, 전기를 필요로 하는 것은 많다. 고압수전의 경우 폐쇄형 배전반이 들어가면 광범위한 장소를 차지하므로 제대로 계획하여야 한다. 대지에 여유가 없는 장소에서 저압수전으로 부족분을 발전기로 대체한 사례도 있다.

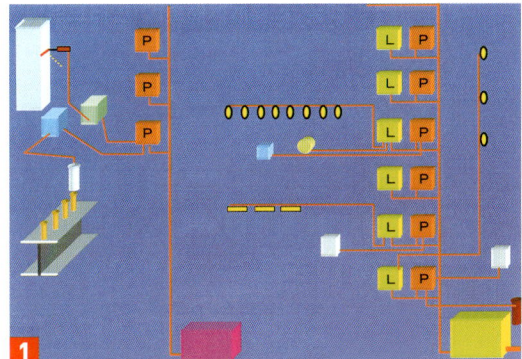

스터드용접·철골용접의 전원은 별 계통으로 발전기를 준비하는 것으로 최고 사용치를 줄일 수 있다. 장내조명은 작업하는 계절과 시간대 방별로 생각해 효율적으로 계획한다.

발전기를 사용하고 있는 상황. 배기가스가 많으므로 주변에의 영향을 생각한다. 또한 어스를 잊지 않도록 해야 한다. 여기에는 자격이 필요하므로 확인이 필요하다.

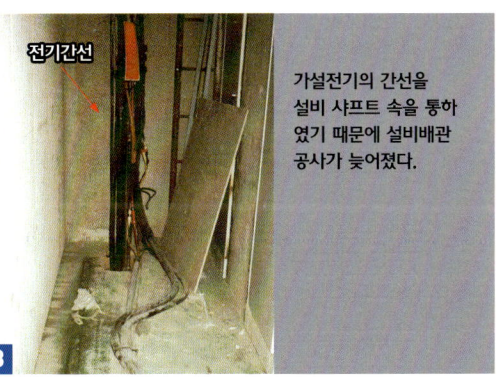

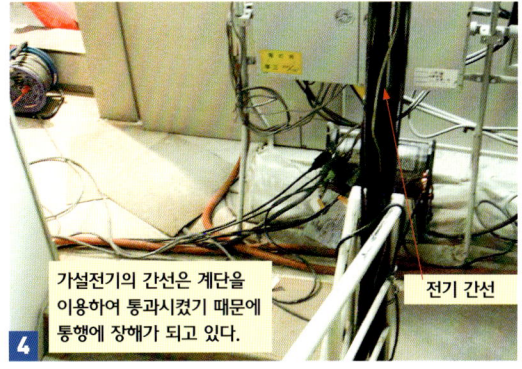

전기간선의 루트결정은 본설전원이 들어올 때까지 존재하므로 본 공사에 미치는 영향을 최소한으로 하지 않으면 안된다. 안쪽의 샤프트등을 통과시킨 경우, 그곳에 이르기까지의 문을 설치하지 못하는 경우가 있다. 또한, 처음부터 덕트나 기기의 배치에 장애가 되지 않도록 고려하여 방의 중앙을 통과하여 구멍메움이나 마감처리를 계획적으로 하는 것이 중요하다.

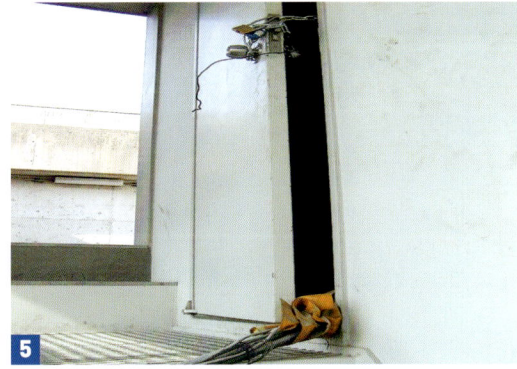

엘리베이터 기계실로의 가설전기의 배급상황. 문을 닫을 수 없으므로 사슬과 자물쇠를 이용하여 고정하고 있다.

낮에 조명이 점등되어 있다. 전 일 종업시에 메인스위치를 내려 아침에 스위치를 넣었기 때문에 이런 상황이 된다. 외부에서 확인하므로 관리를 해야 된다.

[5] 흙막이·토공사

68. SMW흙막이벽
69. SMW흙막이벽 공사의 실패
70. SMW흙막이벽 심재높이의 실패
71. H형강 수평널판 흙막이 벽
72. 안이한 흙막이 시공의 위험성
73. 절량공법
74. 어스앵커공법
75. 어스앵커공사의 실패
76. 역타설공법과 아일랜드공법
77. 기존 지하외벽을 이용한 흙막이벽
78. 흙막이 공사의 실패(1)
79. 흙막이 공사의 실패(2)
80. 연약지반의 굴삭
81. 그 외의 지반에서의 시공
82. 원형 흙막이벽
83. 물의 가격
84. 덤프트럭주행 Slope철판 선택의 실패 등
85. 공사차량 관리

68 SMW흙막이벽

안정성이 높고 비용도 낮아진 탓일까 흙막이 벽공사 중에서 SMW(주열벽)공법의 시공이 늘고 있다. 그러나 준비에는 많은 계획이 필요함하므로 그 주의점을 들어본다.

1 공사상황. 플랜트와 강재야적장, 크레인, 삼축오우거, 잔토처리장 등에 적지 않은 공간 필요하다. 지반이 단단한 경우는 선행굴삭용의 일축오우거가 필요하다.

2 공사에는 많은 물을 사용하므로 그 대책이 필요하다. 하수도 요금의 면제신청을 하는 것이 좋다.

3 흙탕물이 많이 발생하므로 바깥 주변에 하수구를 만들어 도로나 인근으로 흙탕물이 흐르지 않도록 주의가 필요하다. 또한 흙탕물 그대로 덤프로 반출할 수 없으므로 고형화하기 위한 장소가 필요하다.

4 흙막이 심재의 길이가 길어지면 운반이 불가하므로 두개를 이어야 한다. 오우거도 깊어지면 연결하기 위해 시공시간이 걸린다.

5 암석층 지반의 경우 오우거가 휘어 흙막이 벽의 정밀도가 나빠지기 쉽다. 구조체와의 간격이 어느 정도 여유를 두어야 좋을 까는 충분히 검토하는 것이 필요하다.

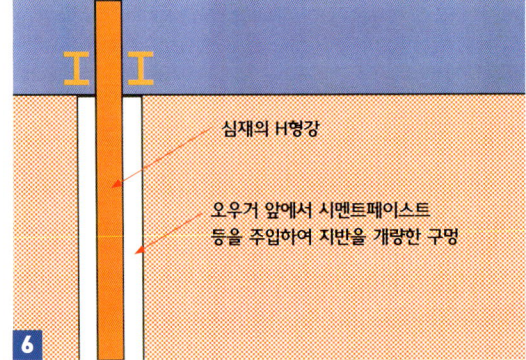

6 지반의 상황과 깊이를 고려하여 지하외벽과 H형강의 클리어런스를 결정하여 오우거와 H형강의 정밀도를 관리하여 공사를 진행한다. H형강이 구조체에 들어가면 문제가 된다.

69 SMW흙막이벽 공사의 실패

지수성이 높고 안정적인 SMW흙막이 벽이지만, 계획과 관리를 태만히 하면 커다란 사고로 이어진다. 사진 1처럼 돌출부분의 보강을 이전에 계획하지 않아 갑자기 붕괴될 우려가 있는 경우도 있다. 또한, 사진 3은 SMW벽이 붕괴되어 버린 경우이다. 이러한 사례를 근거로 확실한 계획과 시공을 해야겠다.

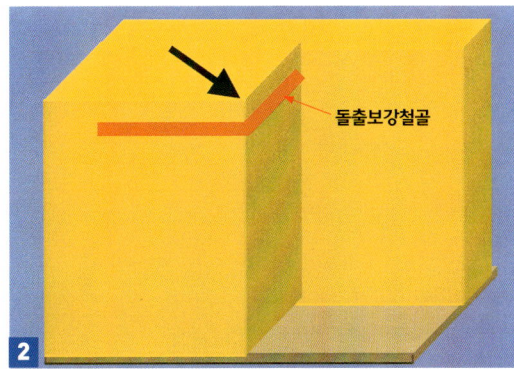

사진 1과 같은 돌출부의 흙막이를 시공하였으나 그림 2와 같이 돌출부분에 커다란 힘이 작용하여 SMW벽에 균열이 발생하여 위험한 상황이 되었다. 2와 같은 보강의 철골을 H형강에 용접하여 붕괴를 막았다.

일축의 기계로 시공하였으나 시멘트 부족이거나 이러저러한 불량으로 충분히 개선되지 않았다.

사진 3의 상부. 혹시나 밑에 사람이 있었다면 커다란 재해가 되었을 것이다. 또한 지반이 모래였다면 앞부분으로 쏟아져 주변이 함몰사고로 이어졌을 것이다. SMW의 플랜트관리·기계의 설치계획·상부의 지수가 중요하다.

위의 사진과 같이 심재에 얇게 남은 개량토가 벗겨져 떨어져 나간 경우가 있다. 아래에서 작업하는 것을 생각하면, 미리 제거해 두는 작업이 필요하다.

낙석이 낙하하여 커다란 사고가 발생한다.

70 SMW흙막이벽 심재높이의 실패

사진 1은 타설한 SMW흙막이 벽의 H형강이 높아서 외부구조공사 시점에서 절단한 것이다. 사진 2와 같이 손운반 이후 트럭에 실어 처분하게 되면 매우 큰 비용이 든다. 그림 5는 건물주변의 배수가 흙막이에 닿는 경우의 예이다. 미리 그림 6과 같은 치밀한 계획을 세우는 것으로부터 불필요한 노력을 줄일 수 있다.

1 모든 H형강을 절단하지 않으면 안 된다. 좌측이 굴삭한 부분

2 절단한 강재는 손수레로 운반. 적재 및 처분비도 소요된다.

3 이것이 굴삭 시의 상황. 이 시점에서 심재(H형강)의 끝단이 너무 높다는 것을 알 수 있다.

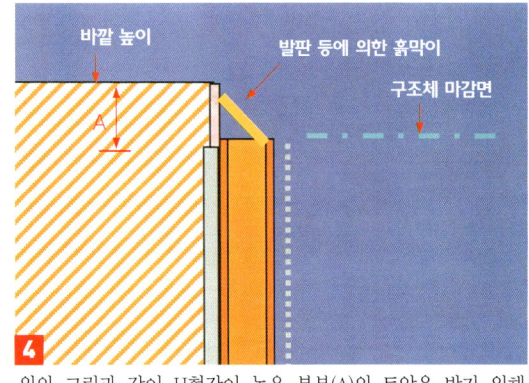

4 위의 그림과 같이 H형강이 높은 부분(A)의 토압을 받기 위해서 이러한 방법도 있다.

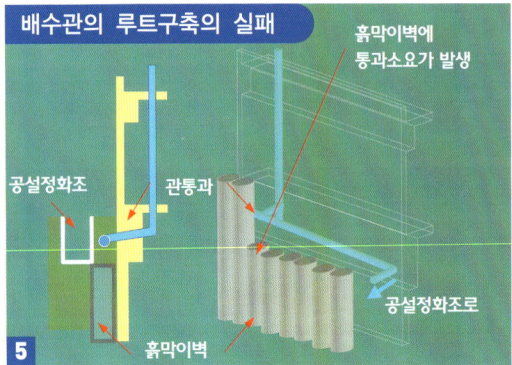

5 흙막이 시에 배수관의 계획을 세우지 않으면 위의 그림과 같이 후에 작업성이 나쁜 환경 속에서 흙막이 벽을 부수지 않으면 안 된다.

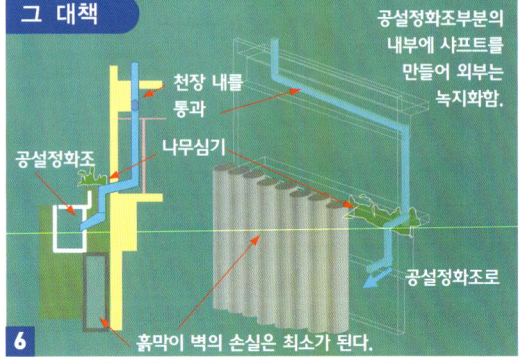

6 빠른 단계에서 위와 같은 계획을 함으로서 불필요한 작업을 없앨 수 있다.

71. H형강 수평널판 흙막이벽

아래의 1·2는 기존 지하외벽을 해체하면서 도로 측의 흙막이를 시공한 사진이다. 사진 2와 같은 상황은 매우 위험하다. 도로는 흙지반이 적어, 전기·전화·하수도공사때마다 굴착과 매립을 반복하여 불안정한 상태가 되었다. 여기에 비가 내리면 약한 부분에 물이 흘러가는 길이 생겨 한번에 붕괴를 가속시키게 된다.

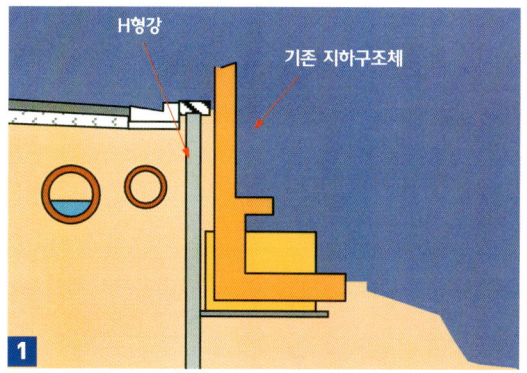

1. 기존 지하외벽과 경계선 사이에 H형강을 넣고 콘크리트를 타설하였다. 구조체를 조금씩 해체해 나가면서 널판을 넣어간다.

2. 도로측으로부터 다시 매립된 산모래의 경우 해체 시 진동으로 모래가 붕괴되어 도로가 함몰될 위험이 있다. 특히 도로측에 균열이 생겨 빗물이 파고들면 붕괴되기 쉽다.

3. H형강의 고정과 빗물침입방지를 위해 상부에 두부연결콘크리트를 타설하고 있다.

4. 관동롬층(일본의 지층명)의 지반의 굴삭은 안정성이 있어 시공하기 쉽다. 단, 널판으로부터 흐르는 물을 잘 확인하지 않으면 안된다.

5. 가설사무소의 계단부분이 장해가 되어 H형강의 위치를 분산시키지 않으면 안 되는 상황. 가설계획을 확실히 하지 않았기 때문이다.

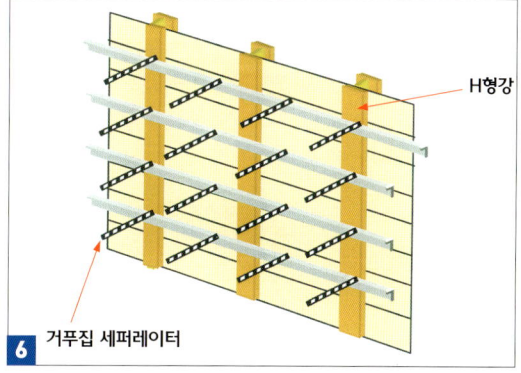

6. 흙막이 벽을 거푸집 대신 사용할 때는, H형강의 간격을 넓게 하면 세퍼레이터가 잘 빠져서 앵글을 용접하여 그것으로부터 세퍼레이터를 설치할 필요가 있다.

72 안이한 흙막이 시공의 위험성

안이한 흙막이 시공이 반복됨에 따라 이로 인한 사고가 계속되고 있다. 관리를 하는 사람은 사고의 방지를 위해 교육에 힘을 써야한다.

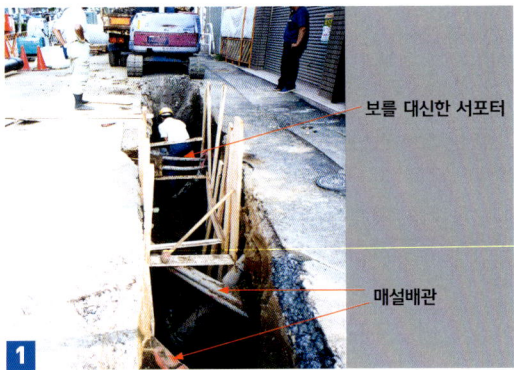

1 이러한 공사에서 토사붕괴에 의한 사고가 많다. 매설배관이 많으므로 철저한 흙막이가 힘들다.

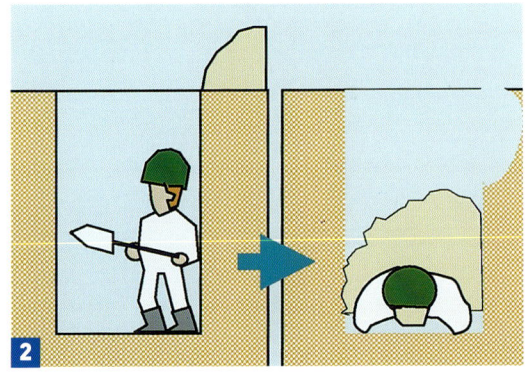

2 토사붕괴사고의 상황도. 그다지 깊지 않아서 방심하다가 붕괴 되었을 때는 그 충격으로 넘어져 토사의 무게를 정면에서 모두 받아야 한다.

3 흙막이 벽이 없는 사질토부분에서 굴삭작업을 하고 있다. 아래에는 물이 나와 언제 무너질지 모르는 상황이다. 임의의 진동에도 붕괴될 수 있음을 느끼지 못한다.

4 전기를 끌어들이는 부분은 이러한 공사가 이루어지기 쉽다.

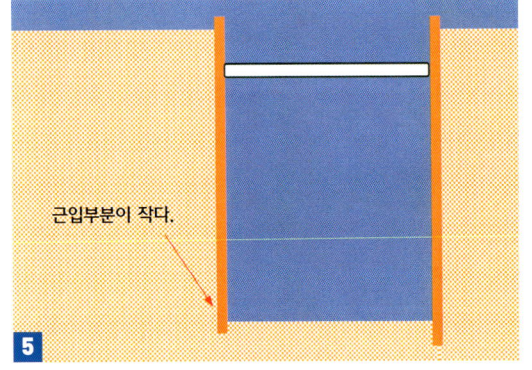
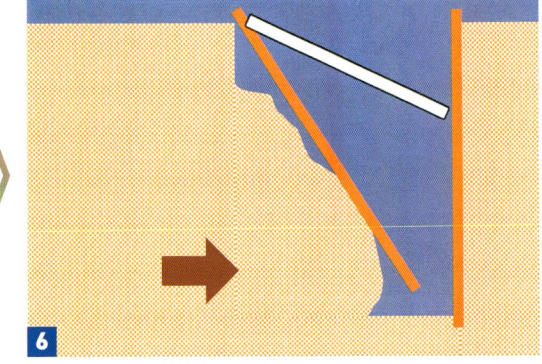

5 6 트랜치 시트의 지지부가 부족한 경우가 많다. 그림 5와 같은 형상으로 시공이 이루어지면 수동토압이 적기 때문에 가장 토압이 큰 지지부에서 낮은 부분의 흙이 밀려나와 그림 6과 같이 붕괴되는 위험이 있다. 어떤 시간은 안정되어 있어도 진동이나 비에 의해 지반이 약화되면 갑자기 [무너져]버린다. 방심은 금물이다.

73 절량공법

흙막이 벽이 완성되면 그것을 넘어가지 않도록 하는 것이 중요하다. 그것이 흙막이 지보공이다. 사진 1이 그 기본형으로서 중앙에 센터파일이 보인다. 사진 3과 같이 단수가 많은 절량이 되면 관리가 어려워져 그 조립과 해체에도 충분한 배려를 하지 않으면 안 된다.

1단절량의 흙막이 지보공. 절량의 높이는 토압과 구조체의 구획 위치를 고려하여 결정한다.

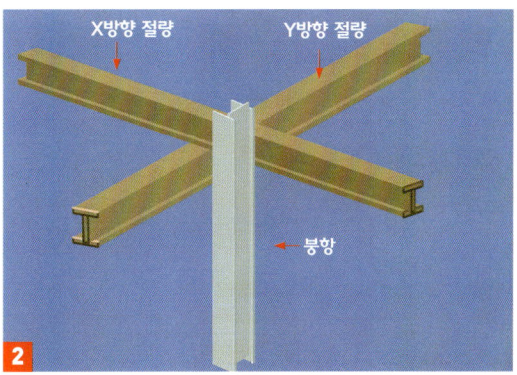

센터파일은 절량의 좌굴을 방지하여 고정하기 위해 타설한다. 이것은 구조체에 영향을 미치지 않는 위치에 배치한다.

4단절량의 흙막이 지보공. 흙막이 벽 사이의 거리가 있기 때문에 연결형 절량이 되어 있다. 굴삭공사를 쉽게 하기 위해 가능한 각 단의 절량의 위치를 맞춘다.

센터파일을 구조체의 지주와 겸용한다.

절량재료의 반출입은 사진과 같이 경사연결양중하지 않으면 곤란하다. 타 부재에 용접하면 위험하므로 충분히 주의하여 유도한다.

이것은 절량 대신에 복기하여 PC강봉으로 장력을 걸어놓은 공법. 그다지 길지 않은 면에 사용가능하다.

74 어스앵커공법

지하의 흙막이공법으로 시공성이 좋은 것은 어스앵커공법이다. 하지만 대지 주변에 타설허가를 받지 못하는 경우가 많다. 건물에 공공성이 있다면 허가가 가능하다. 사진 1은 근린·지방자치단체·국가의 허가를 받는 데에 4개월이 걸렸으나 시공성이 좋아 지하공사를 공정대로 완료하였다.

1 주변의 지반이 좋아 측압계수0.25. 어스앵커는 1단째에@4.05m(50t/본), 2단째에@4.05m(111t/본), 3단째에@3.6m(114t/본), 정착길이 최대 10m로 시공되었다.

바닥구조의 계획
바닥구조의 밑은 작업성이 나쁘다.
바닥구조의 편리함 아래에는 불편함이 있음을 이해해야 한다.

2 대지가 넓으므로 어스앵커가 전부 대지 내에 들어간 사례

3 대지 안은 어스앵커를 사용하여 절량없이 시공
바깥 도로측은 기존 구조체를 남겨 잔토를 쌓아 흙막이로 사용하였다.

도로측은 기존의 지하구조체를 이용하여 흙막이로하고, 그 외는 대지 내이므로 어스앵커로 시공되었다.

4 어스앵커 타설의 기계와 PC강선

5 어스앵커 타설 중. 벽부분에 물빠짐 길을 만들어 내부의 물을 흘려보냄.

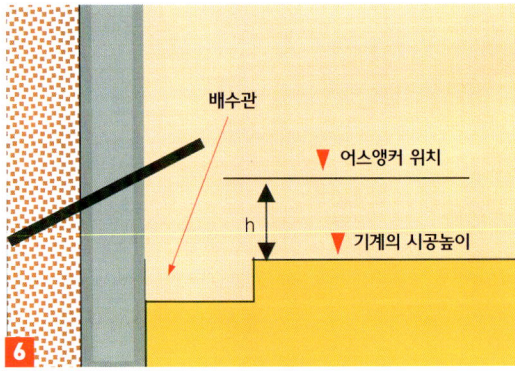

6 어스앵커의 각도에 의해 위의 h길이가 달라지므로 착실히 계획하여 굴삭을 다시 하는 일이 없어야 하겠다.

75 어스앵커공사의 실패

SMW벽과 같이 지수벽에 어스앵커를 타설하는 경우에는 특히 물에 주의가 필요하다. 그림 1·2의 경우, 물을 막는 데에 매우 많은 노력이 걸렸다. 또한 외부의 시설에는 어스앵커가 빗겨가도록 주의하여 시공하지만, 그림 3과 같이 대지내의 설비에 닿는 경우가 있으므로 충분히 주의해야 한다.

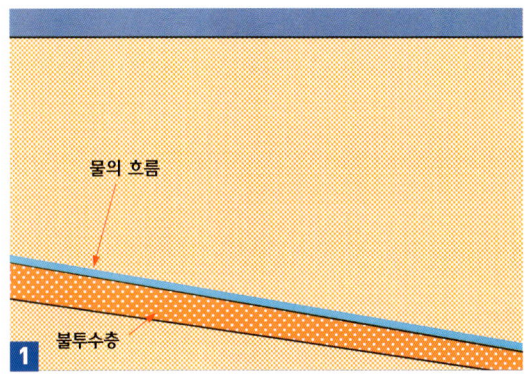

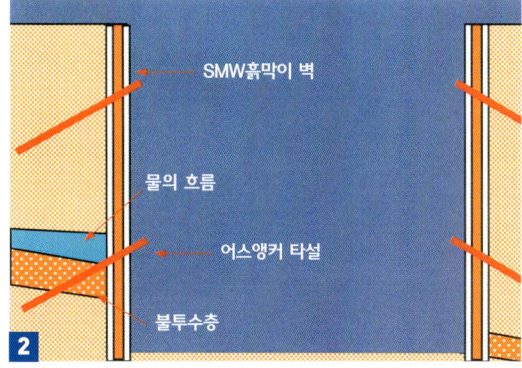

그림 1과 같은 지하의 지형에 SMW흙막이 벽을 시공하였기 때문에 지하수의 통과가 그림 2와 같이 막혀 그 부분의 수위가 올라갔다. 그곳에 어스앵커를 타설하였으므로 그 틈새로 물이 뿜어져 나왔다. 또한, 어스앵커를 제거한 후에도 다시 지수작업을 해야 하므로 예기하지 못한 비용과 공기를 사용하였다.

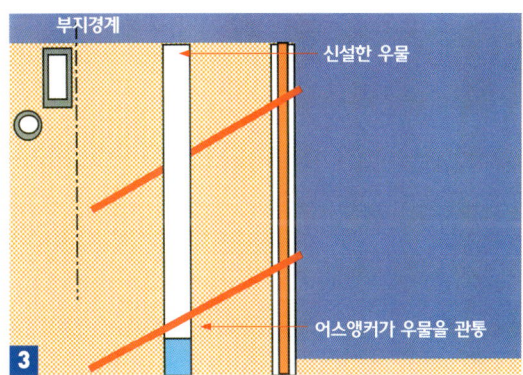

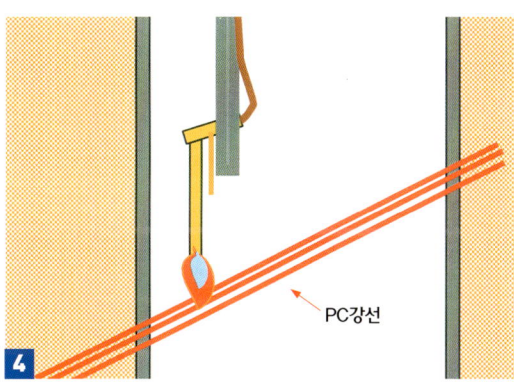

선행하여 굴삭한 우물의 케이싱파이프를 어스앵커가 관통하여 우물에 들어가야 할 양수펌프가 들어가지 않게 되었다. 그러므로 가스버너를 단관의 앞에 설치한 것을 크레인으로 우물 속으로 내려 높이를 바꾸지 않으면서 PC강선을 조금씩 절단하였다.

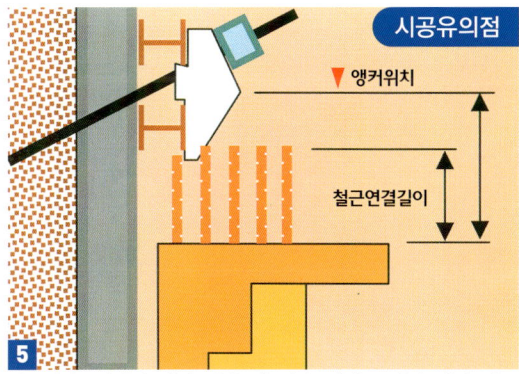

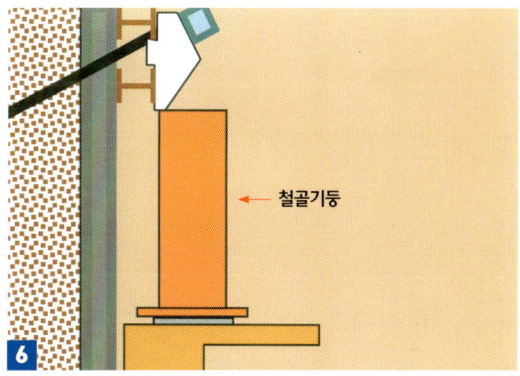

어스앵커공사에서 신경 써야 할 것은 위의 그림과 같이 기둥과 벽의 철근의 연결길이와 압접 위치의 높이로 앵커위치를 결정하는 것이다.

지하 바깥 주변부분에 철골이 있으면 흙막이 벽에 대어 철골을 세울 수 없는 경우가 있으므로 미리 검토하여야 한다.

76 역타설공법과 아일랜드공법

지하2층에 매트기초의 건물을 두 구간으로 나누어 한쪽은 역타설공법, 다른 한쪽은 아일랜드공법으로 시공한 예이다. 역타설공법은 패쇄된 공간에서 작업이 되기때문에 확실한 계획이 필요하다.

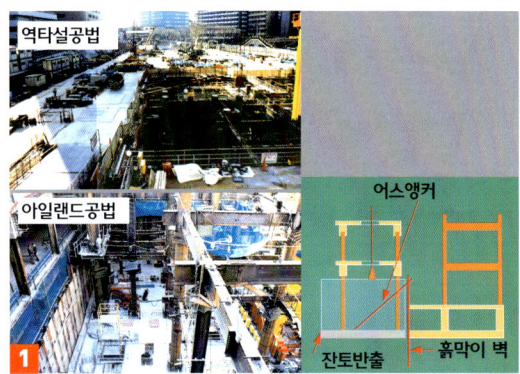

동시에 착공하여 아일랜드공법측은 굴삭·지하 철골공사중이며, 역타설공법측은 그림과 같이 굴삭공정이 남아있다.

어스앵커에서 마감된 안쪽이 역타설. 오른쪽의 바닥구조 밑단에 굴삭하여 어스앵커를 설치하고 있다.

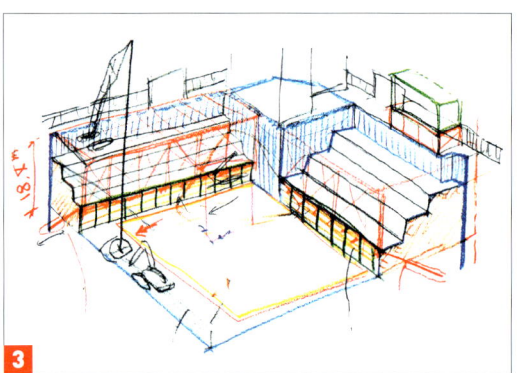

아일랜드공법의 이미지계획도. 고층부분의 지하구조체가 완료하면 그곳에서부터 절량을 걸어 단의 부분굴삭~구조체공사로 진행되므로 합리적으로 시공된다.

폐쇄된 공간에서의 효율이 좋은 잔토반출과 자재반입계획·환기설비의 배치가 중요하다.

구조체공사를 위에서 역으로 진행하므로 이어치기 부분의 충전주입이 필요하여 비용이 든다.

지하외벽도 사진과 같이 된다. 외벽과 내부 내진벽은 전부 볼트형식의 연결. 주근·벽철근을 반입개구부로부터 운반하기 위한 노력이 소요된다.

77 기존 지하외벽을 이용한 흙막이벽

이후 도심에서는 경계선에 인접하여 기존 지하외벽을 남기고 시공하는 일이 늘어난다고 생각된다. 여기서 가장 주의가 필요한 것은 해체하는 지하부분에 130t을 넘는 중기를 올려놓을 바닥구조를 구축하는 것이다. 이 계획이 틀리면 중기가 전도하게되면 커다란 재해가 되고 만다.

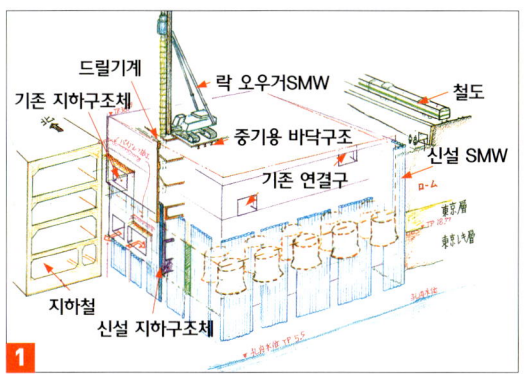

기존 지하외벽의 기둥을 부수어 버리면 바닥구조의 하중을 받을 수 없으므로 기둥만 남겨 흙막이 지보공이 종료하고 나서 기둥을 해체하였다.

바닥구조 위에서 SMW흙막이 벽을 시공. 가설구조를 위한 바닥구조말뚝 타설 때에는 내부의 복공판을 제거하므로 난간을 선행설치한다.

바닥구조의 보강 상황. 기존의 지하기둥은 설치보를 해체하고 있으므로 약해져 있다. 여기에 철골 추가 기둥을 기존 기둥에 보강시켰다.

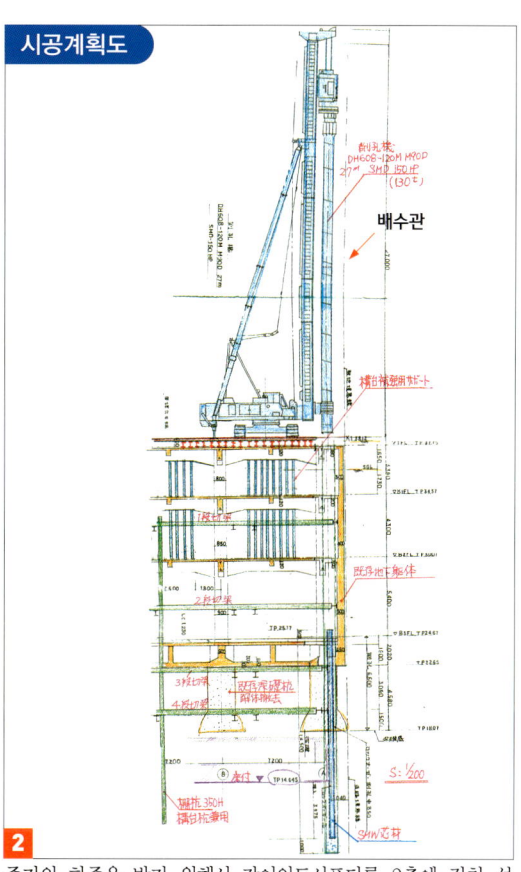

중기의 하중을 받기 위해서 쟈이언트서포터를 2층에 걸쳐 설치하여 슬라브를 보강한다.

SMW의 시공부분에 연속하여 락 오우거로 작업하기 때문에 시간이 걸린다.

78 흙막이 공사의 실패(1)

사진 1·2는 흙막이 벽이 붕괴하여 도로와 대지가 붕괴되어 버린 예이며, 그림 3·4는 흙을 가볍게 보고 실패해 버린 예이다. 또한, 그림 5와 같이 시트파일을 뽑았을때, 바이브로햄머의 진동을 지반이 약해지는 것을 인식해야겠다.

흙막이는 움직이면 멈추지 않는다. 전조를 보고 넘어가지 않도록, 흙막이 벽 주변의 균열과 변위, 토압의 이상을 일상적으로 확인해야한다.

지반이 진동과 물이 흘러들어감에 따라 무너진다. 위의 사진과 같은 절량이 없는 부분은 밸런스가 무너지기 쉽다.

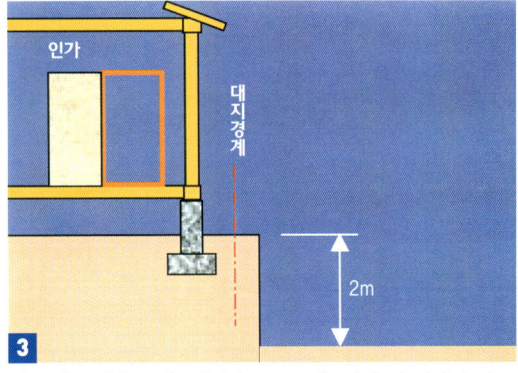
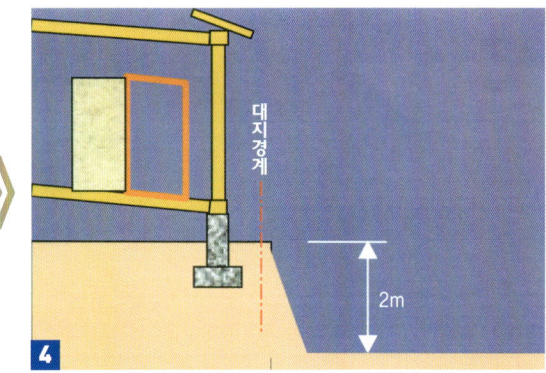

위 그림 3에서는 기초깊이가 2m로 비교적 높지 않았기 때문에 흙막이 벽을 구축하지 않고 굴삭을 하였다. 그 결과 그림 4와 같이 인근가옥의 독립기초가 내려가 내부의 벽의 개폐가 안되게 되었다. 건물을 들어올려 수평으로 돌려 놓기 위해 많은 피해를 주어 착공 초에 신용을 잃는 것과 함께 커다란 손실이 되었다.

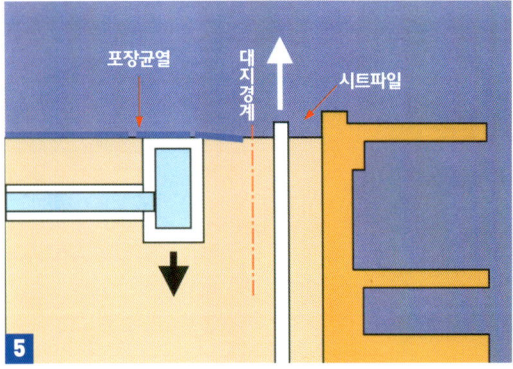

지하구조체 완료 후에 시트파일을 뽑았을 때, 바이브로햄머의 진동으로 주변의 지반이 약해져 인근의 아스팔트포장에 균열이 생겨서 배수 맨홀이 내려 앉았다.

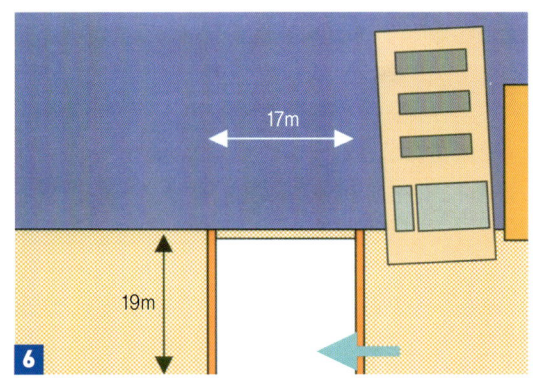

지하철 공사 중, 위의 그림의 깊이 19m의 부분에서 지하수가 약 50m³ 정도 분출하여 4층 높이의 건물이 기울어 버렸다.

79 흙막이 공사의 실패(2)

절량이 있으면 시공성이 나빠서 절삭깊이가 낮을 때에는 그림 1과 같이 자립공법을 적용하는 일이 있다. 시트파일의 경우 수압을 직접 받으므로 관리를 보다 신중하게 하지 않으면 안 된다. 또한 사진 5와 6과 같이 지중매설물은 오랜 기간이 지나면 루트의 위치가 불명확 해지는 일이 많다. 전선, 통신선로 등의 중요한 선로는 공사 전에 바꾸어 놓도록 제안해야 한다.

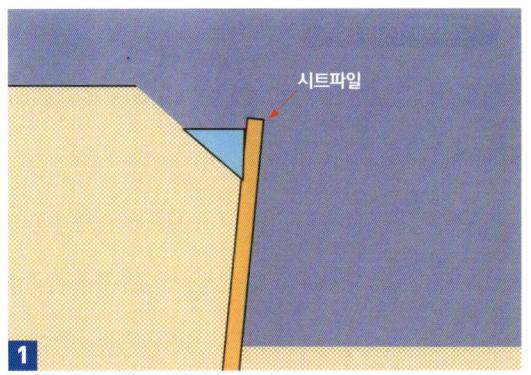

지하 1층의 흙막이 벽을 위의 그림과 같이 법면 절삭 시트파일의 자립공법으로 시공하였으나 호우로 인해 시트파일 상부가 넘어지기 시작하였다.

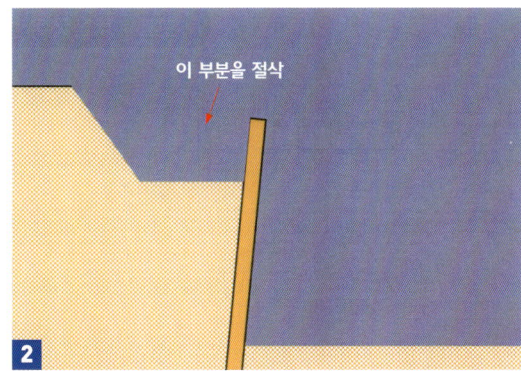

위의 그림과 같이 주변을 굴삭장비로 굴삭하여 시트파일의 움직임을 멈추었다. 시트파일은 지수벽이기 때문에 자립공법의 경우는 우수의 영향을 받기 쉽다.

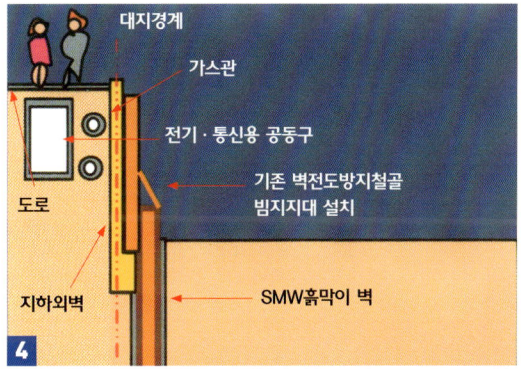

기존 지하외벽이 대지경계에 나와 있다. 도로관리자에 상담한 결과 경계에서 나온 부분을 해체하도록 지시가 있었으나 그림 4와 같은 가스관과 공동구가 있어 흙막이가 불가능하며, 후에 도로측을 굴삭하여 지장이 있을 때는 나와 있는 부분을 토지소유자의 부담으로 해체할 것으로 합의하였다고 했다. 긴 세월사이에 경계선이 움직이는 일이 있으므로 착공 전에 전문기관에서 조사를 받는 것이 좋다.

스크류로 구내매설전선을 절단

매설된 전선과 통신선을 절단하면 큰 사고가 된다. 불분명한 경로가 있을 시에는 사전조사하여 굴삭을 해야 한다.

흙막이 말뚝이 조금있으면 가스관 파손

약간의 실수가 대참사로 이어질뻔했다. 위험한 장소는 직접 확인하고 진행할 필요가 있다.

80 연약지반의 굴삭

수위가 높고 연약한 지반의 굴삭은 예상 외로 비용이 많이든다. 보링데이터로부터 어떠한 공사가 될 것인가를 예상하고 그 비용을 산출해내어 공사의 준비 계획을 세우지 않으면 안된다.

N치가 2의 점토혼입 실트질 지반이다. 이러한 지반은 배수가 확실하여 잔토를 배출하지 않으면 안 된다. 또한 비가 많이 오는 날에 굴삭하면 슬러지 상태가 되어 원래대로 돌이켜야하므로 위해 주의가 필요하다.

지반개량제를 사용하여 잔토를 굳히는 것.

수분을 흡수하여 굳히는 지반개량제. 흙의 특성에 따라 사용량이 변한다.

개량제를 뿌리는것.

지반개량을 위해 칼럼 젯 공법을 취하면 잔토반출에 위의 사진과 같은 특수한 차량을 사용하게 된다.

81 그 외의 지반에서의 시공

굴지의 건설회사에서도 지질의 시공데이터(토질·수위·계산상의 측압계수가 적당한지 여부)가 바로 사용할 수 있는 자료가 남아있지 않을 것이다. 지하공사의 성패가 전체 공정을 좌우한다. 다음 사람을 위해 가능한 자세한 사진도 포함한 데이터를 남기는 것이 유리하다. 언제까지나 랭킹식과 같은 고전적인 계산식을 사용하지 않고 그 지역에 있었던 흙막이 계산식이 나와도 좋다고 생각한다.

무사시야(武藏野)의 관동롬층(일본지역의 지반)의 지반. 지반의 성상이 안정되어 있어 토공사가 매우 시공하기 쉽다. 측압계수는 0.2로 충분하였다.

N치 50 이상의 동경약층(일본지역의 지반) 신주쿠에서는 T.P. 16m에서 이층이 나왔다. 물은 고인 물로서 배수도 충분히 대응 가능하였다.

위의 사진은 록본기지구의 동경약층의 바닥지반. 단단하여 안정성이 있다.

위의 사진은 신주쿠지구의 동경약층의 바닥부근의 지반이다. 사진으로 알 수 있는 바와 같이 매우 시공성이 좋다.

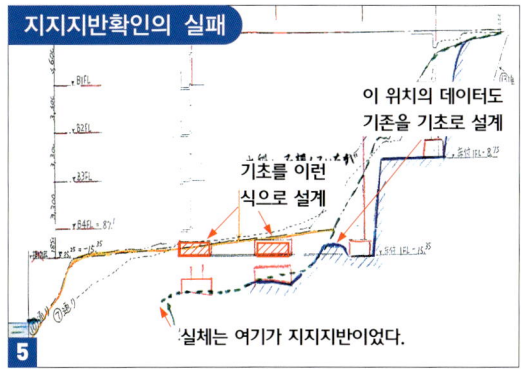

그림 5는 보링데이터로 지지지반을 측정하여 설계하였으나 하천 근처의 지지지반이 내려가 있어 설계변경을 한 사례. 하천의 인근을 자세하게 보링조사를 하지 않으면 안 된다.

82 원형 흙막이벽

사진 1에서는 커다란 면적을 절량 등의 흙막이 지보공 없이 시공하고 있다. 그림 2에 나타내는 바와 같이 원통형으로 토압을 벽안의 축력으로 바꾸고 있다. 흙막이를 고려하는 경우 시공성이 매우 좋고, 합리적인 형상이라고 말할 수 있다.

하얀부분이 구조벽체. 이 안쪽에 흙막이 겸용의 지중연속벽이 있다. 순차굴삭하고 있는 상황

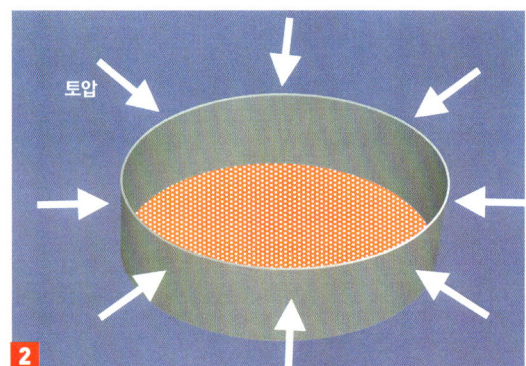

먼저 지중연속벽을 타설하여 그 후 상부에서부터 순차적으로 구조벽을 구축해 간다.

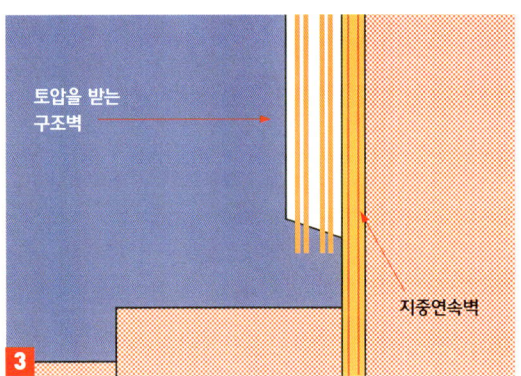

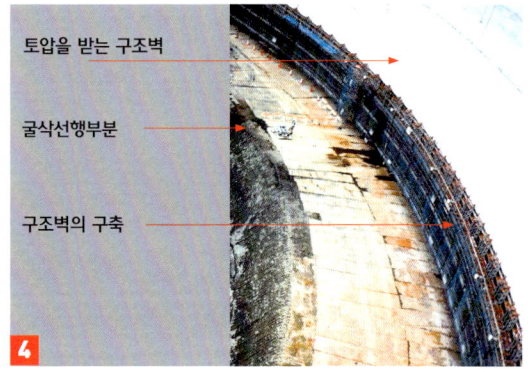

지중연속벽뿐 아니라 토압을 다 받아내지 못하기 때문에 위의 그림과 같은 구조벽을 굴삭하면서 역타설하여 내려간다. 잔토를 효율적으로 반출하기 위해 그 사이에 중앙부분은 법면 깎기로 굴삭을 진행해 간다.

그림 5는 구조벽 하부의 철판거푸집을 탈형 하는 모습. 이형철근을 사용하여 대형철골을 조인트 하고 있다. 또한 철근은 선조립하여 사진 6과 같은 기계로 부착하고 있다.

83 물의 가격

공사를 함에 있어서 물은 어느 때에는 필요하고 어느 때에는 장해가 된다. 장해가 되었을 때에도 배수할때 하수도를 사용하면 사진 3과 같이 하수도요금을 지불하게 된다. 하지만 사진 4와 같이 하수도를 사용하지 않고 공사용으로 사용한 경우는 면제가 된다. 사진 1은 신청을 잊고 1개월에 100만엔을 넘는 비용이 청구된 예로 불필요하였던 물을 제대로 공사용으로 사용하는 것으로 계획을 세우는 편이 매우 유리하다.

사진 1은 대형공사현장의 청구서의 내용이지만, 1개월에 270엔의 상하수도 요금이 들었다. 사전에 신청하는 것으로 하수도 요금은 면제되었다고 생각한다. 또한 그림 2는 도 내에 있는 구의 상수도 요금. 사용량이 많을수록 단가가 올라가므로 절수에 노력해야 한다.

그림 3은 어느 지역의 하수도 요금표. 이것도 사용량이 많아질수록 단가가 올라가는 체계로 되어 있다. 사진 4와 같이 공사용으로 사용하는 경우는 하수도를 사용하지 않으므로 면제신청하는 방법을 미리 알아볼 필요가 있다.

기존의 우물이 있는 경우는 공사에 이용하도록 계획 하여 비용의 절감을 꾀한다.

깊은 우물 시공 중. 오른쪽의 사진은 양수의 상황. 빠르게 시공하는 것으로 해체공사와 흙막이·말뚝공사에 물을 유효하게 활용하여 비용 삭감이 가능하다.

84 덤프트럭주행 Slope철판 선택의 실패 등

1은 잔토반출을 위해 덤프트럭을 주행시키기 위한 슬로프이나 그 슬로프에 설치한 철판의 선택이 나빠 교체한 경우이다. 2와 같은 철판을 사용한 경우, 철판 붙어 있던 모래의 제거가 불가능해서 덤프트럭이 미끄러졌다.

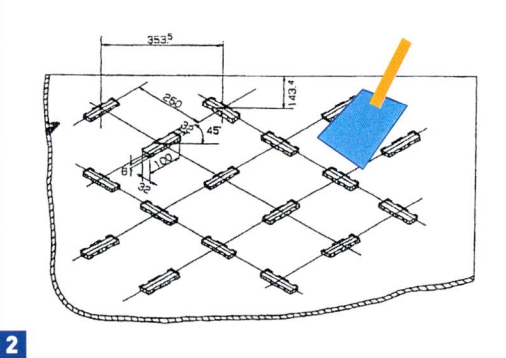

타이어에 붙어 있던 토사의 제거가 불가능하면 차량이 미끄러져 버린다. 각삽을 사용할 수 없기 때문에 대나무 비를 사용하였으나 능률이 나빠 반출 속도가 극단적으로 나빠졌다. 결국, 철판을 뒤집어 철근을 용접하는 종래의 방법을 취하였다.

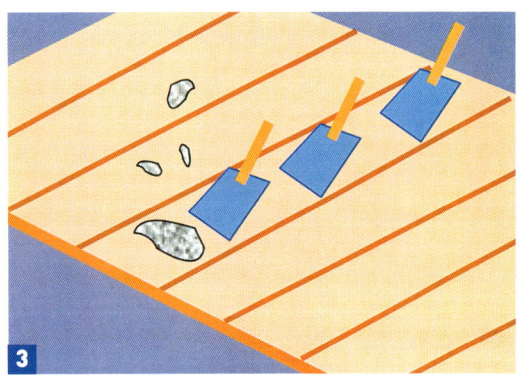

위의 그림과 같이 조금씩 토사를 제거하지 않으면 안 된다.

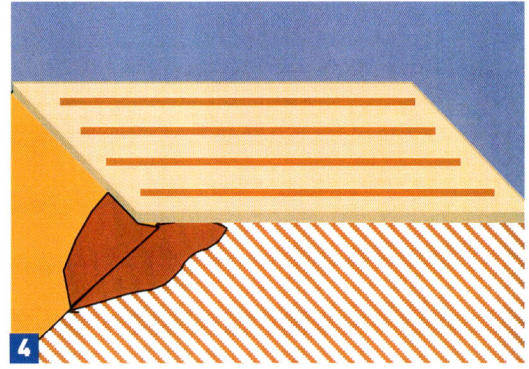

단부 끝에 아슬아슬하게 철판을 올려 놓으면 위의 그림과 같이 되기 쉬워 특히 비가 온 후에는 주의해야 한다.

덤프트럭의 주행이 잦기 때문에 철판의 용접부분이나 철근의 용접이 떨어지기 쉽다. 유지보수에 시간과 수고를 허비하지 않기 위해 처음부터 확실히 용접해 놓아야 한다.

위의 사진과 같이 철판이 결속되지 않으면 차량의 충돌로 철판이 움직인다. 이것이 통행하고 있는 사람의 발에 맞아 큰 사고가 된 경우가 있다.

85 공사차량 관리

도로 청소는 공사현장의 근린(이웃)과의 사이에 트러블을 만들지 않도록 특히 주의를 기울여야 한다. 토공사 시에 그 관계가 나빠지면 그 후의 현장운영에 지장을 주게 된다. 또한 약속한 일은 반드시 지키도록 공사에 관한 한 모든 사람에게 철저히 하지 않으면 안 된다.

대지 내의 흙탕물이 섞인 배수를 도로에 흘려보내고 있다. 관리를 제대로 실시하지 않는 현장에서는 당연한 일로 상기와 같이 진행되어지고 있다.

공사차량의 흙을 떨어내기 위한 장치

측면 하수구에 흘러든 흙탕물은 위 사진의 물탱크로 여과처리하고 있다.

이것은 주변의 환경을 배려한 설비의 예. 도로가 더럽혀지기 시작하면 범위가 넓어지므로 오물이 나가지 않도록 연구할 필요가 있다.

덤프트럭의 세륜설비

흙탕물은 여기에 낙하

강판제 수조

타이어 자동세정설비. 세정수도 순환식을 위해 효율적이다. 민원이 나온 후에 대응하는 것은 비용이 소요되므로 처음부터 계획해야 한다.

배수도 하수관을 막는다면 고액의 배상금을 지불해야 한다. 위 사진과 같은 탱크를 사용하여 흙탕물의 여분을 제거하고 나서 배출한다.

이 부분을 잘 눌러 준다.

커브를 틀 때에 덤프트럭에 쌓은 토사가 떨어지는 경우가 있다. 위의 그림의 부분을 잘 눌러 주면 그러한 우려가 줄어든다.

실패방지 포인트 4

하루에 반출가능한 잔토의 양은 통행하는 도로의 넓이 · 교통량 · 근린의 환경에 따라 결정된다. 공기가 짧은 공사의 경우, 잔토의 반출에 무리를 하곤 하나, 그 곳에서 근린이나 경찰로부터 크레임이 있다면 그 후의 공사에 지장을 주게 된다. 무리한 발주자의 요구에 대해서는 그 점을 정확히 전해 빠른 단계에서 정리를 해야 한다. 일을 수주하기 위해 무엇이든 한다는 소리를 들으며 영업을 하면 사회에서 비난을 받게 될 것이다.

[6] 말뚝공사

86. 기성제품 말뚝박기의 실패 사례
87. 어스드릴말뚝공사
88. 기초설계의 결정을 위한 계산
89. 기계식 깊은 기초공사
90. 말뚝공사 시의 지중장해

86 기성제품 말뚝박기의 실패 사례

기성말뚝이 많이 남은 상태 (높은상태) 에서 정지하면 그 해체처분에 많은 불필요한 비용이 발생하고 만다. 또한, 무리하게 박아 넣으려 하면 그림 3과 같이 말뚝이 붕괴하는 일이 발생한다. 그림 4와 같이 이어치기 말뚝으로 휨강도를 기대하는 말뚝이 많이 남은 상태로 정지하면 추가적인 말뚝이 요구된다. 또한 그림 5·6과 같은 횡방향의 힘에 의한 주변에 영향도 생각하여 신중히 시공하지 않으면 안된다.

1

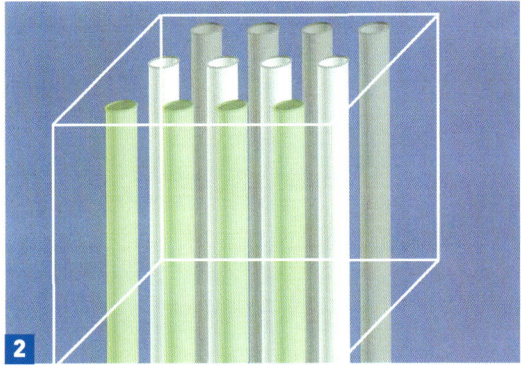

2

위의 그림과 같은 무리말뚝을 기성말뚝을 사용하여 모래지반에 햄머타격공법으로 시공한 경우, 마지막에 타설한 말뚝이 지반의 압밀에 의해 지상에 많이 남은 상태로 정지하였다.

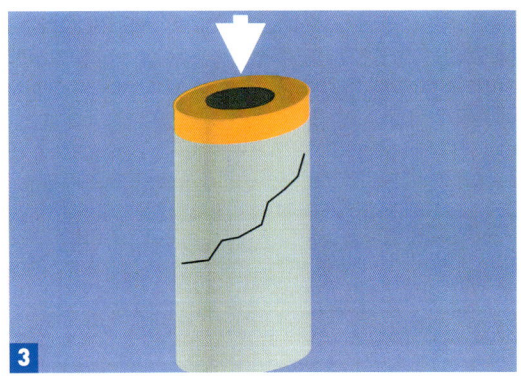

3

지상에서 정지했던 파일을 무리하게 타격하여 위의 그림과 같이 항체에 균열이 생겨 위험한 대형사고로 이어질 뻔 하였다. 리바운드 체크 시에 계측자가 아래로 내려가므로 주의가 필요하다.

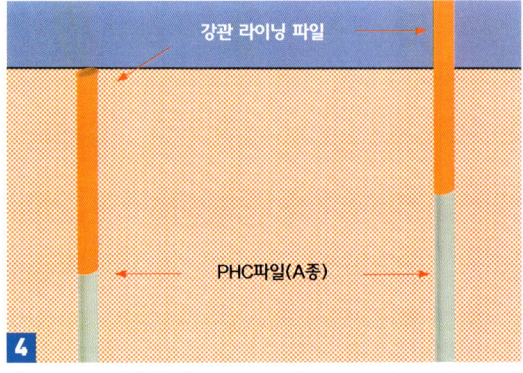

4

왼쪽과 같이 타설할 예정이었던 이어치기 말뚝이 오른쪽과 같이 지상에 많이 남아버려 강관 라이닝파일의 길이와 말뚝머리의 휨응력이 부족하여 추가 말뚝이 필요하게 되었다.

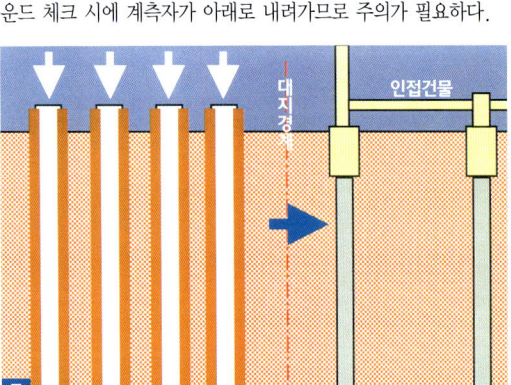

5

연약한 점성토지반에 기성말뚝을 햄머타격공법으로 시공한 경우, 타설말뚝에 의한 토중체적의 증가로 횡방향의 힘이 작용하여 인접건물이 4㎝ 이동하여 버렸다.

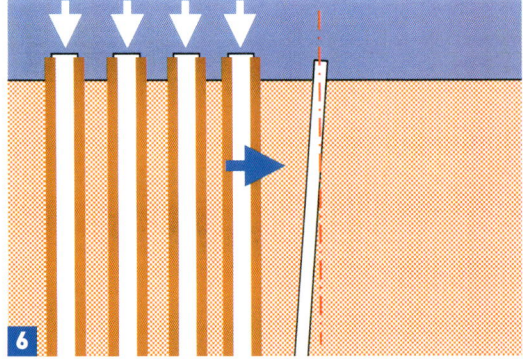

6

먼저 흙막이를 경계에 가깝게 시공하였기 때문에 말뚝타설의 횡방향의 힘에 의해 흙막이 벽이 경계를 넘어버려 손해배상을 하였다.

87 어스드릴말뚝공사

어스드릴말뚝은 잘 사용되어지는 현장치기말뚝공법이다. 그러나 피압수가 있는 모래층에서는 굴삭벽면이 붕괴될 우려가 있기 때문에 근처의 시공실적을 조사하여야 한다. 또한 굴삭벽면의 붕괴방지를 위해 안정액의 관리와 슬라임(점액)의 처리·지지지반의 토질을 확인하는 것이 필요하다.

1 어스드릴말뚝의 시공상황

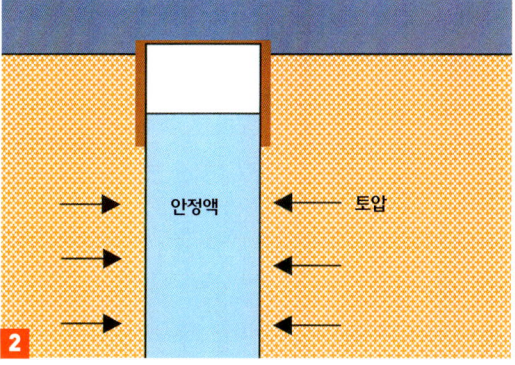

벤토나이트를 넣어 비중을 크게 한 안정액으로 굴삭벽의 붕괴를 막고 있다. 비중이 내려가면 벽이 무너질 우려가 있다.

3 안정액의 수조. 비중의 관리를 확실히 해야 한다.

4 말뚝공에 삽입하는 철근. 굴삭벽면을 붕괴시키지 않도록 천천히 삽입한다.

5 지하 58m의 지지지반의 옥석. 드릴링버켓에서 채취하여 확인한다.

88 기초설계의 결정을 위한 계산

아래의 표는 지지지반이 1FL-11m의 계획지로 매트기초와 말뚝중 어느 것이 비용적으로 유리한가 실제로 검토를 한 것이다. 시공성과 비용을 고려하여 깊은 기초말뚝으로 결정하였다.

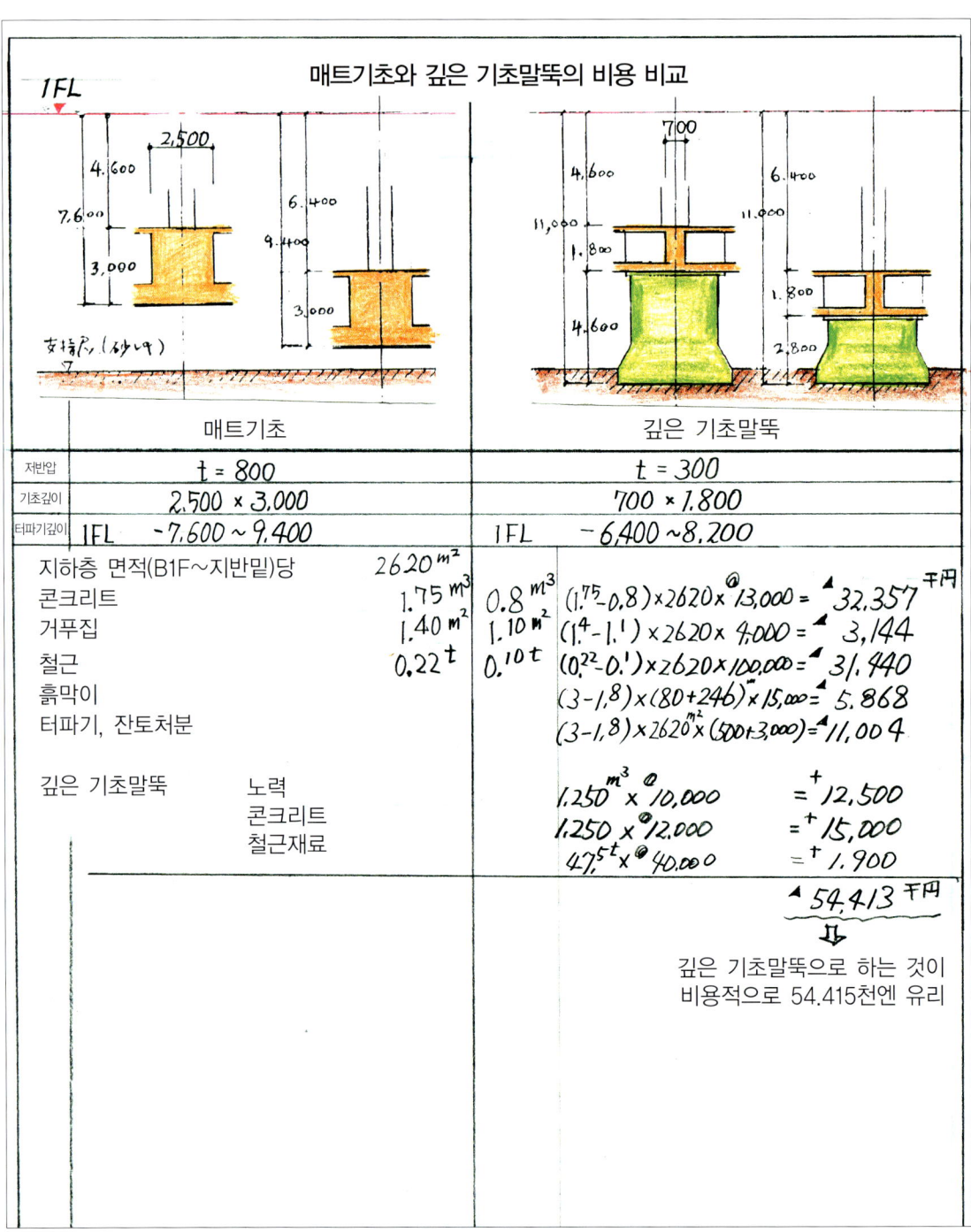

89 기계식 깊은 기초공사

사진 3과 같이 굴삭·버림콘크리트가 완료된 장소에서 순차적으로 깊은 기초말뚝공사를 진행하므로 지상에서 말뚝공사와 비교할 때 짧은 공기로 시공이 되었다.

1
깊은 기초굴삭기계. 흙막이 벽은 철재 거푸집을 조립하여 굴삭한다. 원형의 보강재로 지보공을 대신한다.

2
바닥 정리를 완료하고 버림콘크리트를 타설. 말뚝의 먹선을 버림콘크리트에 낸 후에 시공하므로 정밀도가 확보되었다. 또한 잔토반출시기에 맞추어 시공하였기 때문에 시공성은 좋았다.

3
잔토는 토공사의 덤프트럭으로 한 번에 반출하므로 합리적이다. 또한, 지지지반을 확인할 수 있어 신뢰성이 높다.

90 말뚝공사 시의 지중장해

지중장해를 확인하지 않고 말뚝공사를 시작하면 아래 그림과 같이 공기가 많이 걸리게 된다. 지하 탐색을 확실히 하지 않으면 안된다.

1

어스드릴의 굴삭상황이나 공사 도중에 지중장해물이 나오면 계획을 바꿔 장해제거를 위한 굴삭을 해야만 한다.

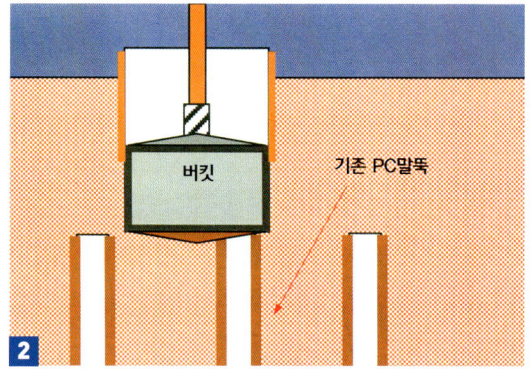

2

지중장해가 없다고 하여 시공하였으나 위의 그림과 같이 기존 PC말뚝에 닿아 시공불능이 되었다.

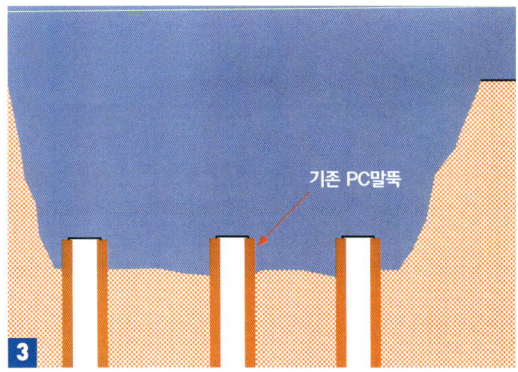

3

위의 그림과 같이 넓은 범위의 굴삭을 하지 않으면 PC말뚝은 뽑을 수 없다. PC말뚝 뽑는 기계를 수배하여 뽑아낼 때까지 어스드릴공사는 중지하여 커다란 손실이 된다.

4

뽑아낸 PC말뚝이 공간을 점유하고 있다. 뽑아낸 장소는 어스드릴의 시공이 가능하도록 단단하게 매꾸어 놓지 않으면 안 된다.

5

뽑아낸 말뚝의 해체작업

실패방지 포인트 5

기존 건물의 배치도가 있어도 그 이전의 건물의 말뚝(나무말뚝 등)이 남아있을 우려가 있다. 말뚝공사와 같은 대규모의 계획에서는 한 가지가 어긋나면 공사전체에 치명적인 타격이 된다. 눈에 보이지 않은 지중부분일수록 주의를 기울여 신중히 확인하고 대응하지 않으면 안 된다.

[7] 해체·개수준비공사

91. 해체·개수 준비공사
92. 해체공사 주의점
93. 개수공사 주의점
94. 해체를 위한 가설공사(1)
95. 해체를 위한 가설공사(2)
96. 벽 넘어뜨리기 실패에 의한 재해·공포감 재해
97. 벽 넘어뜨리기 해체방법의 주의점
98. 롱 붐(Long-boom)의 파쇄기에 의한 해체
99. 해체 시의 사고 예(1)
100. 해체 시의 사고 예(2)

91 해체 · 개수 준비공사

해체공사를 시작하기 전에 전기·가스·수도·전화의 정지를 확인하고 내부에 보존할 것을 확인한다. 또한 그 건물의 설계도서·시공도면 등은 다음의 공사에서 중요하므로 차근히 확인하여야 한다. 사진 1과 같이 전파장해의 안테나가 있다면 먼저 대응해 놓아야 한다. 매설물조사·이웃주민 설명회를 실시하고, 진동소음의 특정건설작업신고·해체 중의 방화체제·석면이 나오는 경우의 건설공사계획신고 등 지체 없이 실시해야 한다.

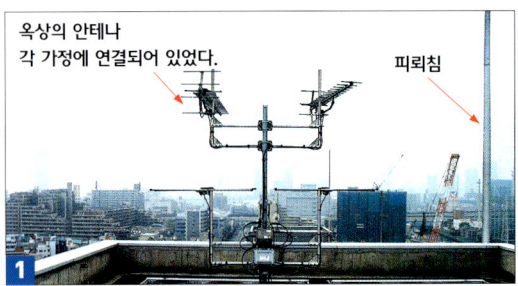

옥상의 안테나 각 가정에 연결되어 있었다. / 피뢰침

1

개선공사라면 샤프트 위치도 변한다. 그 때 전파장해용의 안테나를 잘라버려 근처 텔레비전이 나오지 않았다. 피뢰침의 배선도 동일하게 주의를 하지 않으면 안 된다. 건물 민원과 관공서와의 협의가 있는지 확인이 필요하다. 특히 매각된 건물은 서류도 분실되어 과거의 경위를 아는 사람이 없는 경우가 있다.

석면의 제거

냉매배관의 엘보부분 보온재로서 사용되고 있다.

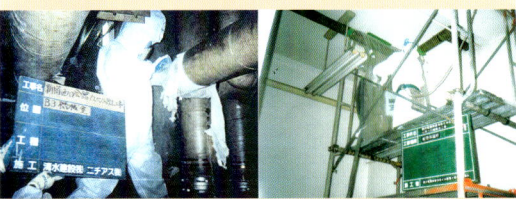

2 밀폐된 방에서 작업원이 들어가서 처리하는 공법 / 국소부위를 비닐로 쌓아 처리하는 공법

해체 도중에 석면이 발견되면 공기에 지연이 발생한다. 반드시 사전에 조사를 실시하고 발견된 경우 모든 관련 관청에 절차를 신고하여 제거 후 해체를 개시한다.

PCB의 확인

① 전기실의 트랜스
② 형광등의 안정기 내의 콘덴서 내에
  1957~1972년 사이에 사용되었다.

PCB는 발암성이 있는 물질로 발견된 경우에는 발주자의 책임으로 보관하지 않으면 안 된다. 반드시 확인하여 서류를 보존해 놓는다.

프로판가스 · 폐유의 처리

3

공조기계의 냉매로 프로판가스가 사용되고 있다. 그대로 한다면 외기에 노출되고 만다. 해체 전에 적당한 처리를 해야 한다.

유독물질의 확인

다이옥신 등의 유해물질이 없는지의 확인도 필요하다. 쓰레기소각시설의 해체공사에서 가스혼합기를 다이옥신이 부착된 대로 가스버너로 절단하였기 때문에 작업원이 기화한 다이옥신을 흡입하였다.

방독마스크를 하고 있었으나, 다이옥신을 막는 전용마스크를 사용하지 않았다. 가스절단에 의한 오염물질의 기화에는 충분한 주의가 필요하다.

토질조사

4

잔토처분 시 유해물질이 포함되어 있는지 여부를 확인한다. 전자부품과 화학약품공장이었던 곳의 공사 시에는 특히 주의를 필요로 한다.

92 해체공사 주의점

그림 1에 나타낸 바와 같이 외벽에 붙은 간판류의 철거로 해체공사의 공기를 빼앗기는 경우가 많다. 사진 3은 몇 번인가 시공하고 있는 중에 방심한 때에 발생하기 쉽다. 사진 4는 그곳에 통과할 리가 없는 통신케이블을 절단해 버렸다. 사진 5는 시작 시에는 계획하지 못해 그 이후에 고생한 예이다.

1

외벽과 옥탑방에 붙어 있는 광고탑과 도로에 크게 나와 있는 간판류는 외부의 양생발판을 조립하기 위한 장해가 되기 때문에 야간작업에서 철거가 필요한 경우도 있다.

실패방지 포인트 6

작업 중에 잊지 않아야 할 것은, 해체 시의 먼지비산방지에 대량의 물을 사용하는 것이다. 수도 요금은 상수도 요금과 하수도 요금으로 나누어져 있다. 해체용 물은 자연침투하기 때문에 하수도를 사용하지 않는다. 면제 수속을 위한 협의를 할 필요가 있다. 우물물을 사용하는 경우에도 하수도 요금은 지불하므로 잊지 않도록 해야한다.

먼지로 인해 연기감지기가 작동

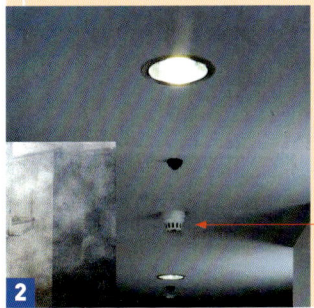

연기감지기를 그대로 두고, 벽보드를 벗겨낸 경우, 먼지가 일어나 연기감지기가 작동하였다.

연기감지기
방재센터와 협의하여 커버를 씌운다.

2

건물을 사용하면서 실시되는 개수공사에서는 먼지에 의해 감지기가 작동하여 피난하는 소동이 될 수 있다. 공사장소가 떨어져 있다고 해서 방심해서는 안 된다.

3

아스팔트방수의·재시공 시에는 내부에 우수의 침입이 없도록 해야 한다. 방심할 때 큰 비가 올 수도 있다.

나중에 실시하는 앵커타설에 사용 중인 전선을 절단

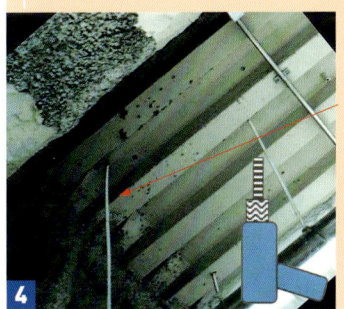

슬래브의 어느 곳에 무엇이 들어가 있는지의 기록은 없다.

4

배관고정볼트용 등의 나중에 타격하는 앵커로 전기가 통하는 전선관을 관통하는 경우가 있다. 세심한 주의를 기울여야 한다.

5

많은 콤프레셔를 사용함으로 그 배치와 새롭게 호스의 경로를 계획해 놓아야 한다. 또한 공기가 나빠지므로 확실한 급배기설비를 설치해야한다.

93 개수공사 주의점

개수공사의 구조보강은 설비설계도를 포함하여 계획을 하지 않으면 사진 1과 같은 불필요한 시공을 하게 되어 버린다. 또한 사진 4는 철골기둥의 앵커볼트를 후설치 케미컬앵커로 시공한 것이나 타설한 구조체 부분은 기둥과 보의 철근이 섞여 있어 소정의 장소에 설치하는 것은 매우 어렵다.

기왕의 내력벽도 기계실에서는 개구부가 많아진다. 어느 정도의 물건이 통과할 것인가는 구조설계자는 이해해야 한다. 그리고 설계도에 나타내야 한다.

약간의 해체의 부산물이 이렇게 많아진다. 슬래브에 커다란 하중을 싣지 않도록 관리가 필요하다.

남은 모르타르를 바른 천장이 나중에 낙하하는 일이 있다. 개수공사에서는 철거하는 부분과 남겨진 부분과의 나누기를 확실히 하지 않으면 준공 후에 문제가 발생한다.

기존의 구조체에 후타앵커를 타격하여도 철근이 장해가 되어 소정의 위치에 들어가지 않는다.

배관의 철거는 잘 생각하지 않으면 위의 사진과 같이 엘보부분의 나사에 힘이 더 가해져 급히 회전하여 물건 밑에 아래로 떨어지는 경우가 있으므로 주의가 필요하다.

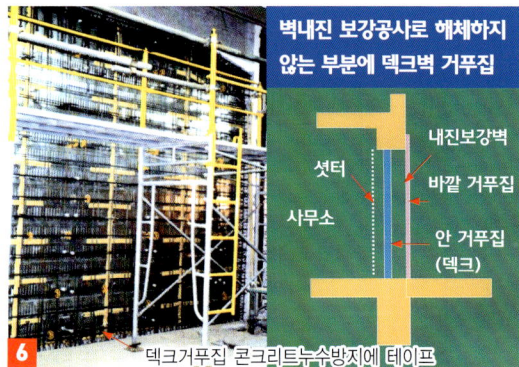

건물을 사용하면서 개수공사 할 때에는 내측에서 거푸집이 조립되지 않을 경우가 있다. 그런 경우에 위의 방법이 유효하다.

94 해체를 위한 가설공사(1)

외부의 간판류를 철거하였다면 드디어 해체양생을 위한 발판을 설치할 수 있게 된다. 발판을 조립하여 작업을 낮에 시공할 수 없는 장소에서는 야간공사가 된다. 하지만 발판해체는 외벽해체직후에 하지 않으면 안 되므로 철저한 낙하방지망이 필요하다. 어느 공사에서는 그림 1과 같은 재해가 발생하고 있다. 그 대책으로서 사진 2와 같이 낙하방지망을 그 외부에 설치하는 것으로 사고를 방지하였다.

해체용 방음패널의 낙하

해체 중에 방음패널이 여섯 장 낙하하여 한장이 통행인에 부딪혀 큰 부상을 입혔다. 방음패널의 클램프는 상하 두 장을 같이 고정하므로 패널 상부를 제거할 때에는 조심하여 한장씩 제거해 간다.

방음패널의 조립으로 해체순서를 확립하여 모든 공구에 낙하방지 로프를 달았다.

발판해체 시 만일의 낙하물을 막기 위한 망. 망의 상하단은 방음패널로 말아놓았다.

엘리베이터 샤프트를 남은 자재투입개구부에 계획하여 실패

원래 개구부라고 하여 안이하게 계획하였을 경우, 기기의 반출·반입개구부·조각 들어내기 설비에 시간이 소요되어 남은 재료반출이 늦어진다.

위의 사진과 같이 해체용 중기와 해체한 조각이 슬래브에 쌓이기 때문에 바닥의 보강이 필요하다.

해체공사에 있어서는 해체 시의 순조로운 반출이 매우 중요하다. 안이하게 엘리베이터 샤프트를 이용하여 실패하였다.

위의 해체중기를 올릴 때에는 서포트로 바닥보강을 한다. 이때와 동시에 해체재를 떨어뜨릴 개구부를 안전설비를 포함하여 만들어 간다.

1층 바닥에 낙하한 조각과 중기가 쌓이기 때문에 지하 치우기를 서둘러 보강할 수 있는 환경으로 바꾸어 놓는다.

95 해체를 위한 가설공사(2)

높은 굴뚝이 있는 건물의 해체에서는 대다수의 경우, 양생용 발판을 조립하게 된다. 사진 1과 같이 철판이 말려 있는 경우는 공기가 걸리므로 빠른 착수가 필요하게 된다. 사진 5·6의 상황은 거의 검토되지 않는 경우가 많이 있으나, 돌풍이 올 경우 매우 위험하므로 미리 계획을 해두어야 한다.

철판으로 보강한 굴뚝의 해체. 안쪽에 콘크리트가 있었기 때문에 철판을 가스 절단할 수 없어 콘크리트와 철판을 교대로 해체하기 위한 시간이 걸린다.

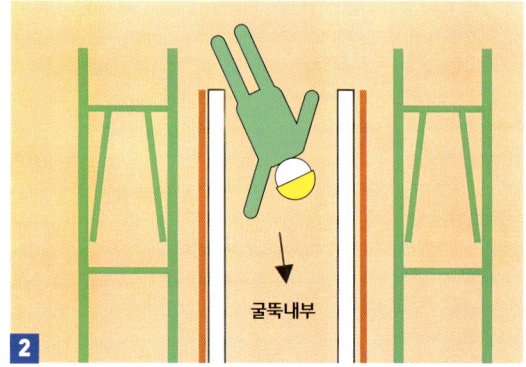

콘크리트조각을 떨어뜨리는 작업 중에 굴뚝 내부에 떨어지는 일이 있으므로 밧줄의 설비를 미리 배치한다.

해체한 조각과 철근으로 발을 헛디뎌 부상을 입는 경우가 있다. 또한 조각 떨어뜨리기 개구부가 조각으로 가려 있는 경우 추락사고가 발생하기 쉽다.

벽넘기기 직후에 난잡하게 된 조각을 정지하는 것으로 양생발판의 해체 팀과의 협조가 잘 되어 능률이 오른다.

1층 바닥을 해체한 경우, 공간을 취할 장소가 없어진다. 강풍이 불면 가설펜스를 넘어뜨려 통행인에 위해를 가할 우려가 있다.

위의 사진은 단관이 하나 밖에 없으므로 매우 위험하다. 미리 철저한 계획이 없다면 이러한 위험한 일이 생기고 만다.

96 벽 넘어뜨리기 실패에 의한 재해 · 공포감 재해

사진 1은 해체현장에서 벽을 내측으로 넘어뜨리려 하였으나 당기던 와이어가 끊어져 그 반동으로 외부로 튀어나가 도로에 전도한 것이다. 사진 3은 코너벽이 넘어질 때 서포터가 있었기 때문에 위험한 순간을 피한 사례이다.

이러한 사태가 되지 않도록 확실한 계획을 입안하여 순서가 지켜지는지 끈질기게 관찰하는 것이 필요하다.

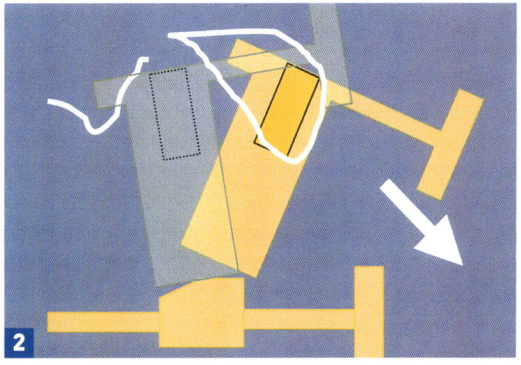

슬래브의 튕겨나가는 부분이 컸기 때문에 외부의 회전모멘트에 와이어가 견디지 못하였다. 와이어는 상처를 주기 쉬우므로 세세한 점검이 필요하다.

코너부분의 벽넘기기에서 외부에 넘어지지 않도록 오른쪽 위와 같이 기둥의 홈 높이를 변화시켜 넘어뜨리면 코너기둥이 먼저 부러져 반대 측의 기둥이 튕겨져 바깥쪽으로 넘어지게 되었다.

코너측의 기둥이 먼저 부러졌으나, 큰 기둥의 강성이 높아 튕겨지는 지점이 되었다.

이 시점에서 왼측의 기둥이 돌아와 바깥으로 빗겨났다.

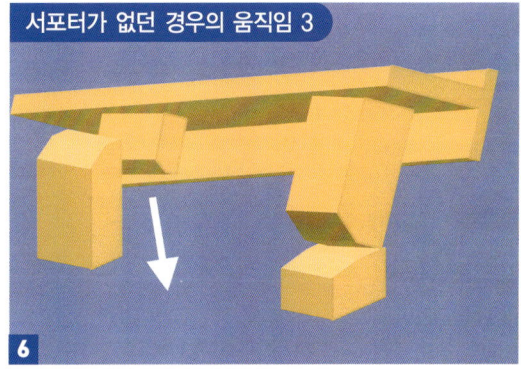

큰 기둥이 콘크리트 전체 하중을 견뎌내지 못하고 꼬여 코너 측으로부터 낙하. 서포터가 없었다면 이러한 상태가 되었다.

97 벽 넘어뜨리기 해체방법의 주의점

벽을 모두 파쇄 하는 해체방법이 있으나 발판에 파쇄한 조각이 낙하하면 커다란 금속음이 발생하여 모든 발판 하부가 위험하다. 그것과 비교하여 벽 넘어뜨리기 공법은 넘어뜨린 벽을 내측에, 모든 낮은 위치에서 파쇄가 가능하므로 위험이 적다. 그러나 연결이 끊어진 부분만은 벽이 서있는 채로 부서지기 때문에 사진 2와 같은 보호가 필요하다. 철근+ALC벽은 절대로 넘겨서는 안 된다.

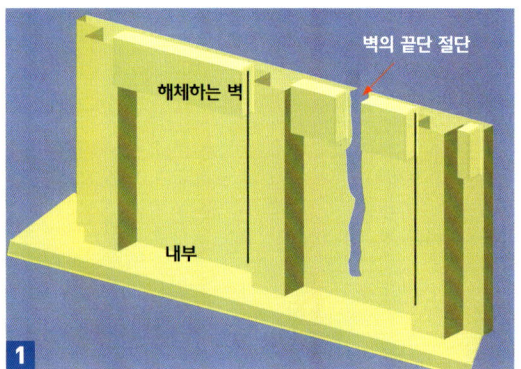

1
위의 그림과 같이 벽 넘어뜨리기 하는 벽을 넘어뜨릴 크기로 끝을 절단 한다. 이때에는 해체조각이 발판에 튀어 커다란 음을 내어 근린이나 통행인에게 공포감을 준다.

2
거기서 위 사진과 같이 연결 끊기 부분의 해체 조각이 발판 측에 튀지 않도록 시트를 설치하여 창문 등을 이용하여 내부로 끌어 들인다.

3
벽을 넘어뜨리는 것. 절대로 서두르지 말고 천천히 앞으로 넘어뜨린다. 넘어뜨리기 시작하면 멈추지 않기 때문에 감시인이 보고 조금이라도 이상이 있는 경우에는 서둘러 조치를 취해야 한다.

4
이러한 얇은 벽은 잡아당기는 부분이 부서지기 쉬워 주의가 필요하다.

외벽에 달려있던 빗물통이 튀어 인근 집의 창문 유리를 깨다.

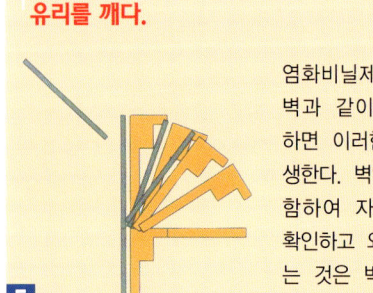

5
염화비닐제의 빗물통을 벽과 같이 넘어뜨리려 하면 이러한 재해가 발생한다. 벽연결 등도 포함하여 자신의 눈으로 확인하고 외벽에 달려있는 것은 벽을 넘어뜨리기 전에 제거해두어야 한다.

벽 넘기기 시에 외벽타일이 도로로 튀었다.

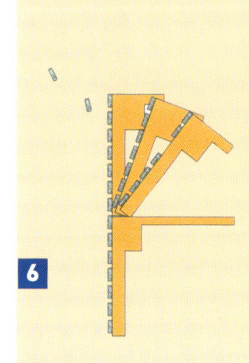

6
튀어버린 것은 45도 타일이었다. 튀어나가기 쉬운 재료는 양생발판을 넘어버린다. 콘크리트벽에 응력이 작용할 때에 벽의 마감재가 어떻게 움직일까 하는 검토가 필요하다. 이 후 망을 설치하여 해체를 진행하였다.

98 롱 붐(Long-boom)의 파쇄기에 의한 해체

대지의 주변에 여유가 있는 4~5층 건물의 해체에는 롱 붐을 사용하는 일이 많으나, 롱 붐은 보통의 붐과 비교하여 다루기가 어렵고, 전도에 대해서도 충분한 주의가 필요하다. 또한 사진 1과 2와 같이 되기 때문에 살수 작업원이나 지휘자가 있는 장소 확보가 어려우 므로 주도면밀한 시공계획의 작성이 요구된다.

5층 높이의 건물을 해체하기 위해 롱붐을 사용하고 있다. 커다란 모멘트가 걸리기 때문에 오퍼레이터의 숙련도가 요구된다. 또한 바닥을 충분히 단단하게 해 놓을 필요가 있다.

이러한 해체방법을 선택할 때에는 위의 사진과 같이 한 방향에서도 중기가 들어와 작업이 가능한 공간이 필요하다. 높은 부분의 해체는 멀어서 보기 힘들기 때문에 유도 감시하는 지휘자가 오퍼레이터가 보기 쉽게 파쇄기의 움직임이 보이는 장소에 위치하여 유도하지 않으면 안된다.

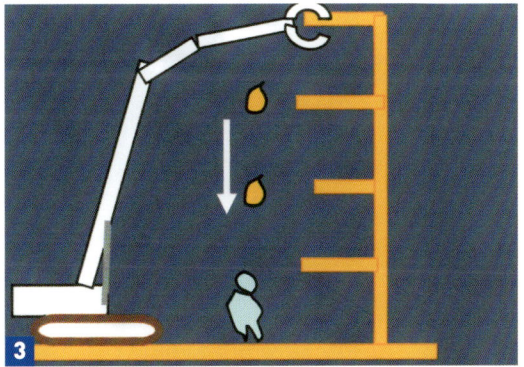

파쇄한 조각이 불안정한 상태로 쌓여있다든지, 철근 하나가 걸려있다면 충격으로 추락할 수 있다. 해체공사시 안이한 출입은 매우 위험하다.

위의 사진은 옥탑의 높이가 높아 일반 파쇄기로는 닿지 않기 때문에 옥상에 중기를 올려 그 장소에서 롱 붐을 조립하여 해체하였다.

99 해체 시의 사고 예(1)

해체공사는 매우 위험하다. 몇 번 경험해도 생각하지 못한 문제가 발생하곤 한다. 그림 5와 같이 건물의 도면이 있어도 그대로 된다고는 단정할 수 없다. 바닥의 위에서 보아도 알 수 없는 것이 슬래브밑에서 발견하는 경우가 있다. 위험예지를 하여 조사하여 위험한 부분을 귀찮아하지 말고 조사해야만 한다.

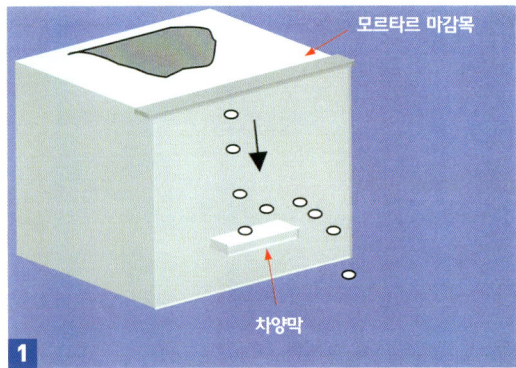

1
옥상파라펫의 모르타르 마감목 해체 시의 진동으로 부러져 낙하하여 아래의 차양막에 튀여 방음패널의 아랫부분을 뚫고 다시 가설펜스의 외부에 튀여 나가 통행 중인 차의 천장에 맞았다.

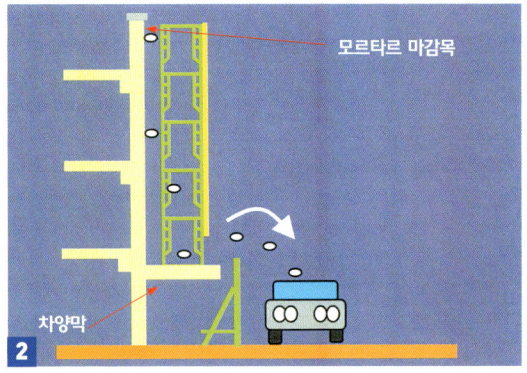

2
단면과 낙하 상황. 차양막이 있는 경우는 아랫부분까지 확실히 보호하지 않으면 안 된다.

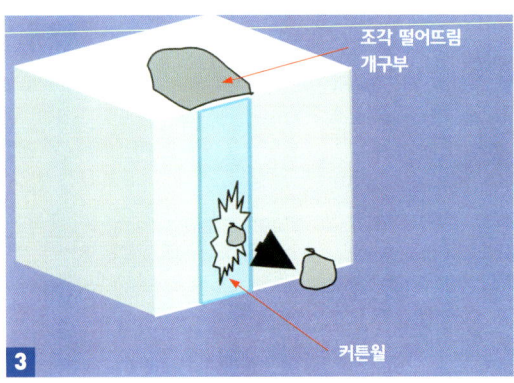

3
커튼월의 오픈한 경우 부주의하게 조각을 떨어뜨려 외부로 날려 버리고 만다.

4
검은 연기와 먼지로 호흡기의 질병이 되기 쉬우므로 환기설비와 살수를 철저히 해야 한다.

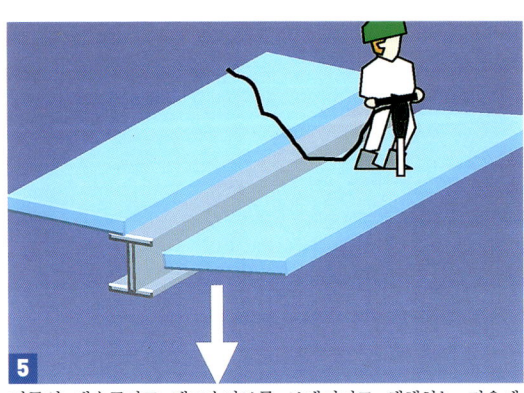

5
건물의 개수공사로 덱크슬라브를 브레이커로 해체하는 경우에 슬래브가 돌연 낙하하였다. 철근이 연결되지 않았다.

6
위의 사진은 배연덕트의 구멍이다. 덕트철거 중에 우연히 낙하하여 사망한 사례가 있다. 바닥에서 조금 올라와 있어도 방심해서는 안 된다.

100 해체 시의 사고 예(2)

지하 해체공사는 사진 3과 같이 장해물도 있고 중기의 수도 많은데다, 각 오퍼레이터의 연계도 빼놓을 수 없다. 또한 이 중의 작업원이 출입하면 협착의 위험성이 매우 높아진다. 시간이나 경로를 정해서 치밀한 조정을 하지 않으면 안 된다.

1 콘크리트 덩어리가 철근의 끝에 달려있는 상태이다. 이 상태에서 아래에 작업원이 들어와 콘크리트 덩어리가 낙하 한다면 커다란 사고가 될 수 있다.

2 이렇게 진동을 가하므로 사진 1과 같은 조각이 낙하하기 쉽다.

3 위의 그림과 같이 지하 해체에서는 흙막이 센터파일 사이에서 중기를 움직이지 않으면 안 된다. 또한 이렇게 많은 중기가 이동하면 소음이 커 사람의 소리가 들리지 않는다. 센터파일과 중기에 끼이는 사고가 일어나지 않도록 주의해야 한다.

[8] 구조체공사

101. 먹줄긋기 오류방지(1)
102. 먹줄긋기 오류방지(2)
103. 바닥단차의 실패와 막음거푸집
104. 구조체의 정밀도 불량
105. 구조체의 끼워넣기 불량
106. 남은 콘크리트의 처리
107. 콘크리트를 남기지 않는 연구
108. 콘크리트 타설로 인한 슬래그 비산
109. 바닥의 평활도 불량
110. 지붕구배를 정확히 재기
111. 이중피트 내 데크거푸집의 부조합
112. 이중피트 내 청소의 수고(비용)·수조방수의 부조합
113. 데크플레이트의 낙하
114. 내진보강벽에 타설한 콘크리트가 방안으로 유출
115. 철근의 피복 부족에 의한 콘크리트에 미치는 영향
116. 벽철근의 피복 부족 원인과 대책
117. 각 부위 철근의 피복 부족 원인과 대책
118. 기초배근의 실패
119. 배근방향의 오류 등
120. 콘크리트의 충전 불량
121. 기둥콘크리트의 재료분리
122. 기둥콘크리트의 재료분리 대책
123. 콘크리트의 양생불량
124. 우천 시의 콘크리트 타설
125. 콘크리트의 이어치기 불량
126. 콘크리트의 타설 불량
127. 콜드조인트
128. 구조체 손상
129. 외벽콘크리트의 수축균열에 의한 누수
130. 외벽균열 유발 이음 설계오류에 의한 누수
131. 측벽·기초의 균열
132. 외벽마감 실패
133. 바닥의 균열과 원인
134. 기초(토대)에 의한 균열
135. 지반면보다 낮은 부분의 누수(1)
136. 지반면보다 낮은 부분의 누수(2)
137. 강관콘크리트기둥(CFT기둥)

101 먹줄긋기 오류방지(1)

현장에서는 측량의 오류가 잘 일어난다. 먹줄 전문작업원이 오류를 범하고 그것을 확인하지 못하는 관리자가 그대로 진행해 버리기 때문이다. 이전은 트렌싯, 레벨은 현장계원의 일이었으나 최근에는 이장비를 사용하지 않는 직원이 늘고 있다.

1
기계기초의 돌출부를 10㎝ 틀린 거푸집으로 사용하여 알아채지 못하고 콘크리트를 타설하고 있다.

2
베이스의 철근이 이런 식으로 어긋나 있다.

경계선을 확인하지 않고 지시

스스로 작도한다면 그 자리에서 연필을 멈추고 생각하지만, 시공도를 보고 그리는 사람에 의해서는 의문을 갖지 않고 진행해 버린다.
↓
이것을 확인할 여유가 없는 관리자는 보고 지나쳐 버린다.
↓
도면을 받은 담당자는 작업원에게 맡겨버린다.
↓
넘겨받은 작업원은 확인도 없이 제작한다.
↓
이것이 실패의 순서도 이다.

3
경계선이 틀리는 오류를 범하고 있다. 이 후에 해체하였다.

먹줄긋기 시기의 실패

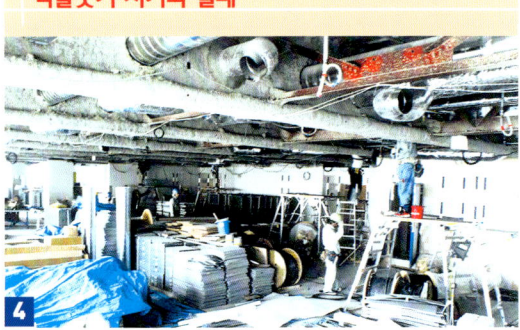

4
이 상태에서는 자재를 이동하면서 마감먹줄을 긋게 된다. 마감도면을 빨리 작성하여 바닥에 아무것도 없을 때 먹줄긋기가 가능하다면 비용도 대폭 낮아진다.

증축건물의 층고가 기존건물과 다름

기존건물의 도면을 무심코 넘겨 설계~시공

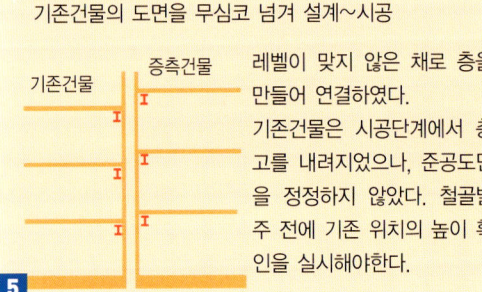

레벨이 맞지 않은 채로 층을 만들어 연결하였다.
기존건물은 시공단계에서 층고를 내려었으나, 준공도면을 정정하지 않았다. 철골발주 전에 기존 위치의 높이 확인을 실시해야한다.

5
현지조사를 하지 않고 기존의 도면으로 설계를 하면 이런 일이 발생한다. 준공도면이 정리되어 있는 건물은 적다. 먼저 의심하는 자세로 시작해야 한다.

T.P.와 A.P.을 틀려서 설계

하천이 바다보다 넓다고 생각해버렸다.
수준기준은 A.P.와 T.P.로 표시되어 하나의 도면에 그 두가지가 표현되는 경우가 있다.

▼ T.P.+10m 는 A.P.+11.1344 가 맞다.

▼ T.P. (도쿄만평균해면)

▼ A.P. (레이칸섬 수위-靈岸島量水標零位)

1.1344m / 10m / 11.1344m

6
위의 혼란은 현장에서 발생하기 쉽다. 침착하게 그림을 그려보자.

102 먹줄긋기 오류방지(2)

일을 진행하는 데에 중요한 것은 [계획]이다. 그 계획의 기본이 되는 것이 [먹줄]이다. 먹줄을 긋기 위해서는 주변을 정돈하고 구조체를 확인하면서 해야 한다. 현장을 확인하지 않고 작업자를 수배하면 먹줄 인부가 실제로 왔을때 작업이 불가능한 상태이므로 그냥 돌아가 버리는 경우가 있다.

먹줄의 확인이 되어 있지 않음

① 먹줄긋기를 외주로 주기 때문에 관리자가 스스로 먹줄긋기를 할 수 없음.
② 약간의 먹줄도 외주를 주지 않으면 그을 수 없다.
③ 외주의 먹줄긋기 인부도 날마다 바뀌므로 능률이 없다.
④ 먹줄긋기 인부의 오류가 있다.

먹줄긋기는 기본이다. 관리능력을 습득하기 위한 육성이 필요하다. 먹줄긋기를 할 수 없는 사람에게는 먹줄 관리를 맡길 수 없다.

치밀한 먹줄긋기가 정밀도를 올려 일의 속도를 좌지우지한다. 젊은 기술자일수록 그 기술을 몸에 익혀야겠다.

커다란 오류를 눈으로 확인해서 막는다.

나안을 통한 확인능력을 올려 오류를 관리하자.

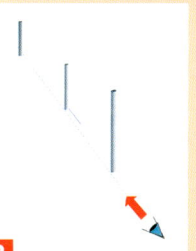

왼쪽 그림과 같은 상황에서 한쪽 눈으로 한 열을 확인하면 꽤 높은 정밀도로 확인할 수 있다.

먹줄의 오류에 대한 위기관리를 실시하여 전략적으로 체크포인트를 만들어야 한다. 또한 위의 그림과 같이 눈으로 확인하는 습관을 몸에 익히는 것이 중요하다.

후에 고생하지 않는 먹줄긋기 계획

벽이 완성되어 내측의 먹줄을 긋기에는 10배의 노력이 소요된다.

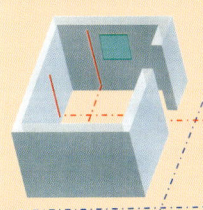

왼쪽과 같은 작은 방과 계단실의 먹줄긋기에 고생한 적은 없는가? 벽이 없는 상황에서 전략적으로 앞을 읽는 먹줄긋기를 해야 한다. 노동력 절감을 생각하지 않고 외주에 맡기기만 하는것은 문제이다.

먹줄긋기의 요령을 정리하여, 후에 간단히 작업을 진행할 수 있도록 앞을 예측하는 일이 중요하다.

위의 사진과 같이 고저차가 있고 평면적으로도 복잡한 지형에서의 공사에는 광파거리측정기가 불가결하다. CAD와의 병용으로 낮은 비용으로 전략적인 먹줄긋기가 가능하다.

광파거리측정기에 의한 먹줄긋기 모식도

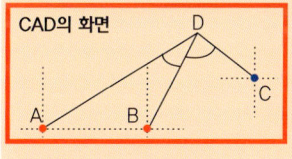

① 임의의 D점에 광파거리측정기를 설치
② 점 A와 점 B의 거리와 각도를 잰다.
③ 점 A, B, C, D를 CAD상에 떨어진 D를 통해 C의 데이터를 얻어 C를 결정한다.

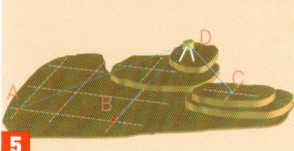

CAD로 먼저 자신의 위치를 확정하여 광파거리측정기로 그 위치를 찾아내면 단시간에 가능하다. 마지막으로 지금까지의 작업이 맞는지 여부를 위한 체크포인트를 확인한다.

103 바닥단차의 실패와 막음거푸집

바닥의 단차를 보수하지 않고 깨끗하게 마감하기 위해서는 타인에게 맡겨서는 안 된다. 사전에 확실한 준비를 해 놓는 것이 중요하다. 부양 거푸집의 계획도를 작성해 놓아야 한다.

바닥의 단차위치가 나빠 깎아내는 상황. 슬래브가 단면결손이 되어 있다.

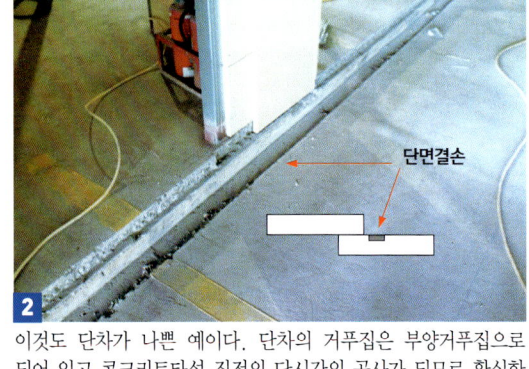

이것도 단차가 나쁜 예이다. 단차의 거푸집은 부양거푸집으로 되어 있고 콘크리트타설 직전의 단시간의 공사가 되므로 확실한 계획을 하기 어렵다.

단차거푸집의 예. 이렇게 각재를 사용하는 경우가 많으나 부양 거푸집으로 인해 불안정하여 콘크리트압송펌프 등의 충격으로 움직이기 쉽다.

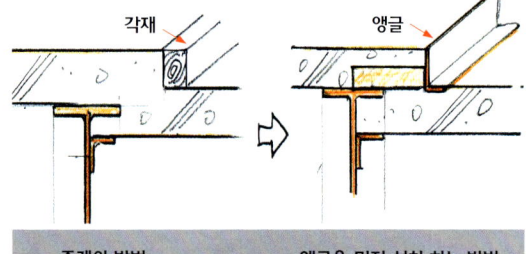

나중에 깎아 내는 수고를 생각한다면 오른쪽 위의 그림과 같은 계획을 해 놓는 편이 비용적으로 장점이 있다.

바닥판의 막음 거푸집이나 콘크리트의 측압에 의해 휘어져 있다. 높이가 낮다고 해서 방심하고 안이한 방법을 취하면 이렇게 된다.

사진 5의 막음거푸집의 터짐방지. 수직방향의 철근에 용접하고 있다. 이 철근은 결속선으로 고정되어 있을 뿐이다. 콘크리트의 측압을 쉽게 보고 있다.

104 구조체의 정밀도 불량

콘크리트의 정밀도 불량이나 오류를 모르타르로 속이려 해도 시간이 지나면 아래의 사진과 같이 너덜너덜해진다. 콘크리트 타설 전에 충분한 시간을 갖고 수정한 후에 콘크리트를 타설해야 한다.

1
파라펫의 연결부의 위치를 잘못 시공한 것을 모르타르로 수정하였으나 바로 떨어져 버렸다.

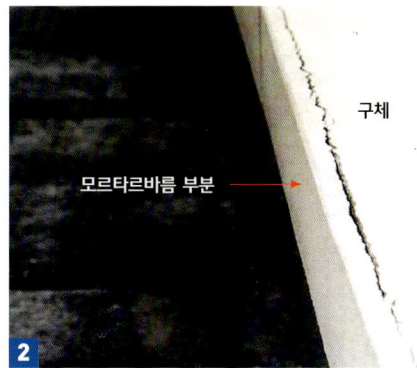

2
파라펫의 표면이 안 좋아 모르타르로 미장하여 마감하려 하였으나 2개월이 지나기 전에 사진과 같이 분리되었다.

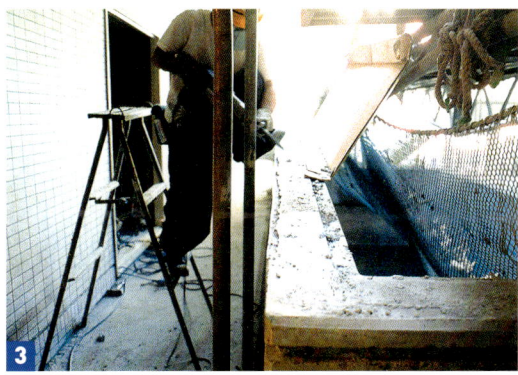

3
발코니 난간 상부의 높이가 맞지 않아 전동브레이커로 깎아내고 있다. 그림 4의 왼쪽 그림과 같은 거푸집을 조립하기 때문에 상부의 콘크리트의 누름이 제대로 되지 않았다.

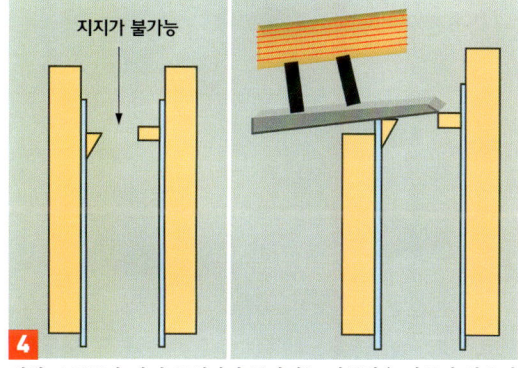

4
위의 오른쪽과 같이 금형판이 통과되는 거푸집을 만들지 않으면 개선되지 않는다. 약간의 생각으로 다음의 공정이 비약적으로 좋아진다.

5
기둥의 하부는 아래의 슬래브와 동시에 부양거푸집으로 콘크리트를 타설하고 있다. 위의 구조체 바르지만 아래는 단면이 결손되어 있다.

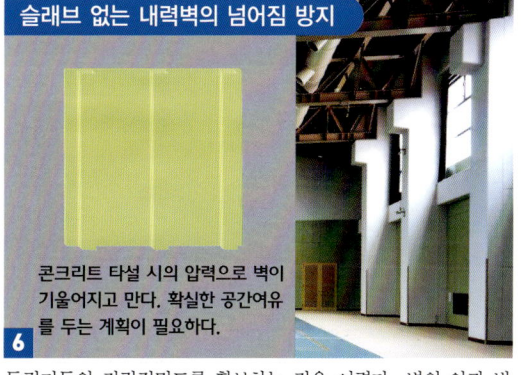

슬래브 없는 내력벽의 넘어짐 방지

콘크리트 타설 시의 압력으로 벽이 기울어지고 만다. 확실한 공간여유를 두는 계획이 필요하다.

6
독립기둥의 건립정밀도를 확보하는 것은 어렵다. 벽의 안과 밖에 앵커를 달아 와이어로 고정한다.

105 구조체의 끼워넣기 불량

사진 1은 개수공사로 셔터박스를 철거한 기둥 상부의 사진이다. 뒤에 이러한 부조합이 발견되면 그 시공회사의 기술력 부족이 노출되고 만다. 구조체 도면작성까지 셔터의 도면이 완성되지 않아서일까? 거푸집목수의 도면을 잘못 읽었기 때문일까? 셔터도면이 없어도 카탈로그로 끼어넣기 측정의 추측은 가능하다. 또한 구조체 도면에서 끼워 넣기 측량을 그림 2에 나타내는 바와 같이 투시도로 기입해 놓으면 오류를 막을 수 있다.

1
기둥 상부에 설치한 셔터의 끼워넣기가 없었기 때문에 벗겨내고 있다. 기둥의 철근이 나와버렸다.

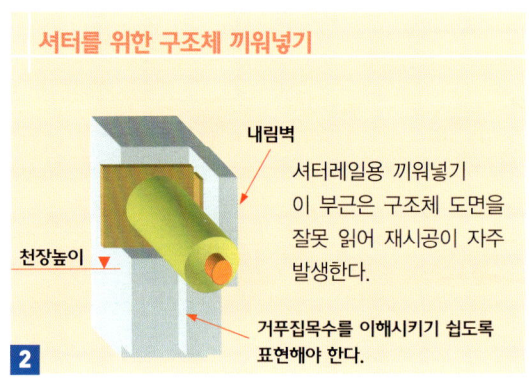

2
셔터의 감속기측은 측량이 다소 크게 되므로 주의가 필요하다.

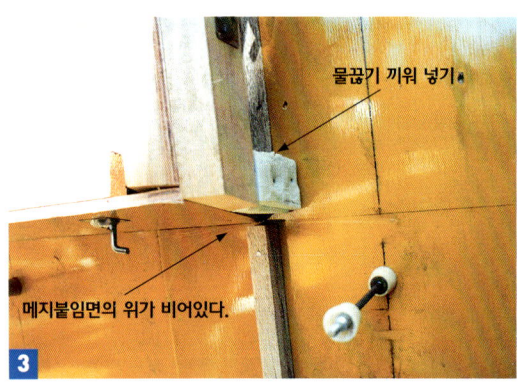

3
외부 샷시 물끊기의 끼워넣기에 단열재를 사용하고 있다. 이것은 씰이 깔끔하게 되지 않는다. 수직이음도 도중에서 끊어져 있으므로 파내기 및 보수가 필요해진다.

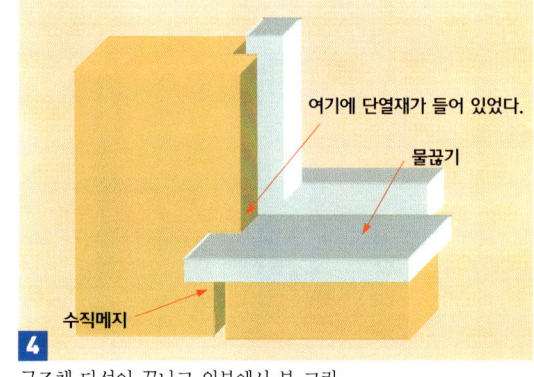

4
구조체 타설이 끝나고 외부에서 본 그림

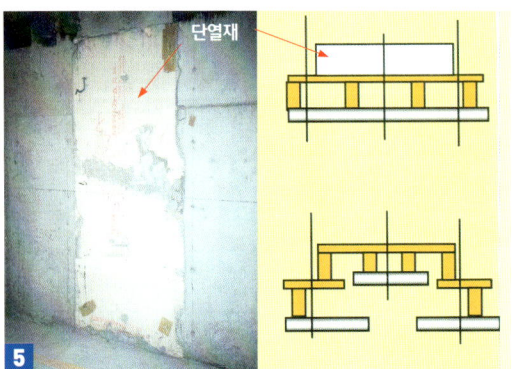

5
벽면의 결손부에 단열재를 사용하였기 때문에 제거에 노력이 들고 처분비가 들었다. 화목을 제대로 사용하면 끼워넣기가 가능하다.

6
외부 기초거푸집의 물끊기의 돌출이 적어 거푸집 해체 시에 깨져버렸다. 모르타르로 보수하고 있으나 장래에 균열이 발생할 우려가 있다.

106 남은 콘크리트의 처리

수량을 많이 주문하거나, 배관이나 호퍼 속에 남은 콘크리트는 사진 1과 2와 같이 시트 위에 흘려 다음날 포대에 담아 처분하는 일이 많다. 1㎥당 1만엔 이상하는 콘크리트가 산업폐기물이 되어 해체 · 포대모음 · 운반 · 처리하는데 비용을 생각하면 커다란 불필요한 소비가 된다.

여름에 타설한 콘크리트가 다음날 굳어 전동브레이커를 사용하여 깨고 있다. 깨놓은 콘크리트는 포대에 담아 산업폐기물로 처리되고 만다.

이것도 남은 콘크리트이다. 현장 환경이 매우 보기 싫게 되고 있다.

누름방수를 위한 콘크리트 타설 시에 너무 많이 넣어 남은 콘크리트를 포대에 모아 놓은 것.

이러한 장소에도 남은 콘크리트가 버려져 있다.

콘크리트의 최종 타설 주변의 수량을 미리 계산해 놓고, 이미 타설한 부분과의 차를 구해 마지막의 콘크리트를 수배한다.

어스드릴의 콘크리트를 타설하고 있는 상황. 이러한 장소의 말뚝의 콘크리트 수량은 계산대로 되지 않는 일이 많으므로 주의가 필요하다.

107 콘크리트를 남기지 않는 연구

남은 콘크리트를 잘 이용하는 전략을 세워야겠다. 단, 콘크리트의 타설 시기가 늦어지면 작업원이 지쳐 그 여력이 없어지므로 배려가 필요하다. 또한 원활히 타설할 수 있도록 콘크리트의 운반경로와 운반의 기기를 준비해 놓는다. 콘크리트 강도에 필요한 구조체부분에는 남은 콘크리트를 사용해서는 안 된다.

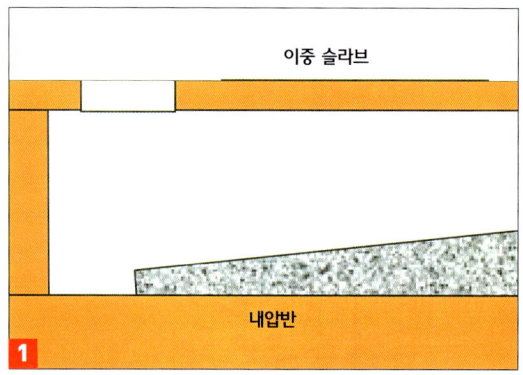

이중피트 내부. 오수조의 구배 올림콘크리트로서 이용한다. 그것을 위해서는 타설하기 쉽도록 운반경로를 계획해 놓는다.

크레인과 호퍼가 콘크리트의 운반에 사용되면 기동력이 향상한다.

위와 같은 PC정화조의 거푸집을 준비해 주어 남은 콘크리를 타설하는 것도 좋다.

벽 콘크리트를 타설

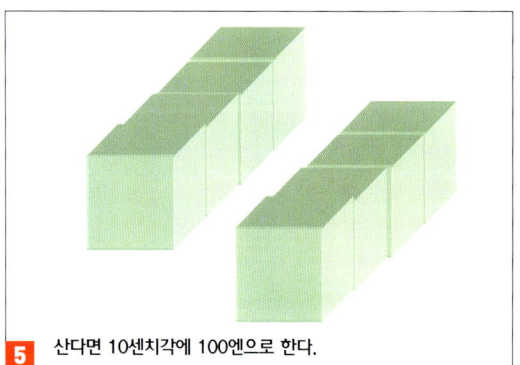

철근용 콘크리트블록을 만드는 것도 좋다. 콘크리트 타설 전에 남은 콘크리트의 용도를 협의하는 기회를 만들면 좋은 아이디어가 생긴다.

기술자의 양심이 없는 상황이다. 단지 콘크리트를 넣으면 된다는 것은 품질관리상 안 된다.

108 콘크리트 타설로 인한 슬래그 비산

콘크리트를 타설하는 층은 비산방지를 위해 사진 2와 같이 시트를 설치하나 데크에서 날린 콘크리트의 슬래그가 바람을 타고 주변으로 비산하여 주차장 차량의 도장에 붙어 버렸다. 부착한 슬래그는 잘 벗겨지지 않고, 그에 대한 커다란 금액을 배상 해야 했다.

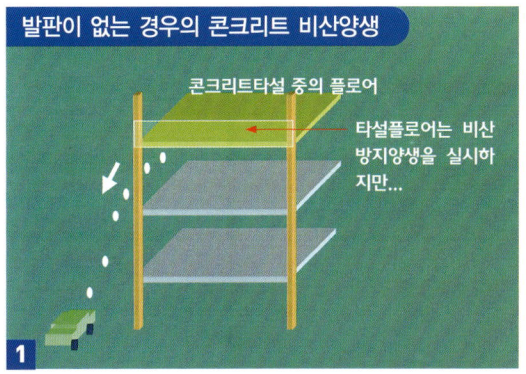

데크의 틈새로부터 흐른 콘크리트가 위의 그림과 같이 비산하여 주차중의 차량의 천장과 본넷에 부착되었다.

콘크리트 타설층에만 시트양생를 하지 않았다.

이것은 난간목에 떨어진 것. 이러한 것이 차량에 부착하였으므로 도장이 훼손되었다.

이러한 틈새로부터 콘크리트의 슬래그가 떨어졌다.

타설층의 바로 밑층에는 바닥에 부착되어 떨어지지 않는 슬래그를 물로 닦고 있는 상황. 바로 밑층의 바깥주변에도 시트를 쳐서 비산을 막았다.

물로 닦은 슬래그를 모아 놓기 위해 만든 수조

109 바닥의 평활도 불량

바닥을 평활히 하기 위해서는 시공업자에게만 맡겨서는 잘 안 된다. 눌러놓은 바닥이 좋은지 나쁜지의 판단을 시공업자와 함께 바닥을 보고 판단하여 다음공정으로 이어지지 않으면 안 된다. 그렇게 하기에는 다음 날의 살수양생으로 확인을 한다. 데크거푸집으로 스팬이 큰 경우는 타설 후에 밴딩 쉬우므로 보의 강성을 증대시키는 등의 대책이 필요하다.

1 바닥의 정밀도가 나빠 물고임이 되어 버렸다. 비오는 날에 검사를 하면, 기량의 확인·경향이 판단가능하다. 정밀도에 대해 집중을 가지고 일을 해야 한다.

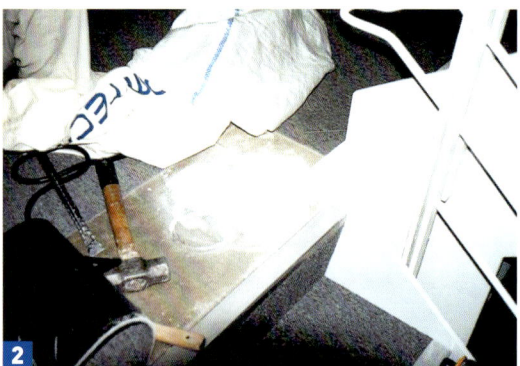

2 계단의 발판 일부가 높은 곳은 바닥을 완성하고 발견하여 바닥을 깎아내는 상황. 주변에 먼지가 퍼져 노력이 소요된다.

3 버림콘크리트 표면의 요철이 심하여 10cm 이상의 차이가 있다. 사진은 깎아낸 부분. 버림콘크리트는 기준콘크리트라는 인식이 필요하며, 균일하게 정리하여 먹줄긋기 쉽게 하는 배려가 필요하다.

4 이것은 옥외계단에 물이 고인 것. 옥외계단에는 약간의 구배를 두어 물빠짐을 만들어 물의 고임을 제거한다.

5 욕실의 누름방수 콘크리트를 타설하였으나 물빠짐 구배가 잡히지 않아 깨내고 있는 상황. 관리능력이 부족한 것과 동시에 인부의 능력도 떨어져 있다.

6 바닥의 높은 부분과 돌출부분을 연마하고 있다. 사진과 같이 먼지가 생겨 매우 노력이 소요된다. 정밀도를 좋게 균일하게 만드는 작업이 중요하다.

110 지붕구배를 정확히 재기

구배지붕의 정밀도를 높이기 위해 실과 피아노선을 설치하는 계획은 타설 시의 콘크리트압송 호스 등이 장해가 되어 제대로 되기 어렵다. 처음부터 확실한 규정에 따라 준비해 놓을 필요가 있다. 여기서는 구배지붕의 슬래브 거푸집에 플랫데크를 구배불량으로 붙여, 슬래브배근 후 규정으로서 3㎝의 동일한 간격으로 앵글을 그림 2와 같이 용접하였다.

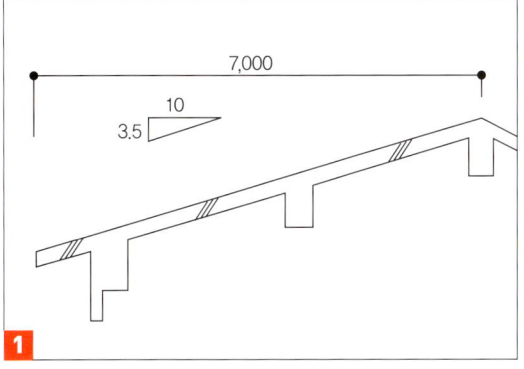

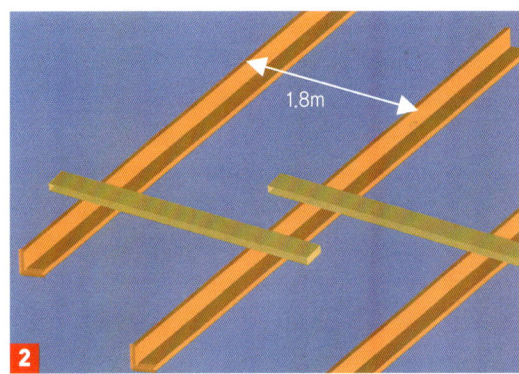

위의 그림과 같은 구배지붕에 스카이모르타르를 발라, 불소수지 강판을 설치하는 계획이었다. 하지만 옥상재료의 설치강도를 늘리기 위해 콘크리트 정밀도를 올려 한번에 마감하는 것으로 하였다.

정밀도를 올리기 위해 위의 그림과 같이 앵글을 1.8m 간격으로 설치하여 규정에 맞게 정밀도를 확보하였다.

콘크리트를 밑에서부터 타설하고 있다.

규정에 따라 정리하는 경우.
이 공법으로 확실한 정밀도가 확보되었다.

111 이중피트 내 데크거푸집의 부조합

플랫데크는 최근 많이 사용되게 되었으나, 개구부 주변의 보강을 잊으면 후에 데크를 절단해서 맨홀개구부를 설치하였을 때 데크가 떨어져 낙하하는 일이 있으므로 주의가 필요하다.

슬래브 콘크리트 타설 후, 플랫데크를 절단하고 맨홀개구부를 위해 절단했을 경우. 데크가 밑으로 내려앉았다.

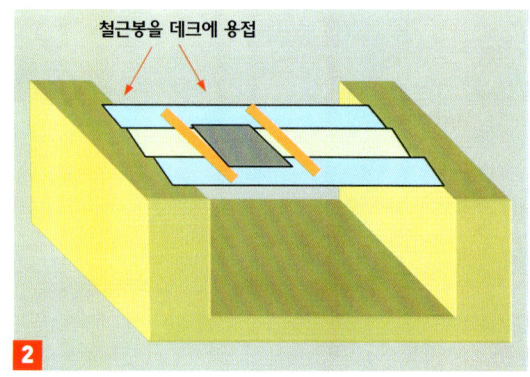

개구부를 만드는 주변에 데크를 절단해도 낙하하지 않도록 낙하 방지철근을 용접해 놓는다.

용수피트의 슬래브 거푸집에 연석도금플랫데크를 사용한 것이나 약 10년에 이 정도의 녹이 발생한다.

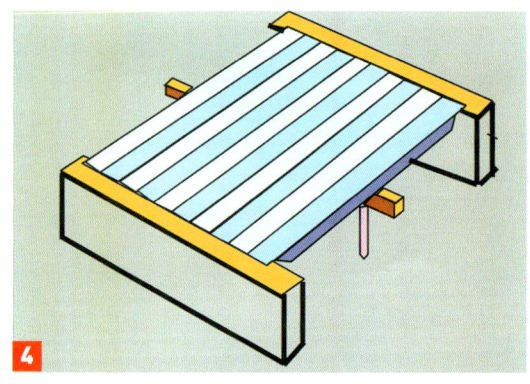

데크를 이용하여 콘크리트를 타설하고, 강도가 나온 후에 데크를 해체, 전용하는 방법도 있다. 길이를 생각해서 계획하면 맨홀로부터 반출가능하다.

맨홀부의 콘크리트를 나중 타설할 때에 거푸집에서 콘크리트가 흘러 그대로 되어 버린 상황이다. 벗겨내어 청소하는 데에 노력이 소요된다.

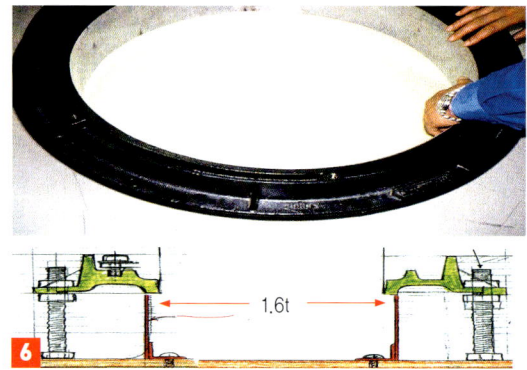

위와 같은 철판거푸집을 사용하여 맨홀을 한 번에 콘크리트에 끼워 넣으면 깨끗하게 마감된다. 내부의 자재는 맨홀을 통해 빼낼 수 있는 크기로 한다.

112 이중피트 내 청소의 수고(비용)·수조방수의 부조합

이중피트 내부로의 점검용 맨홀이 적어 사람이 통과할 수 있는 통과피트 내부의 청소를 하였기 때문에 매우 큰 노력과 비용이 소요되었다. 이것은 장래의 유지보수에도 수고가 필요한 일이며 비용이 든다는 의미에서 발주자에게도 불이익이 된다. 사람이 지나갈 수 있는 개구부의 거푸집·철근개구보강의 비용과 맨홀의 설치비용을 비교해보면 맨홀이 비용적으로 유리하다. (이동식 계단 등도 사용하면 좋다.)

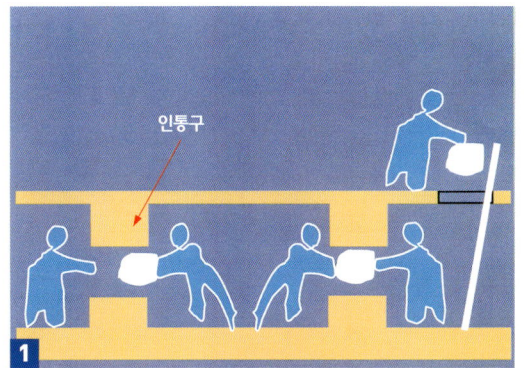

좁은 인통구에 들어가 벗겨내기 및 청소를 하고 그로 인한 발생물을 운반해 내는 것은 매우 힘들다. 또한 눈이 닿기 어렵기 때문에 보지 못하고 지나가기 쉽다.

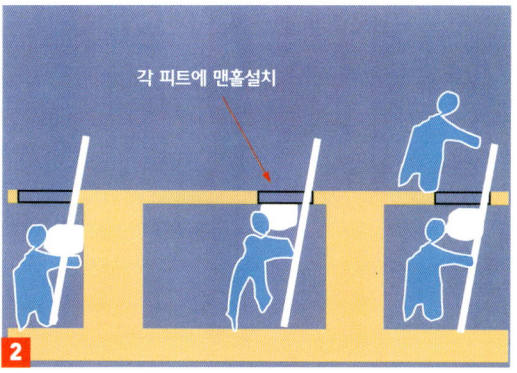

상황이 허락한다면 위의 그림과 같이 각 피트에 맨홀을 설치해야겠다. 작업성은 매우 향상된다.

유지보수를 생각하지 않은 인통구이다. 이러한 인통구에서는 물이 빠지지 않으면 통행할 수 없다.

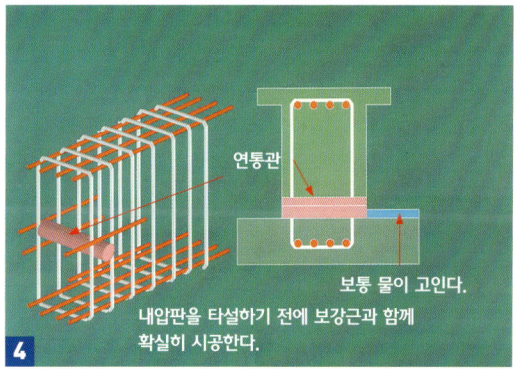

연통관의 위치가 높으면 피트 내에 물이 고여 악취가 발생하는 경우가 있다. 용수펌프까지 물이 흐르도록 약간의 구배를 잡을 필요가 있다.

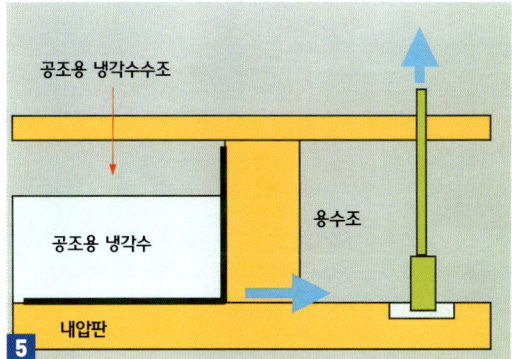

위의 그림의 수조방수장치가 수압에 견디지 못하고 보의 연결부에서 용수조에 흘러들어 가기 때문에 고액의 수도 요금이 들어 시공불량으로 시공자가 변상한 예가 있다.

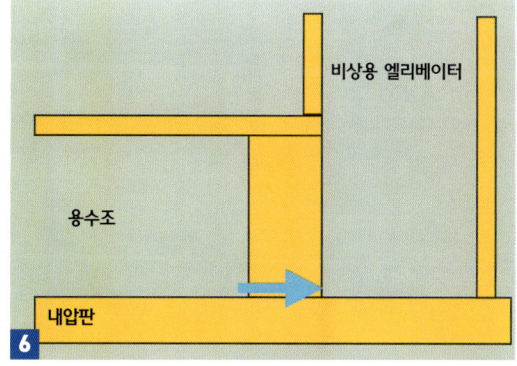

위의 그림과 같은 부분에서 비상용 엘리베이터의 샤프트에 누수가 있어 엘리베이터의 검사로 지적을 받았다. 지수에 노력과 비용이 들었다.

113 데크플레이트의 낙하

최근 거푸집 합판 대신에 플랫데크를 사용하게 되었으나 거푸집인부가 시공하였을 때와 비교해 안이하게 시공하여 중대재해가 증가하고 있다. 계산의 오류와 중간지보공을 잊어버리는 등의 실수로 되돌릴 수 없는 일이 되고 만다. 특히 중간지보공이 필요한 장소를 도면상의 표시로 크고 알기 쉽게 해 놓아야 한다. 또한, 휨이 크면 바닥의 정밀도가 나빠지기 쉬우므로 주의가 필요하다.

층고가 높은 데크의 중간부분 서포터의 수평연결이 없어 콘크리트 타설 후에 붕괴하였다.

붕괴되어 떨어진 콘크리트가 굳어 제거하고 있다. 공기에 쫓겨 검사를 실시하지 않고 무리하게 콘크리트를 타설하면 냉정함을 잃어 이러한 경우가 발생하기 쉽다.

콘크리트의 하중에 견뎌내지 못하고 데크의 단부가 떨어진 상황. 더 증가했다면 큰 사고가 되었을 것이다.

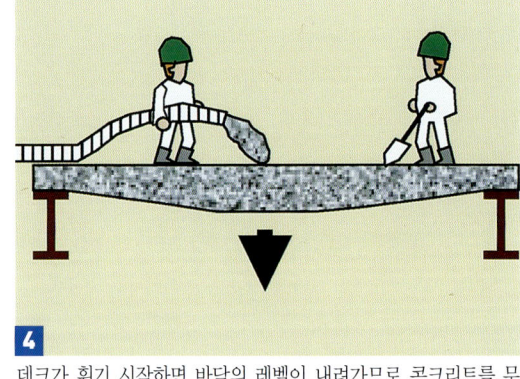

데크가 휘기 시작하면 바닥의 레벨이 내려가므로 콘크리트를 무리하게 타설하면 결국에는 그 무게를 견디지 못하고 낙하하고 만다.

전기설비가 들어가는 부분(EPS)의 플랫슬래브나 슬래브의 주근이 보에서 보로 통과하지 않고 있다. 철골 보검토 시 바닥관통이 결정되지 않으면 이렇게 된다.

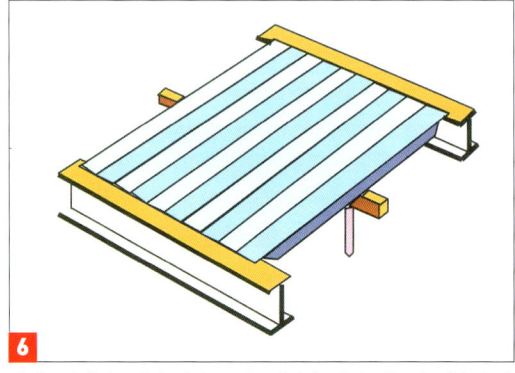

대책: 중간서포터의 검사는 좌굴방지가 들어 있는지 여유를 가지고 실시한다. 층고가 높은 경우는 서포터보다 철골 작은 보를 계획하여 설치하는 것이 좋다.

114 내진보강벽에 타설한 콘크리트가 방안으로 유출

개수공사에 있어서 외벽의 내진보강을 위해 추가적으로 콘크리트를 타설할 때 그 콘크리트가 창고 내에 흘러들어가 버렸다. [콘크리트의 펑크는 프로기술자·기능공이 적었던 것이 하나의 원인이 되어 있었다.

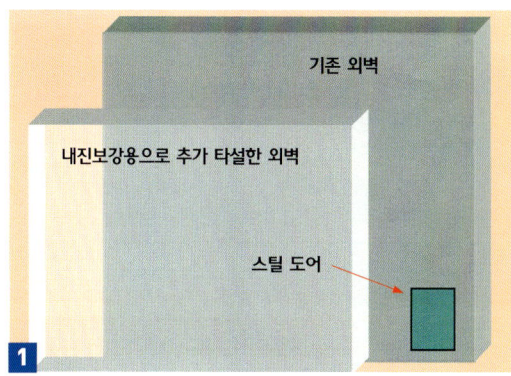

기존 외벽에 외부 발코니로의 출입구의 스틸 도어가 달려있다. 그것을 거푸집으로 막고 추가 타설하여 벽을 타설하는 계획이었다.

실내에 넘친 콘크리트. 중요한 기계와 서류가 들어있던 방에 약 12㎥의 콘크리트가 흘러들어 왔다.

콘크리트를 뿌렸을 때가 여름이었기 때문에 단시간에 경화하기 시작하여 벗겨내기 기계가 필요하였다.

스틸도어부분. 콘크리트의 측압에 견디는 거푸집보강이 없었다.

콘크리트가 실내에 들어온 원인

① 현장책임자는 다른 위험작업에 집중하였다.
② 현장의 담장자는 신입사원으로 경험이 부족하다.
③ 거푸집을 만든 작업원은 벽의 구멍막기를 자신의 담당이 아니라고 생각했다.
④ 콘크리트 펌프의 타설공은 예정수량을 넘어서도 끝나지 않는 것에 의문을 갖지 않았다.

위의 4가지 원인이 겹쳐져 버렸다.
한 사람이라도 그 방면의 프로가 있었다면 막을 수 있었던 사고이다.

경계

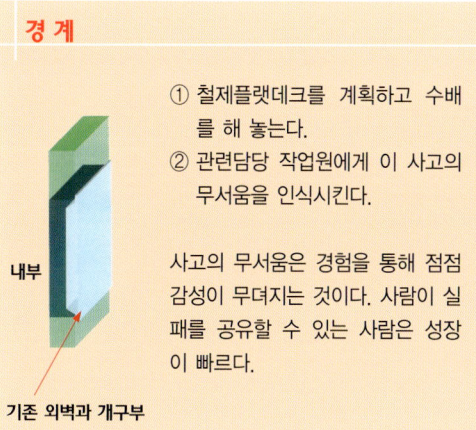

① 철제플랫데크를 계획하고 수배를 해 놓는다.
② 관련담당 작업원에게 이 사고의 무서움을 인식시킨다.

사고의 무서움은 경험을 통해 점점 감성이 무뎌지는 것이다. 사람이 실패를 공유할 수 있는 사람은 성장이 빠르다.

115 철근의 피복 부족에 의한 콘크리트에 미치는 영향

철근과 콘크리트는 일체화되어 구조체로서 이루어지나 이것은 언제까지나 바른 형태로 구성되었을 때의 이야기이다. 사진 1에서 알 수 있는 바와 같이 철근의 피복두께가 부족한 경우는 철근이 콘크리트를 밀어내는 결과가 된다. 이러한 상황이 되지 않도록 확실한 배근도면을 작성하여 실시하지 않으면 안 된다.

벽의 철근 피복이 적어 철근이 녹이 슬어 콘크리트를 밀어내고 있는 것.

처마 밑의 철근 피복두께가 적기때문에 비가 흘러들어 철근이 녹슬어 콘크리트가 떨어지려 하고 있다.

준공 후 20년 정도의 건물은 철거한 부분의 대들보 하단부이다. 철근의 피복은 없고, 주근까지 노출되어 나무조각, 재료분리 및 결손이 많다.

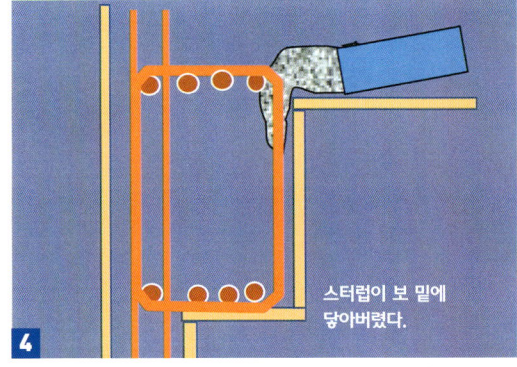

원인 : 보의 스페이서가 없어 세퍼레이터가 보 아래에 위치하고 있다. 바이브레타에 의한 다짐과정 없이 콘크리트를 흘려보내는 것으로 끝내고 있다.

이것도 대들보의 철근의 피복이 전혀 없다. 이러한 상태로는 지진이 발생할 경우 보주근의 콘크리트와 부착력이 없어 강도는 기대할 수 없다.

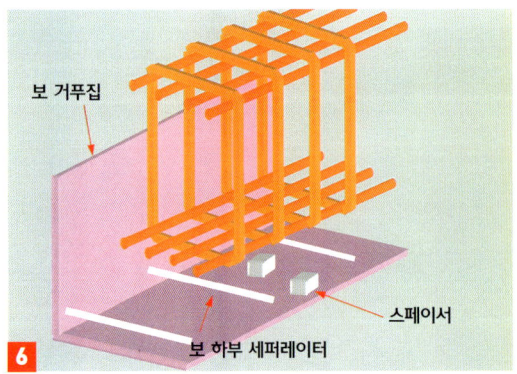

사진과 같이 보 하부 세퍼레이터와 하단근 스페이서를 넣어두면 이렇게 되지는 않았을 것이다.

116 벽철근의 피복 부족 원인과 대책

손놓은 공사라는 말이 있으나 더욱 무서운 것은 [기술이 빠진 공사]이다. 사진 1과 같은 배근을 하고 아무도 확인하지 않는다. 철근공·현장계원·현장책임자·관리자 모두가 지나쳐 버리게 되어 사진 3과 같은 것을 만들어 확보하고 있다. 이것도 서류상에는 적합한 것이다. 실제의 것을 보고 판단 가능한 [프로의 눈]을 길러야 한다.

스페이서가 한 쪽 밖에는 들어있지 않다. 벽 철근이 구부러져 있고 좌측의 거푸집이 들어가기 힘들어 스페이서를 제거했을지도 모른다.

그 후 어떠한 대응도 없이 콘크리트를 타설해 버렸다. 세세한 것에 반응하지 않는 현장책임자는 사전에 주의해도 의미가 없다.

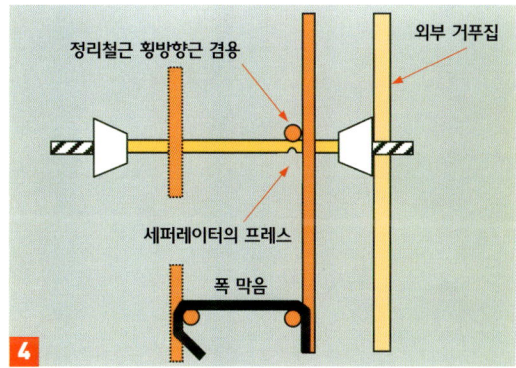

완성된 콘크리트벽. 관리하는 사람은 부수어서 다시 하는 정도의 일을 하지 않으면 대처할 수 없다.

벽의 정리철근의 위치에 세퍼레이터가 같이 돌아가는 것을 막기 위한 프레스 위치를 맞추어 정리철근을 구속하면 고정된다. 그것에 주근을 결속하여 폭을 유지하여 내측의 횡근·주근을 결속하면 피복이 확보된 깨끗한 배근이 된다.

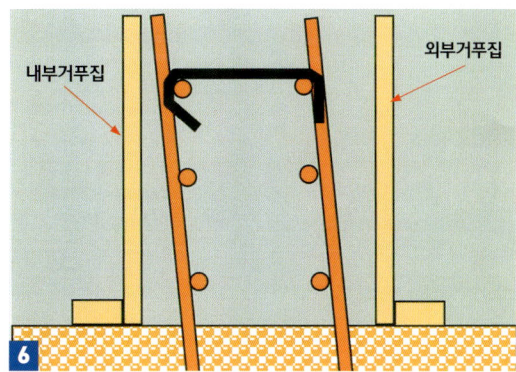

세퍼레이터와 횡근 사이를 맞추어서 확실히 고정한 것.

벽철근이 그림과 같이 휘어져 있으면 아랫부분의 기초철근의 피복이 없어진다. 벽철근의 수직도에는 주의를 해야 한다.

117 각 부위 철근의 피복부족 원인과 대책

철근을 바른 위치에 배근하기 위해서는 사전에 확실한 준비가 필요하다. 그림 5·6과 같이 같은 보부재기호라도 보와 기둥의 관계에 따라 스터럽의 크기를 변경하지 않으면 안 된다.

1 아래층에서의 철근이 바른 위치로 올라오지 않았기 때문에 피복 두께를 확보하려고 휘어 놓았다.

2 기초의 경사부분의 구배가 잘 잡히지 않는다. 흙을 깨끗하게 성형하여 버림콘크리트를 정밀도 좋게 타설하는 데에는 타인에게 맡겨놓아서는 실패한다.

3 벽철근이 보의 철근에 밀려 피복이 없어져 있다. 마지막부분의 보철근이 부근의 내측으로 오기 때문에 기둥 근처에서는 내측의 피복이 없어진다.

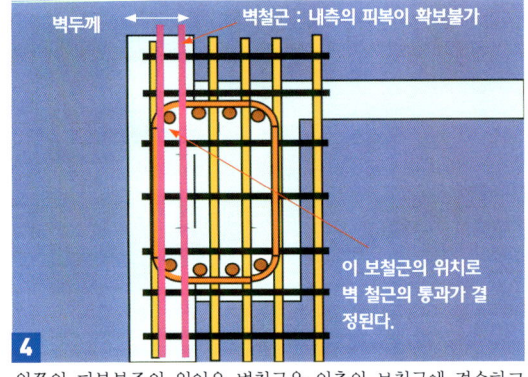

4 왼쪽의 피복부족의 원인은 벽철근을 외측의 보철근에 결속하고 있기 때문이다. 철근의 구성 그림을 그리는 습관을 갖지 않으면 이 부조합은 해결 할 수 없다.

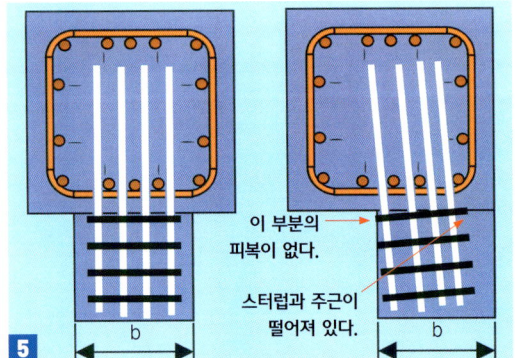

5 같은 보기호의 큰 보 스터럽을 계획없이 같은 크기로 가공하면 보가 단부에 위치했을 때 오른쪽 그림과 같이 피복이 부족하게된다.

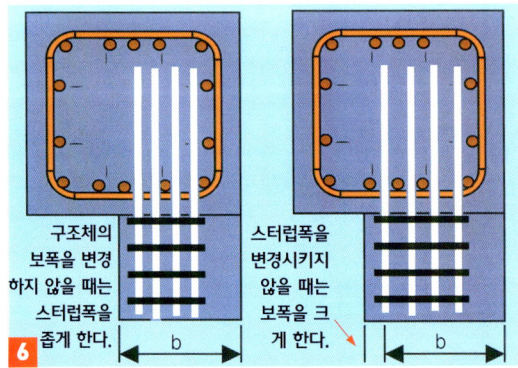

6 구조담당자와 조정한 후에 위의 왼쪽 그림과 같이 스터럽폭을 좁게 하거나 또는 위 오른쪽 그림과 같이 보폭을 크게 해야 한다.

118 기초배근의 실패

기초배근도를 그리지 않고 기초 주변의 레벨을 결정해 버리고, 철근을 확정하지 않고 지하의 최하층 바닥높이를 올리지 않으면 안되는 경우가 있었다. 말뚝 윗부분의 기초 보 하단에서의 필요높이, 기초의 배근크기 및 경사근의 유무에 의한 깊이가 변하므로 주의가 필요하다.

기초와 말뚝 주변의 철근 상세도

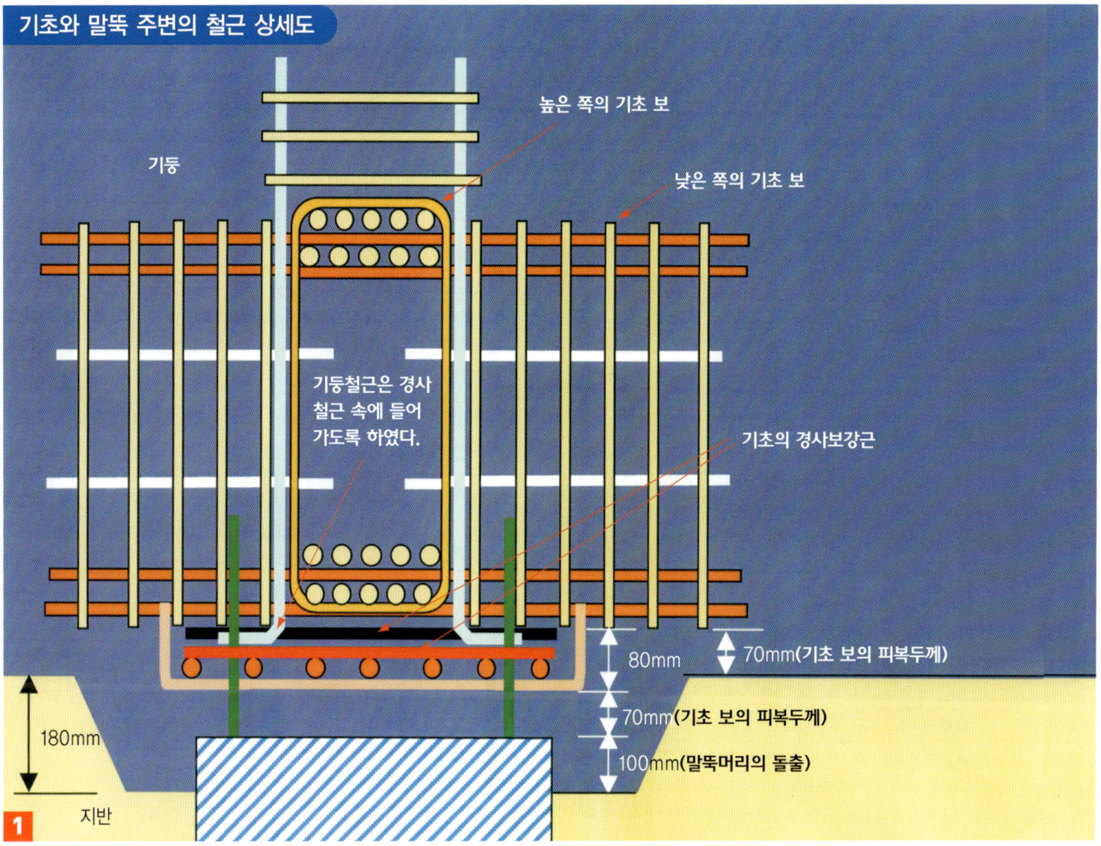

- 기둥
- 높은 쪽의 기초 보
- 낮은 쪽의 기초 보
- 기둥철근은 경사 철근 속에 들어가도록 하였다.
- 기초의 경사보강근
- 80mm
- 70mm(기초 보의 피복두께)
- 70mm(기초 보의 피복두께)
- 100mm(말뚝머리의 돌출)
- 180mm
- 지반

1

기초레벨에서 말뚝 주변을 어느 정도 내리는 것과 각각의 설계사양에 따라 다르나 하나의 예로서 철근의 배근 상세도를 올린다. 위의 그림과 같이 기초 철근이 X-Y방향과 경사방향에 있는 경우, 낮은 쪽의 기초 보의 스터럽 아래까지의 필요길이 80㎜ 필요가 되어 결국 180㎜를 굴삭해 내려갈 필요가 있다.

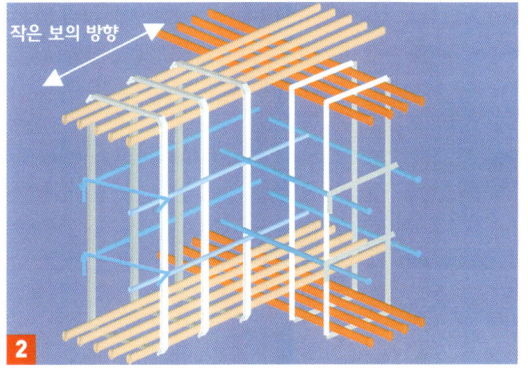

작은 보의 방향

2

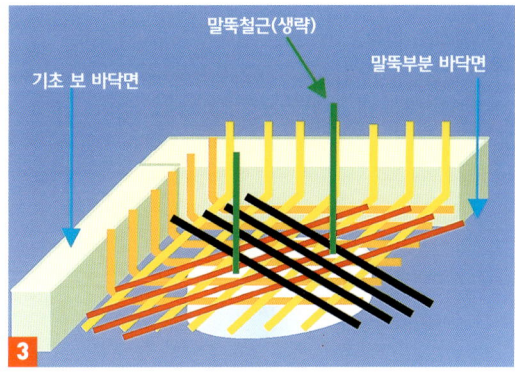

말뚝철근(생략)
기초 보 바닥면
말뚝부분 바닥면

3

낮은 쪽의 기초 보의 바닥높이를 기준으로 말뚝과 베이스의 배근상황에 따라 배근의 상세를 고려하여 말뚝부분의 굴삭깊이를 결정한다. 또한 작은 보가 연관되는 경우는 삼단배근이 되지 않도록 높은 쪽 큰 보의 배근방향에 맞춘다.

119 배근방향의 오류 등

그림 1·2와 같이 방향성이 없는 구조체에서 철근만이 방향성이 있는 경우 오류가 발생하기 쉽다. 가능하다면 구조체 측정을 조금 변경해 두는 것이 오류를 방지 할 수 있다. 그림 5·6과 같은 경우는 나중작업을 쉽게 할 수 있도록 선행단계에서 계획하는 것이 중요하다.

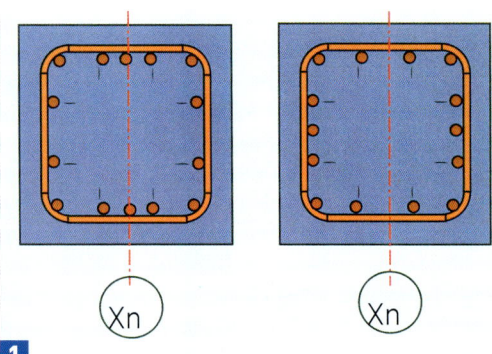

1
정방형의 기둥으로 왼쪽 그림과 같이 배근하려는 곳을 오른쪽 그림과 같이 배근해버려 다시 하는 노력을 들였다.

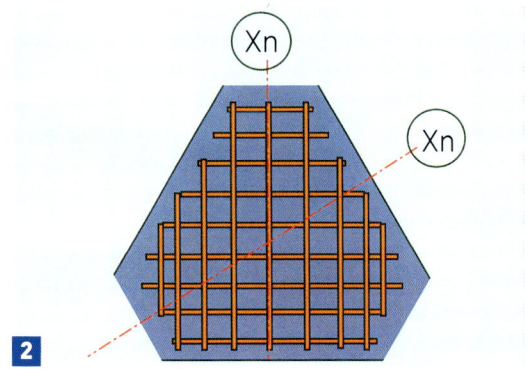

2
콘크리트 타설 직전에 확인해서 위의 그림과 같이 베이스의 배근 방향을 60° 틀려 다시 하는 시간이 소요되었다. 빠른 검사가 필요하였다.

3
위와 같이 도너츠 스페이서를 사용하면 스페이서 밑에 재료분리가 되기 쉬우므로 복근을 세워 설치한다.

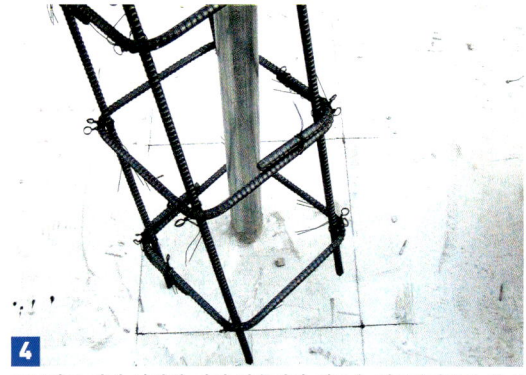

4
콘크리트 타설 날짜에 거의 맞추어서 철근을 배근하려해서 잊기가 쉽다. 배근검사 시에 완전히 배근되지 않았다면 콘크리트를 타설할 수 없도록 해야한다.

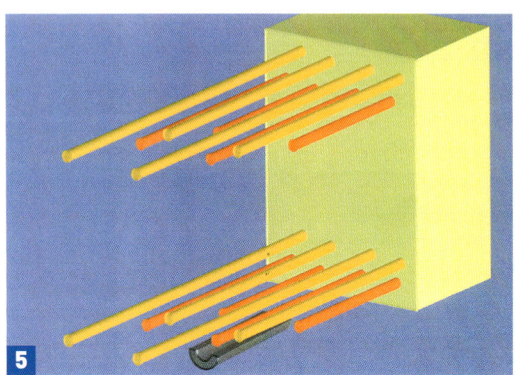

5
보의 하단근이 2단 배근이 되어 있는 부분에서 이어치기를 위해 보 주근을 압접하려할 때, 아래 측의 철근이 짧게 압접될 수가 없었다.

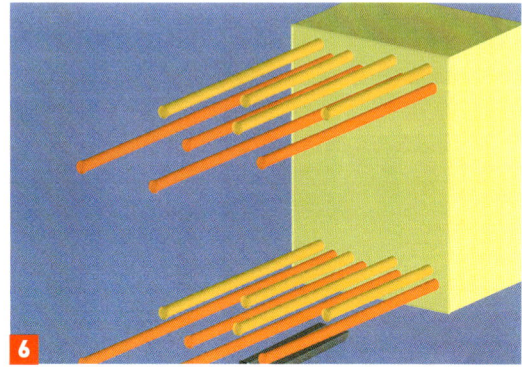

6
위의 그림과 같이 조인트하는 철근의 아래쪽을 길게 해 놓는다. 철근의 Cut리스트를 발주하기 전에 이어치기 계획을 완료해 놓을 필요가 있다.

120 콘크리트의 충전 불량

콘크리트 타설이 나쁘면 아래에 나타내는 듯한 상황이 되어 그 처리를 하지 않으면 누수사고와 강도불량을 일으킬 수 있다. 안이하게 모르타르로 매꾸려는 것은 피해야만 한다.

1
창거푸집의 아래에 콘크리트가 충전되어 있지 않았다. 창의 주변은 개구부 보강근이 있기 때문에 콘크리트가 충전되기 어렵다. 공기포을 제거하여 충분한 다짐을 실시 확인해야 한다.

2
대책 : 개구부의 폭이 큰 경우는 이러한 개구부의 중앙에 콘크리트 유입용 벽을 설치하여 후에 제거하는 예도 있다.

3
방수올림 단부의 씰을 하는 지수에서 중요한 부분인 콘크리트의 각이 없어져 버렸다.

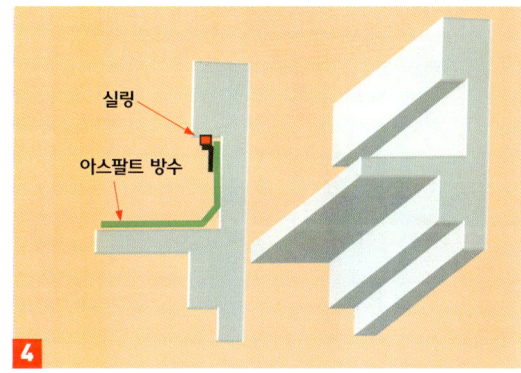

4
위의 그림과 같이 구조체와 방수층의 단부를 씰링으로 고정하여 지수처리를 하는 것이나 구조체가 사진 3의 상황에서는 제대로 된 지수는 기대할 수 없다.

5
벽을 나중에 타설한 것이나 이렇게 틈이 생긴다. 보 아래는 특히 충전이 어렵다.

6
콘크리트의 흘려보내는 구멍을 만들고 남은 부분. 이것도 후에는 제거하지 않으면 안 된다.

121 기둥콘크리트의 재료분리

콘크리트는 굵은 골재·잔골재·시멘트·물이 밸런스 좋게 섞여 그 기능을 발휘하는 것이지만 높은 기둥의 상부에서 콘크리트를 낙하시키면 낙하의 충격에 의해 분리되어 아래 사진과 같은 부조합이 발생한다. 바이브레이터를 타설 직후의 콘크리트의 재믹싱에 사용하는 의식도 가지고 하는 것이 좋다. 또한 기둥의 상부는 보 철근이 밀실히 교차하고 있어 콘크리트가 분리되기 쉬운 상태가 되고 있는 것도 하나의 요인으로 들 수 있다.

1
5m의 층고의 기둥으로 그대로 위에서부터 콘크리트를 낙하시킨 결과 분리되고 말아 하부에 재료분리가 발생하였다. 기둥내부도 비슷하여 표면만을 보수해서는 의미가 없다.

2
사진 1과는 다른 부분의 기둥이지만 재료분리 부분을 제거해보니 이러한 상태였다. 연약부분을 확실히 제거하여 적절한 처리를 하지 않으면 안 된다.

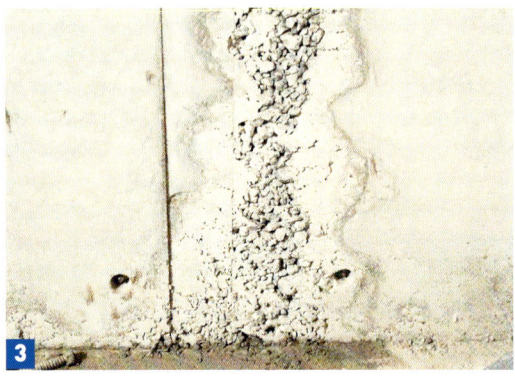

3
이 기둥도 내부에까지 재료분리가 되어 있다. 제거해 내어 처리를 하는 수고를 생각하면 확실한 타설을 하지 않으면 안 된다.

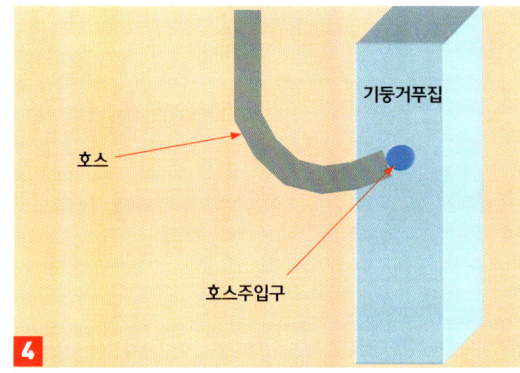

4
대책 : 기둥 거푸집 사이에 호스용의 구멍을 만들거나 트레미관을 사용하지 않으면 이 부조합을 방지할 수 없다.

5
기둥의 모서리는 재료분리가 발생하기 쉬우므로 타설 직후, 봉을 이용하여 다짐을 하는 것이 좋다. 봉은 자신의 손으로 콘크리트의 상태를 느낄 수 있다.

6
기둥의 표면에 생긴 재료분리. 아예 콜드조인트가 보이는 것에서 상부 콘크리트의 다짐이 나빠 시멘트슬러리가 빠진 것을 알 수 있다.

122 기둥콘크리트의 재료분리 대책

기둥부분의 재료분리를 없애기 위해서는 철근 상태를 먼저 생각해서 콘크리트가 타설하기 쉬운 배근이 되어 있는지를 검토하는 것이 중요하다. 또한 사진 3과 같이 쓰레기의 청소는 철저히 해야 한다. 눈이 많은 지방에서는 눈이 조금이라도 안에 들어가면 내부에 눈이 녹지 않은채 그 부분에 콘크리트가 충전되지 않고 남아있으므로 특히 주의해야 한다. (사전에 비닐보양이 필요함)

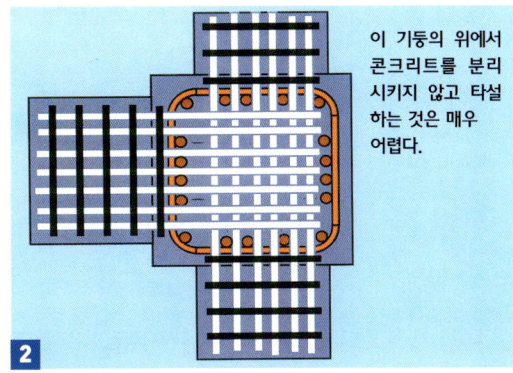

기둥부분은 특히 철근이 밀실히 들어 있다. 높이가 있기 때문에 콘크리트의 낙하로 분리되어 재료분리가 되기 쉽다. 좋은 콘크리트를 타설하기 위해서는 먼저 철근의 구성을 검토하여 제대로 된 콘크리트의 상태로 타설되도록 계획하지 않으면 안 된다.

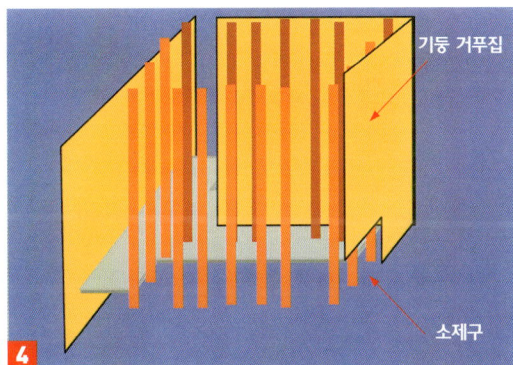

사진은 기둥 속이므로 미세한 콘크리트 조각이 떨어져 있다. 방심하면 이대로 거푸집을 대고 콘크리트를 타설하고 만다. 가장 중요한 기둥에 연약한 층을 만들지 않기 위해서도 이어치기면의 쓰레기들은 반드시 제거해야 한다는 신념이 필요하다. 또한 마지막으로 물씻기를 실시하고 소제구에서 마지막의 쓰레기를 빼내는 것을 확인한다.

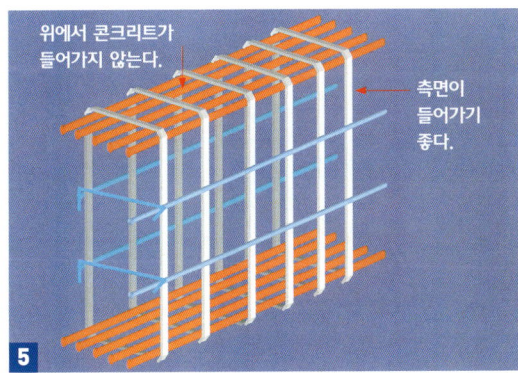

기초 보의 철근은 복잡하다. 구조도에는 보의 상부근 몇 본이라는 표시가 없어 콘크리트가 타설 가능하도록 배치하기에는 시공자의 일이 되기 때문에 생각 없이 하면 콘크리트가 들어가지 않는 경우가 있다. 사진 6은 보의 상부근이 2단 배근이 되어 콘크리트가 분리되기 쉽기때문에 위에서 흘려넣기어려워 측면에서 흘려보내는 금형을 만든 것이다.

123 콘크리트의 양생불량

콘크리트에 충분한 자연건조시간 없이 방수성의 도료를 칠하면 사진 1과 같은 부조합이 발생한다. 품질을 생각하지 않고 서둘러 시공을 하면 재시공이 되어 결국 비싸게 소요된다. 또한, 콘크리트 타설 때에는 주변과 아래층에도 주의를 주지 않으면 안 된다.

1 콘크리트가 마르지 않은 동안에 도료방수를 하였기 때문에 콘크리트 속의 수분이 증발해 팽창하여 기포가 크게 일어났다.

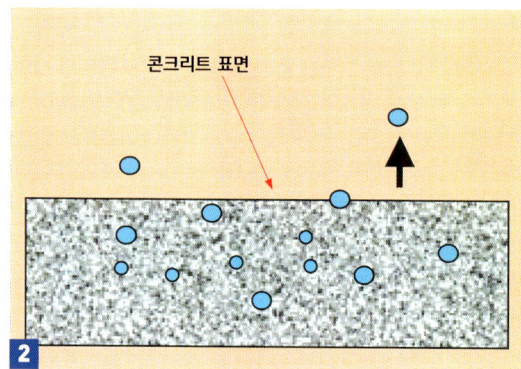

2 콘크리트 속의 수분이 위의 그림과 같이 증발해 가는 것을 도막방수가 막기 때문에 사진 1과 같이 된다.

3 상층의 콘크리트가 아래층의 바닥에 떨어져 그대로 굳은 것

4 아스팔트방수노출공법의 위에 일부 콘크리트를 타설하였으나 그 슬러지가 방수층 위에 흘러나와 사진과 같은 보기 싫은 상태가 되었다. 제거는 어렵다.

5 콘크리트의 살수양생을 스프링클러를 사용하여 실시하였으나, 침수에 의해 바닥이 오염되었다.

6 방수 누름콘크리트의 위에 철근을 배치하면 사진과 같이 녹이 표면에 스며들어 없애기가 힘들다.

124 우천 시의 콘크리트 타설

콘크리트 타설하는 날은 이미 정해져 있고, 당일날 비라도 내리면 계획을 변경하기가 그리 쉽지 않는 실정이다. 하지만 비오는 날에 타설하면 빗물이 콘크리트와 섞여(자연가수) 강도저하를 유발하거나 바닥의 표면마감이 깨끗하지 않게 된다. 그 보수에 많은 시간과 비용이 소요 되게 된다. 책임자는 콘크리트 타설 작업을 중지하는 용기와 판단력을 가져야 목적물의 품질확보가 가능하다.

시트로 양생하고 있으나 빗물은 흘러 들어간다.

물이 고인 콘크리트의 표면. 이것은 콘크리트의 안정이 어렵다.

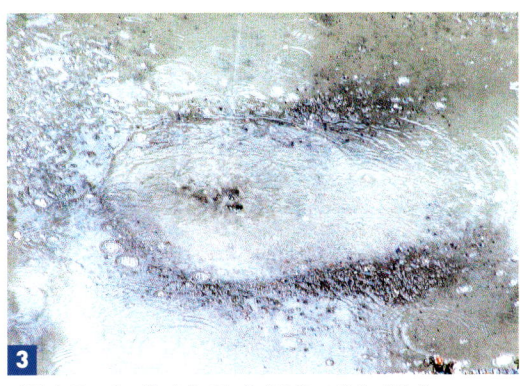
빗물이 콘크리트의 시멘트를 흘려보내 모래가 떠있다.

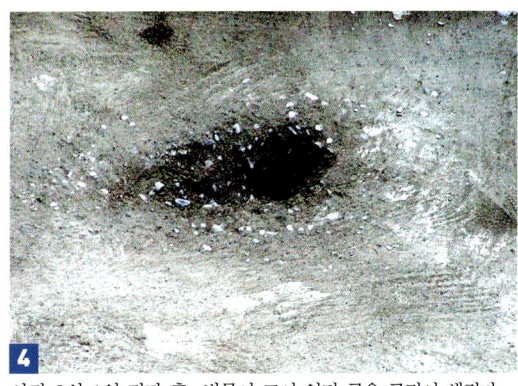
사진 3의 1일 경과 후. 빗물이 고여 있던 곳은 구멍이 생겼다.

비를 맞은 옥상의 방수누름콘크리트. 온도차가 심한 옥상은 보수를 해도 바로 벗겨진다. 일기예보를 이용하여 우천 시 콘크리트 타설은 피해야 한다.

이것은 바닥재를 벗긴 상황이나 바닥에 보수를 하는 부분은 강도가 약하여 바닥재를 벗기면 바닥보수의 모르타르도 같이 벗겨져 버렸다.

125 콘크리트의 이어치기 불량

콘크리트는 1층 분을 한 번에 타설하면 좋겠지만, 타설 수량이 많은 경우 그 외의 조건에 따라 공구별로 타설하지 않으면 안 된다. 그때에는 이어치기를 하나 슬래브에서 실시하게 된다. 일반 슬래브의 이어치기의 실패를 사진 1·2에, 계단부분의 이어치기의 실패를 사진 3에 나타낸다.

철골보에서 슬래브 콘크리트를 이어치고 있다. 콘크리트 막음 거푸집을 사용하고 있으나 통과성이 나빠, 관리된 상황이라고 할 수 없다.

슬래브 단부의 콘크리트가 확실히 다짐되어 있지 않다. 여기에 다음을 타설해도 슬릿의 틈새에 콘크리트가 충전되지 않기 때문에 강도부족이 된다.

이것은 계단의 안쪽 올림부분의 굽은 부분이다. 철근이 보이고 톱밥이 모여 있어 관리되고 있지 않은 상황을 한눈에 파악할 수 있다.

사진 3의 원인. 계단의 올림 위치를 결정하지 않은 채로 콘크리트를 타설하였기 때문에 철근이 늘어난 상태이다. 이 철근을 현장 굽힘하기 때문에 돌출길이가 정해지지는 않다.

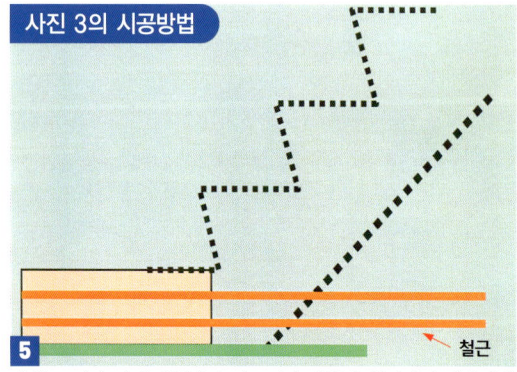

위의 그림과 같이 철근을 늘여뜨리기 때문에 현장에서 깨끗하게 굽혀지지 않는다. 또한 쓰레기도 쌓이기 쉽다.

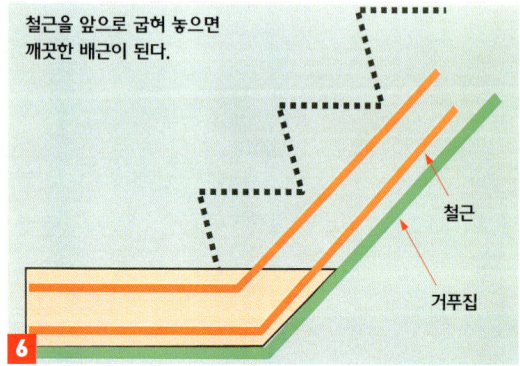

위의 그림과 같이 거푸집의 굽힌 위치를 결정하면 철근을 먼저 가공한 것을 사용할 수 있고, 피복이 있는 양질의 작업이 확보되면서 쓰레기도 쌓이기가 어렵게 된다.

126 콘크리트의 타설 불량

개수공사로 콘크리트를 제거하면 매우 불량한 콘크리트를 발견하는 경우가 있다. 잘 살펴보면 아래와 같은 원인인데 타설개소 이외에는 콘크리트를 흘리지 않도록 엄격한 관리를 하지 않으면 사진 1과 같은 콘크리트가 되어 버린다. 배관 내 콘크리트를 흘리지 않기 위한 용기(미장공의 붓솔) 등을 준비해야 한다.

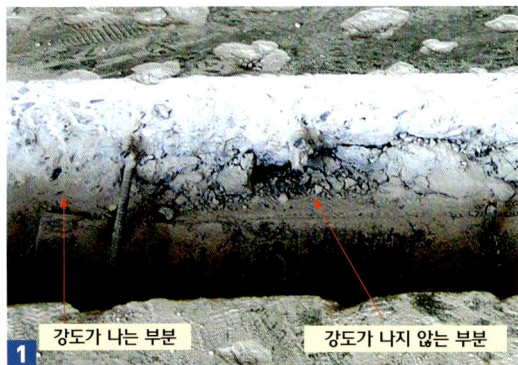

슬래브를 벗겨낸 부분. 타설 시에 흘러서 굳은 콘크리트의 위에 슬래브 콘크리트를 타설하였기 때문에 그 부분의 다짐이 불충분하여 벗겨내면 엉망이 되어 부서졌다.

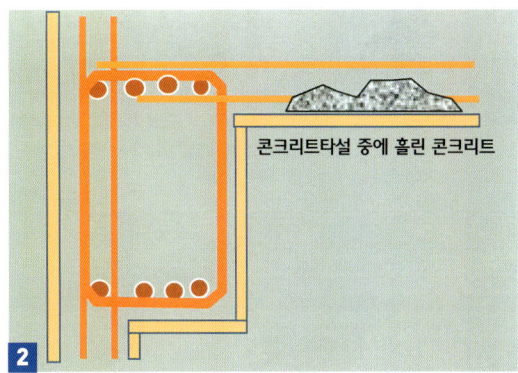

위의 그림과 같이 흘린 콘크리트가 슬래브의 강도를 약하게 한다.

이와 같이 콘크리트 배관 변경 시에 배관 속의 콘크리트를 떨어뜨리면 다짐이 되지 않은 채로 굳어져 다음의 콘크리트가 타설된다.

한번 타설한 후에 콘크리트가 안정되면 철근 모양으로 콘크리트가 조금씩 내려 앉는다. 그때 면갈기를 하면 경화된 품질 좋은 콘크리트가 된다.

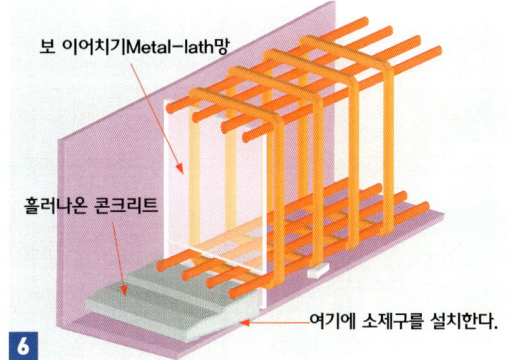

대들보의 이어치기 부분에 메탈라스망을 콘크리트의 흐름을 막기 위해 메탈라스망을 넣어 시공했지만 틈새에서 콘크리트가 흘러나왔다. 그것을 제거하지 않고 다음의 콘크리트를 타설하기 때문에 콘크리트가 일체화 하지 않고 앞의 흘러나온 콘크리트가 박리·낙하하였다. 대들보의 아래는 보기 어려우므로 이어치기 부분에는 소제구를 달아 놓아야 한다.

127 콜드조인트

사진 1은 타설 후의 외부벽이다. 여름에 콘크리트 믹서차량이 도중에 운반이 늦어진 것인지 중단된 것인지 콜드 조인트가 많이 생겨났다. 콜드 조인트의 방지는 [돌려치기 시간]과 [이전 콘크리트와의 섞는 방법]의 두 가지가 관리 포인트이다. 미리 타설계획을 세워 확실한 콘크리트를 타설해야겠다.

콜드조인트 1은 수평에 가까운 경사로 틈새가 적어 다짐은 실시한 듯하나 두번째 타설된 콘크리트는 타설 후의 다짐이 실시되지 않았다. 그렇지 않다면 콜드조인트 2와 같이 확연한 경사가 생길 리가 없다. 세번째의 타설 시에도 전의 콘크리트와 섞으려는 노력을 하지않고 있다. (아니면 시간이 너무 지났을지도)

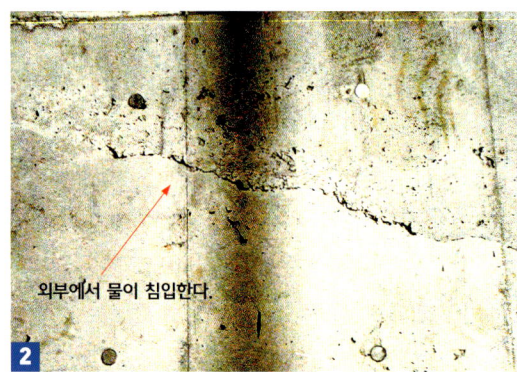

이것도 하부의 콘크리트의 다짐이 불충분해서 심한 경사가 져있다. 위와 아래의 콘크리트가 일체화되지 않았다.

흘려 보내버리기만한 콘크리트. 여기에 타이밍을 맞추어 바이브레이터로 다짐을 실시한다.

경화되기 전에 새로운 콘크리트를 타설하여 앞의 콘크리트와 충분히 섞이도록 바이브레이터로 다짐하는 것이 필요하다.

실패방지 포인트 7

콜드조인트를 없애기 위해서는 앞서 타설한 콘크리트가 굳기 전에 다음 콘크리트를 타설하지 않으면 안 되나 그것을 확인하기 위해서는 예전부터 사용해 오던 대나무 봉이 최적이다. 이 대나무 봉을 이용하여 콘크리트 경화상태를 느낄 수 있다. 또한 조강콘크리트는 경화가 빠르므로 콜드조인트가 발생하기 쉬우므로 주의해야 한다.

굳지 않은 콘크리트를 운반하는 차량의 이동대수는 충분히 수배가능한지 여부를 반드시 확인한다. 추석·설과 같은 명절 전에는 콘크리트타설이 많으므로 작업 일정을 해야 한다.

128 구조체 손상

해체·개수공사를 하다보면 설비배관을 통과시키기 위해 보나 또는 마루슬래브의 콘크리트가 벗겨진 상태를 볼 수 있다. 때로는 철근을 절단하는 경우도 있다. 혹시 커다란 지진이라도 발생한다면 건물의 파괴로 이어질 수 있다. 설계자나 시공자가 설비의 상세를 생각하지 못하고 현장에 맡기기만 하여 문제의 소지가 되는 것 같다.

1
지하철 플랫홈에서 본 것이다. 보 아래를 벗겨내어 배수관을 통과시킨 흔적이 보인다. 공공공사에서도 이러한 일이 일어나는 것이 실제 현상이다.

2
이것도 보 철근이 보이고 있다. 스터럽이 보이지 않는 것은 절단된 것인가.

3
이것은 무엇을 위해 보 아래를 벗겨내었는지가 불명확하지만 보의 주근이 보이지 않는다.

4
강화유리벽의 플로어힌지를 묻기 위해 바닥을 벗겨내고 있다. 이러한 장소는 미리 보강근을 넣어 두는 것이 필요하다.

5
전기배선이나 덕트를 위해 슬래브에 구멍을 뚫어 놓았다. 슬래브가 낙하하지 않도록 보강검토를 하지 않으면 안 된다.

6
슬래브 주근방향에 커다란 개구부가 있어 남겨진 주근은 적다.

129 외벽콘크리트의 수축균열에 의한 누수

콘크리트는 경화할 때에 수축하여 약한 부분에 균열이 발생한다. 이 균열은 대다수의 경우 내부로의 누수를 동반하기 때문에 확실한 균열유도이음계획이 필요하다. 최근 디자인만을 중시하고 어떤 대책도 하지 않은 채 시공하여 누수로 이어지는 사례가 많다.

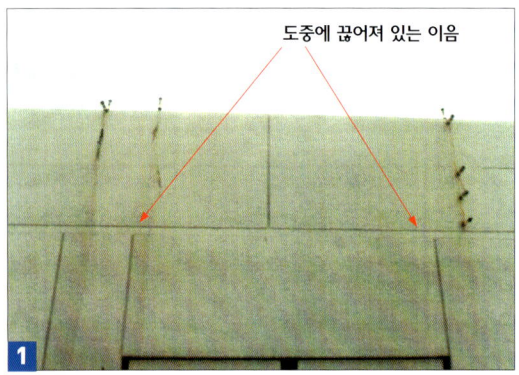

1 균열유발의 수직이음이 도중에 끊어져 있으나 균열은 급하게 휘지 않는다. 끊어져서 누수된 경우에 주입보강을 하고 있다.

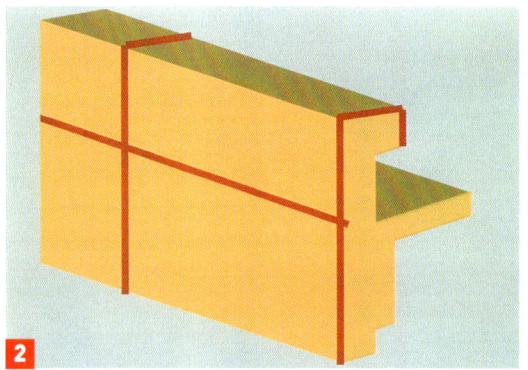

2 균열유도이음은 위와 같이 파라펫 뒷부분까지 연장한다.

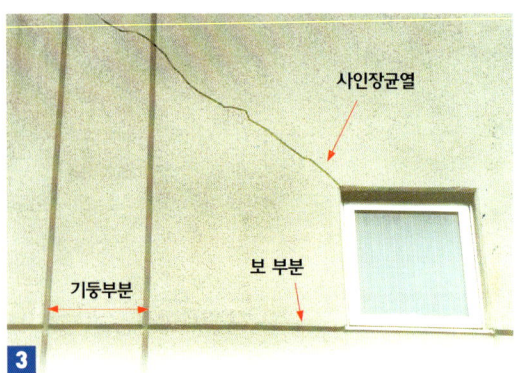

3 계단실의 외부 사진이나 창의 좌상부에서 기둥 쪽으로 사인장균열이 발생하였다.

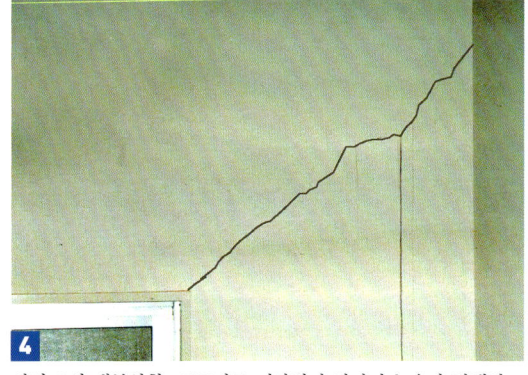

4 사진 3의 내부상황. 모르타르 미장벽이 갈라져 누수가 발생하고 있다. 외벽에 발판을 걸고, 컷터삽입, 씰, 도장 등 고액의 비용이 들었다.

5 이 건물은 수직이음부분은 커녕 수평이어치기 이음도 없기 때문에 균열이 많이 발생하였다.

6 사진 5의 내부에 누수 되고 있는 상황. 이 건축을 실시할 때 설계자 중 시공자가 한 사람이라도 확실한 기술을 가진 사람이 있었다면 이렇게 되지 않았다.

130 외벽균열 유발 이음 설계오류에 의한 누수

건물 외벽에 갈라짐이 생겨 보기 싫은 상태가 되어있는 경우가 많이 눈에 띈다. 유발이음의 설계가 되어 있다면 거의 방지되었던 오류이다. 장래시공에 불필요한 지출을 하지 않기 위해 설계자·시공자는 주의를 하지 않으면 안 된다.

균열유발이음이 하나도 시공되지 않았다. 횡방향의 균열은 수평이어치기부분, 종방향의 균열은 벽이나 기둥부분에 적나라하게 발생하고 있다.

모르타르로 보수했던 것이나 거북등 모양처럼 갈라져 있다. 또한 수평이어치기 부분, 벽의 수직부분에 균열이 발생하였다.

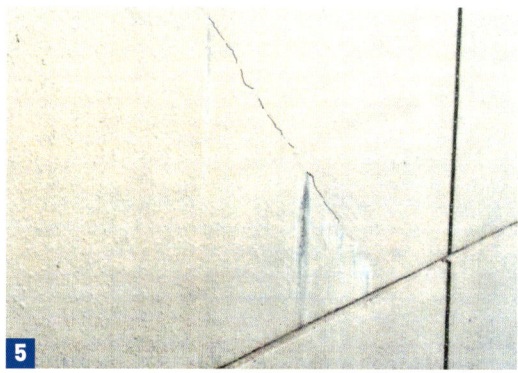

최상부의 입상이어치기부분에 균열이 발생하고 있다. 그림 4에서 이 원인을 나타낸다.

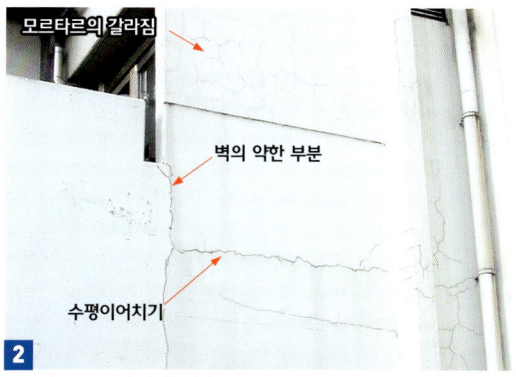

입상이 적기 때문에 철근의 정착이 적어 강도가 작다. 또한 누름콘크리트에 신축이음이 없으므로 벽에 힘이 걸려 균열이 발생한다.

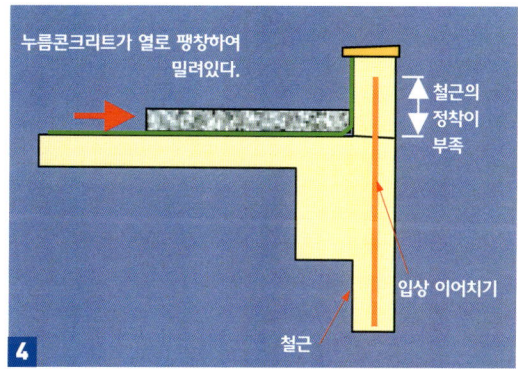

횡으로 긴 건물은 단부에 역八자의 균열이 발생하기 쉬우므로 그 직각방향으로 보강근을 넣지 않으면 안 된다.

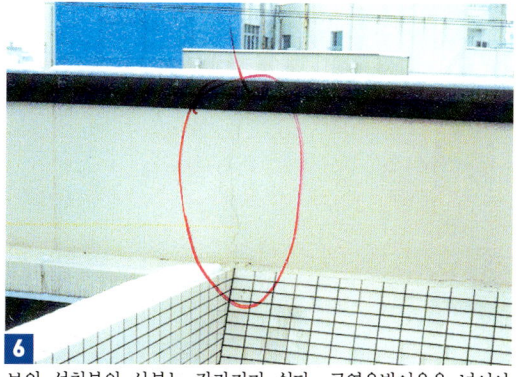

보의 설치부의 상부는 갈라지기 쉽다. 균열유발이음을 넣어야 할 장소이다.

131 측벽·기초의 균열

균열에는 반드시 원인이있다. 시공에 들어가기 전에 이러한 현상을 추측하여 대책을 취하는 능력을 갖추지 않으면 이 실패는 반복된다. 설계도에는 이러한 대책이 포함되어 있지 않은 것이 현실이다.

 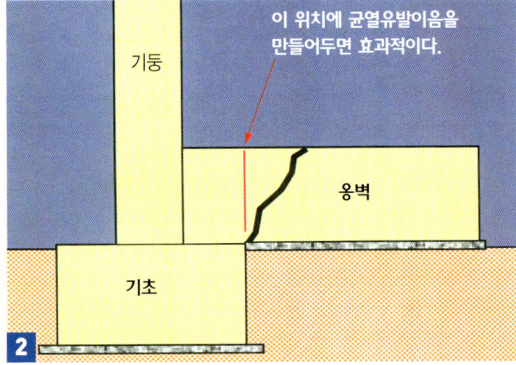

사진 1은 집합주택 1층 부분의 옹벽으로 커다란 균열이 발생해 있다. 과거의 많은 사례로 원인은 그림 2와 같이 기초의 단부 상부에 위치하고 있기 때문이다. 대책으로 그림 2의 빨간선 위치에 균열 유발이음을 넣어두면 효과적이다.

 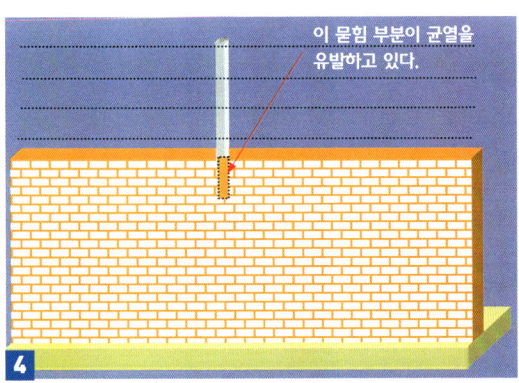

긴 옹벽이나 익스펜션조인트가 들어있지 않다. 지주를 설치한 경우나 단면결손이 되어 균열을 유발하고 말았다. 상부 강선에도 커다란 장력이 걸려 그것도 균열을 크게 하는 원인이 되었다. 벽의 단면결손이 없도록 지주를 설치하지 않도록 해야 한다.

 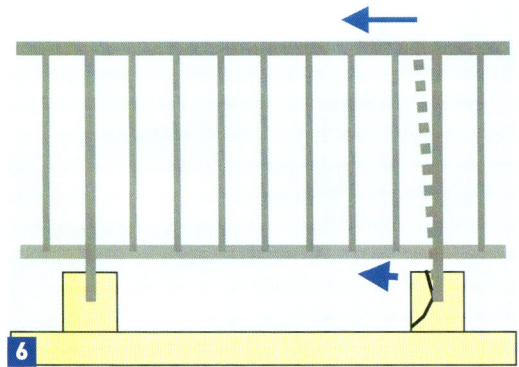

난간의 온도수축에 의해 그림 6에 나타내는 바와 같이 기초의 커다란 힘이 작용하여 균열이 발생하였다. 기초의 배근이 확실하지 않았기 때문이다. 난간의 익스펜션조인트가 계획되어 있다면 이러한 커다란 힘이 작용하지는 않았을 것이다.

132 외벽마감 실패

사진 1은 곡면외벽의 뿜칠마감을 하고 자체검사에 합격하여 발판을 해체한 것이다. 그러나 다음날 떨어진 장소에서 보았을 때 거푸집 패널의 조인트 부분이 확연히 보이고 있었다. 또한, 외벽뿜칠마감재가 겹쳐 칠한 부분이 검은 선이 되어 보이고 있었다. 결국, 다시 발판을 걸어 재시공을 하였다. 어느 정도까지 정밀도를 낼지의 전략이 없다면 시간과 비용을 낭비하고 만다.

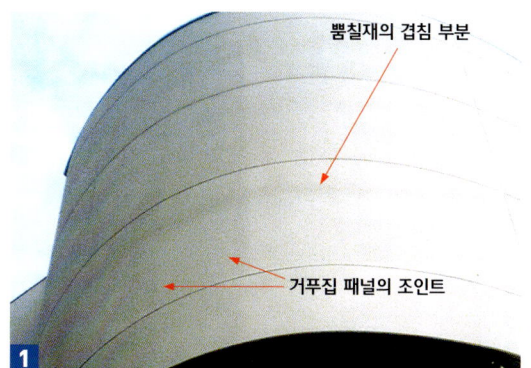

1 기울어서 빛이 닿으면 거푸집 패널의 연결부가 드러나 보인다.

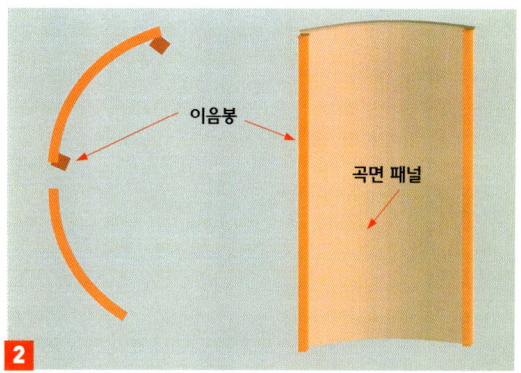

2 디자인은 바뀌나, 패널나눔을 하여 패널조인트에 이음을 넣으면 깨끗하게 마감된다.

3 한 줄의 이음을 넣어 명암을 가함에 따라 조인트가 눈에 띄지 않게 된다.

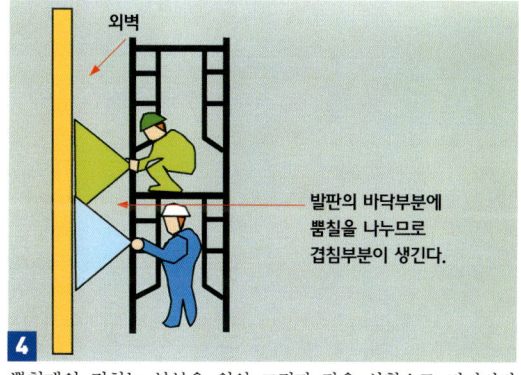

4 뿜칠재의 겹치는 부분은 위의 그림과 같은 상황으로 되어버린다. 이것은 발판의 위에서 검사해도 발견하기 어려우므로 주의가 필요하다.

5 뿜칠마감 시에 벽측에 가새가 있으면 뿜칠찌꺼기가 생기기 쉬우므로 시공자와 발판계획을 맞추어야 한다.

6 발판에는 무너짐 방지의 벽을 이을 필요가 있으나 발판해체 시에 제거한 부분을 눈에 띄지 않도록 보수하지 않으면 안 된다. 실패하면 위의 사진과 같아진다.

133 바닥의 균열과 원인

바닥의 구조적인 균열은 슬래브의 붕괴에 다다를 우려가 있다. 재령이 오래되지 않은 콘크리트에 커다란 하중을 부여하면 안된다. 특히 데크를 사용하는 경우에는 주의가 필요하다. 또한, 보드는 사진 6과 같이 쌓아놓으면 제한하중을 넘지않도록 충분한 고려를 하지 않으면 안된다.

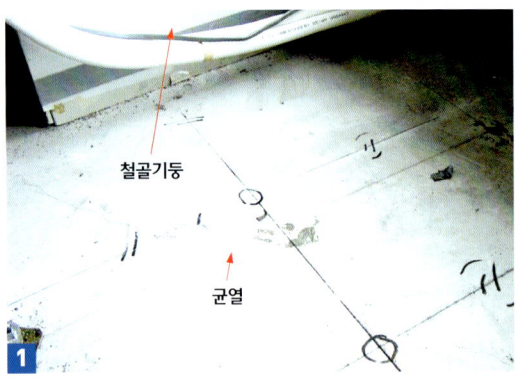

1 합성바닥판의 기둥 주변에 균열방지 보강철근이 들어있지 않으므로 거의 모든 기둥의 주변에 이러한 균열이 발생하고 있다.

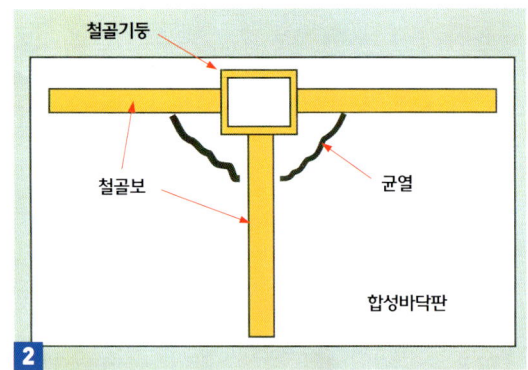

2 위의 그림과 같은 부분에 균열이 생겼다. 균열과 직각방향의 보강철근이 유효하다.

3 바닥의 마감재를 바른 다음에도 균열이 진행하고 있다. 재령이 오래되지 않은 콘크리트에 하중을 부여하면 이렇게 된다.

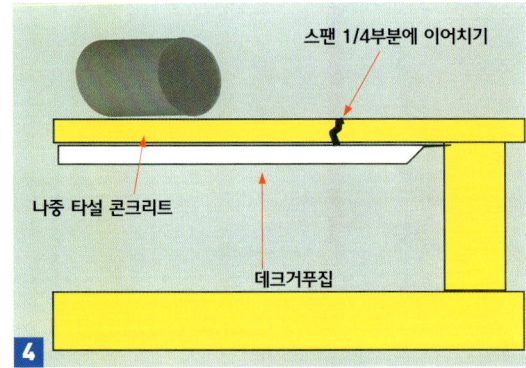

4 위의 그림과 같이 이어치기를 하여 나중 타설 콘크리트가 재령이 많지 않은 사이에 철근 등을 올려놓으면 지보공이 없으므로 휘어 철근이 부착력이 없어진다.

5 슬래브 하부근을 따라 균열이 발생하고 있다. 하부근의 피복이 두께가 부족하거나 콘크리트 타설 시에 확실한 다짐을 하지 않았다.

6 보드를 너무 많이 쌓으면 바닥을 상하게 한다.

134 기초(토대)에 의한 균열

준공 후에 균열이 발생하여 크레임이 있었던 상황과 그 원인을 나타낸다. 사진 1은 바깥 구조의 포장타일에 균열이 발생한 것이다. 애써 타일분할 도면을 작성하여도 그 아래 기초(토대)의 상황을 반영시키지 않으면 실패할 수 밖에 없다.

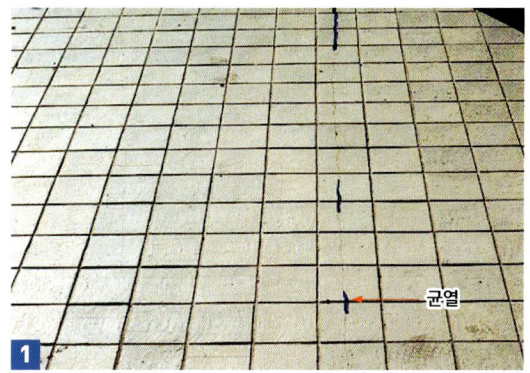
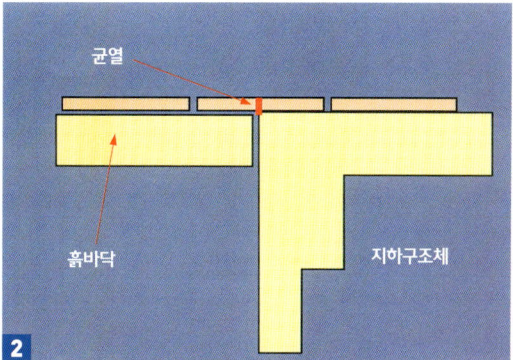

외벽구조 타일을 설치한 곳에 균열이 생겼다. 원인은 그림 2에 나타내는 바와 같이 구조체와 흙바닥과의 움직임이 다르기 때문이다. 이 사이에 팽창이음을 설치해야 한다.

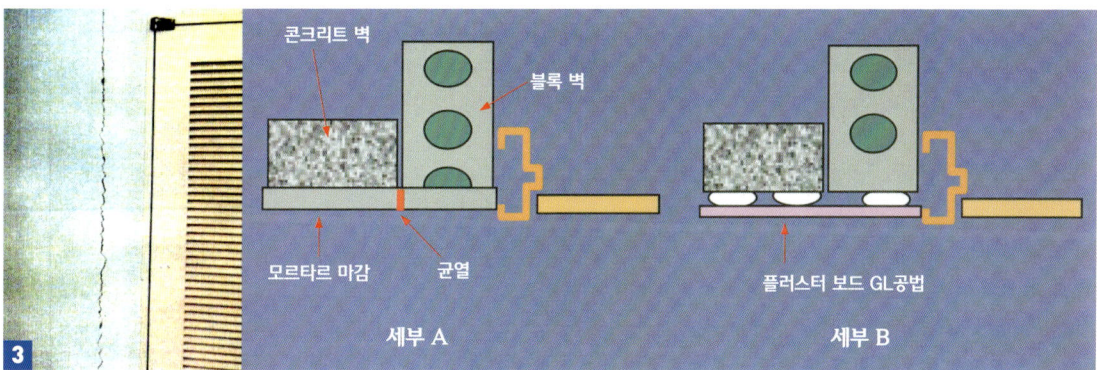

왼쪽의 사진은 벽에 수직으로 균열이 발생한 것이다. 조사해 본 결과 위의 그림 세부 A와 같이 콘크리트와 블록의 대지에 몰탈마감하여 벽에 개폐충격과 진동이 더해져 균열이 발생한 것이다. 세부 B와 같이 마감하면 균열이 발생하지 않았다.

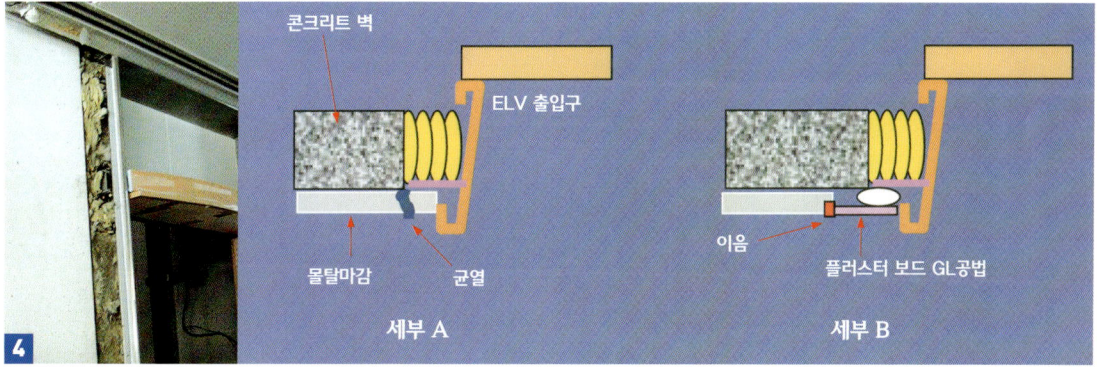

엘리베이터 출입구 거푸집 주변의 마감을 세부 A와 같이 모르타르로 균열한 상황. 균열이 발생. 그 후 세부 B와 같이 대책을 세웠다.

135 지반면보다 낮은 부분의 누수(1)

그림 1과 같이 지반면보다 조금 내려가 있는 부분은 방수를 하기 쉽다. 시공되지 않은 부분은 사진 2와 같이 누수가 일어나고 만다. 설계단계에서 주변의 높이가 설정되지 않은 경우가 있으므로 반드시 확인이 필요하다.

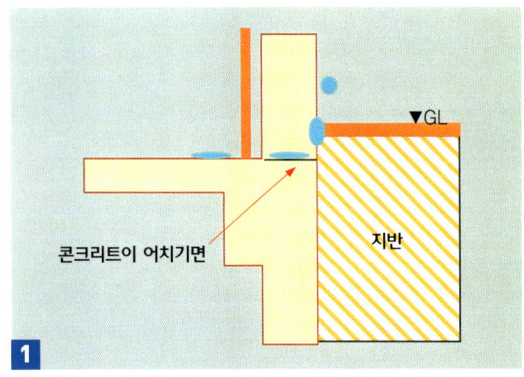

1 지반면보다 조금 내려간 바닥에 콘크리트 이어치기면을 통해 물이 스며들었다.

2 그림 1의 실제 상황. 콘크리트의 이어치기면을 통과하여 콘크리트의 성분이 하얗게 용출되어 바닥을 더럽히고 있다.

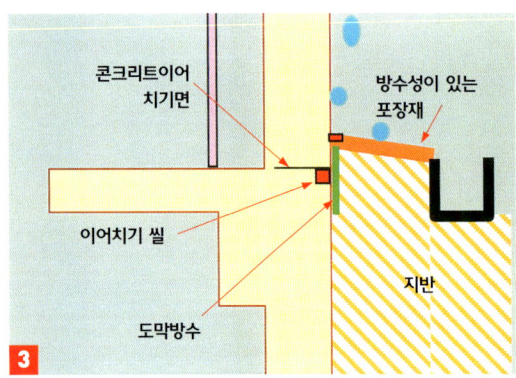

3 위의 그림과 같은 구성으로 하는 것을 통해 누수를 막는 대책을 세웠다.

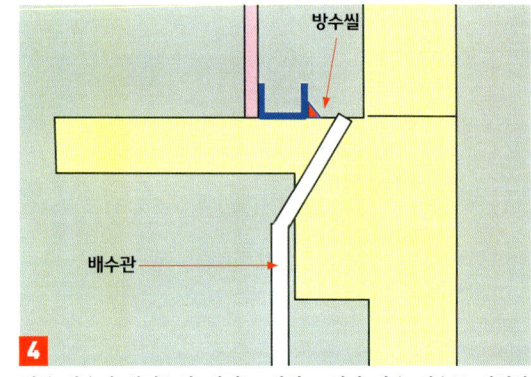

4 외부 방수가 불가능할 때에는 위의 그림과 같은 배수를 설치하는 방법이 있다. 경량철골바닥의 런너와 바닥콘크리트 사이에 씰을 설치한다.

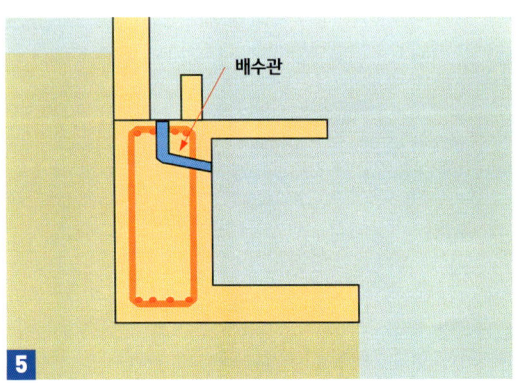

5 지하벽의 방수는 어려우므로 위의 그림과 같이 이중벽으로 하여 마감하는 일이 많다. 그러나 배수관이 좁으면 백화에 의해 막히므로 주의해야한다.

6 누수가 발생한 경우 완전히 지수를 하는 것이 조건적으로 어려운 경우에는 이렇게 통을 설치하여 배수하는 방법이 있다.

136 지반면보다 낮은 부분의 누수(2)

사진 1과 2는 같은 장소를 지하수위가 낮은 시기(8월)와 지하수위가 높은 시기(12월)에 촬영한 사진이다. 이러한 부분의 처리가 어려운 것은 물이 가장 통과하기 쉬운 길이 생기고 그 부분에 지수처리를 해도 다음으로 약한 부분에서 누수가 되기 때문이다.

1 지하외벽의 세퍼레이터부분에서 누수가 되고 있다. 세퍼레이터에 지수용 고무가 들어있는지는 불확실하다.

2 사진 1과 같은 곳을 수위가 높은 12월에 촬영한 것. 세퍼레이터에 포함되어 있는 성분이 녹아서 흐르고 있다.

3 세퍼레이터의 중간에 지수고무를 넣어서 지수효과를 올리고 있으나 거푸집 해체를 서두르면 세퍼레이터가 느슨해져 누수가 되기 쉽다. 양생기간을 확실히 지켜야 한다.

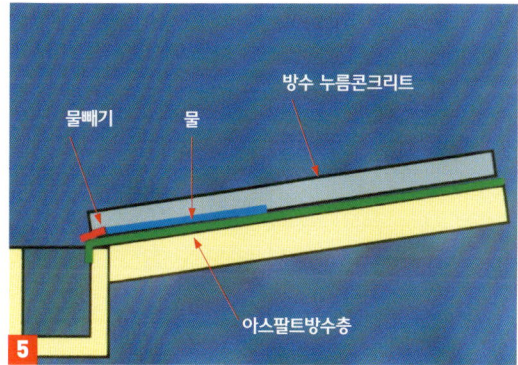

4 지하주차장으로 들어가는 슬로프나 아스팔트방수층과 누름콘크리트 사이를 흐르는 물이 콘크리트 표면에 맺혀있다.

5 위의 그림과 같이 고인 물이 콘크리트 표면에 맺혀있다. 물빼기 구멍을 설치하면 방지 가능하다.

137 강관콘크리트기둥(CFT기둥)

강관기둥 속에 고강도·고유동콘크리트를 충전하는 강관콘크리트기둥의 시공이 증가하고 있다. 강관안에 콘크리트가 있기 때문에 내화성능이 우수하여 검사에 따라 내화피복을 없앤 사례도 있다. 하나의 예로서 시공실례를 들어본다.

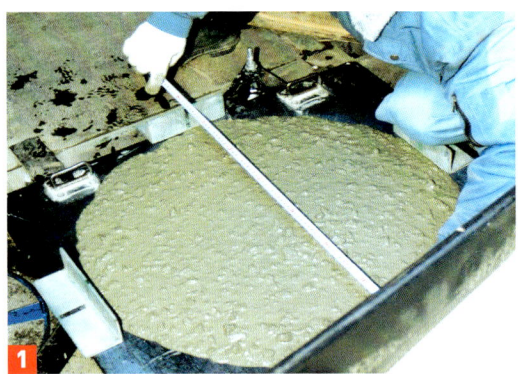

1 플로우치 60cm, 강도 35N/mm²의 점도가 있는 콘크리트를 강관기둥 속에 압입한다. 현장 도착시점에서 정확히 좋은 플로치가 되도록 조정을 한다.

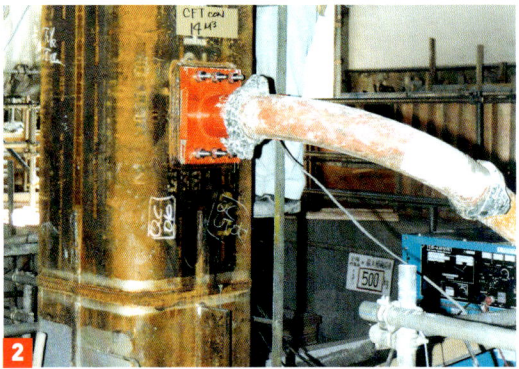

2 콘크리트 압송파이프를 철골에 볼트 결속한 펌프에 설치하여 타설하고 있는 상황. 기둥 하나 타설분의 굳지 않은 콘크리트 차량이 늦지 않도록 배치해 놓는다.

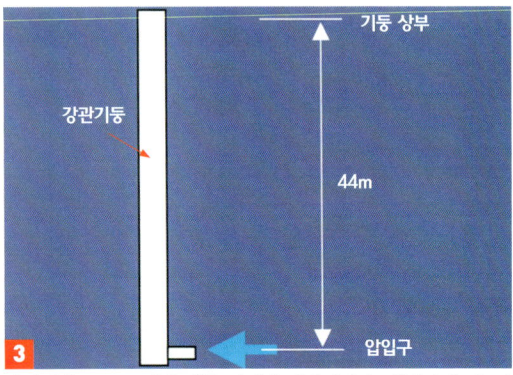

3 여기에서는 44m의 높이를 한번에 타설하였다. 실패하면 안 되므로 세심히 배려하여 계획한다.

4 2심의 강관기둥의 다이어그램부분을 압입된 콘크리트가 올라와 있는 부분. 플로치가 작으면 이 부분에서 막혀버린다.

5 왼쪽의 사진은 물빼기 구멍에서 불필요한 수분이 나오고 있는 상황. 오른쪽은 물이 빠진 후이다. 콘크리트가 압력으로 나오지 않도록 발포스티로폼으로 메우고 있다.

6 기둥 상부의 공기빼기 겸용 콘크리트 확인구. 오른쪽의 사진에서는 콘크리트가 올라와 있다.

[9] 철골공사

138. 철골기둥의 전도
139. 철골앵커볼트의 정밀도 불량(1)
140. 철골앵커볼트의 정밀도 불량(2)
141. 철골앵커볼트의 정밀도 불량(3)
142. 철골앵커볼트와 기둥 주근의 선조립
143. 철골 베이스 모르타르의 실패
144. 철골기둥의 기울기·파괴
145. 고력볼트의 관리
146. 철골의 용접 실패
147. 나중에 박는 철골앵커볼트의 실패
148. 앵커볼트의 불량 대책
149. 철골보와 설비배관의 루트(1)
150. 철골보와 설비배관의 루트(2)
151. 철골보와 설비배관 루트(3)
152. 철골과 설비의 조정부족
153. 철골이 마감에 간섭
154. 에스컬레이터 주변의 철골
155. 엘리베이터 주변의 철골
156. 엘리베이터 기계실 주변의 철골
157. 설비샤프트와 철골보 위치
158. 데크플레이트 실패
159. 철골의 내화피복 순서
160. 철골의 내화피복재 종류
161. 구조철골과 창호 등의 고정을 위한 내화피복 벗겨내기
162. 철골 내화피복의 관리점
163. 철근 선조립

138 철골기둥의 전도

시간을 들여서 제작한 철골기둥을 일렉션할 때 전도되는 사고가 발생하였다. 처음에 넘어진 기둥에는 전도한 방향에 대항하는 와이어가 설치되어 있지 않았다. 원인을 조사해 본 결과 어떤 문제가 드러났다.

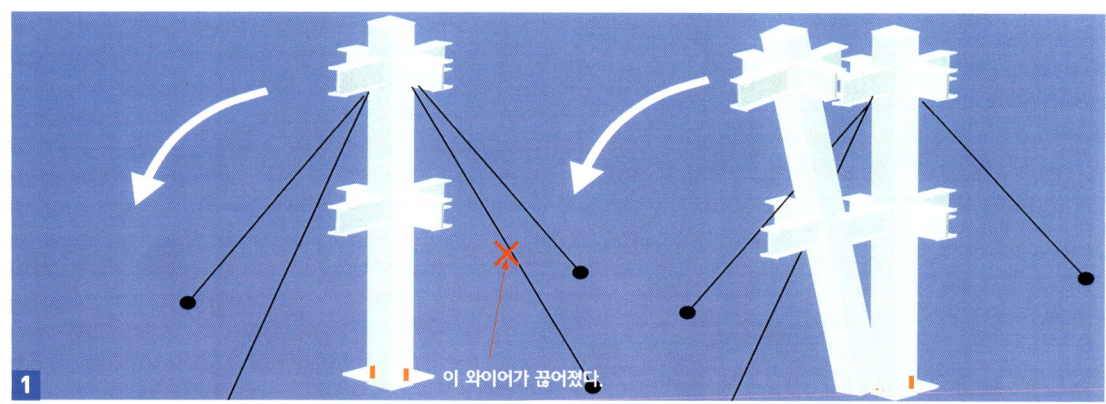

높이 12m의 철골기둥 한 개가 넘어져 9m 떨어진 기둥에 충돌하였는데 그 기둥을 지지하는 와이어를 절단하고 넘어져 또 다른 9m 떨어진 기둥에 충돌하여 합계 3개의 기둥이 모두 전도되었다.

앵커볼트가 부서져버려 너트가 잡아주지 못해 조금 걸려 있는 상태로 되어 있었다.

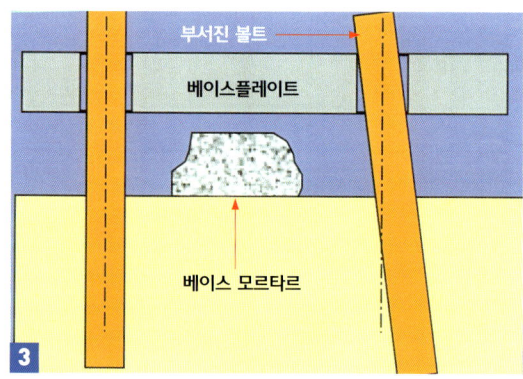

기둥을 세팅하였을 때 기울어 있던 볼트선단의 나사산이 부서져 너트가 돌지 않았다. 앵커볼트를 확인하지 않고 설치했던 것인가?

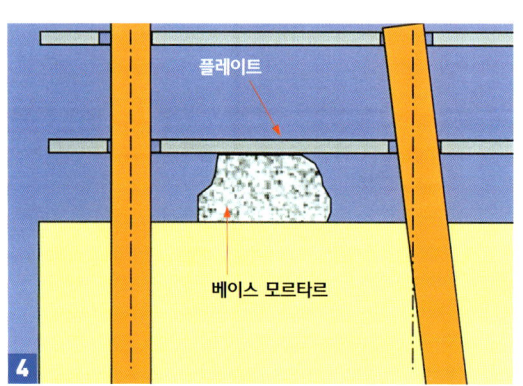

위의 그림과 같이 플레이트로 확인해도 깊이가 없기 때문에 볼트가 닿지 않고 들어가 버려 검사과정에서 빠져나가 버렸다.

위의 사진은 철골전도 시기에서 10년 후에 한 현장의 사진이나 변하지 않고 동일한 실패를 하고 있다. 전혀 대책을 세우지 않고 있다.

139 철골앵커볼트의 정밀도 불량(1)

철골의 앵커볼트의 정밀도를 지키는 것은 매우 중요하나 부조합을 일으키지 않기 위한 방법은 확립되어 있지 않다. 정밀도를 지키기 위해서는 먹줄 긋기 · 철근 · 앵커설치 · 거푸집 · 콘크리트 타설 · 타설 직후의 측량을 각각의 단계에서 주의 깊게 관리하지 않으면 안 된다.

1 깊이가 없는 플레이트로 볼트의 위치를 확인하고 있는 것

2 노력을 들여 미묘하게 굽어 있으나 하나하나의 정밀도가 제각각이다.

3 앵커볼트가 너무 휘어 너트가 베이스 플레이트에 수직으로 접해 있지 않다.

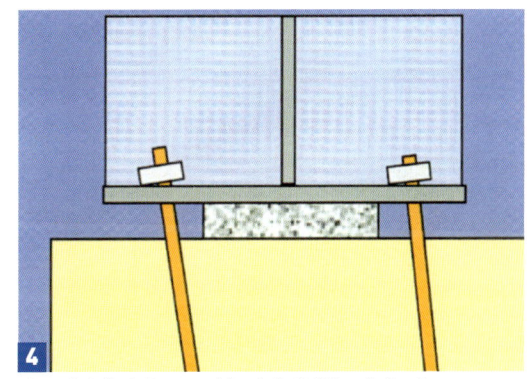

4 왼쪽 사진의 상황도. 무엇을 위해 앵커볼트하였는가?

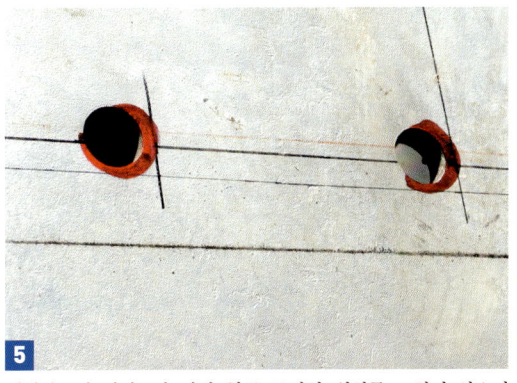

5 앵커볼트의 정밀도가 나빠 철골 구멍의 위치를 고치지 않으면 안 된다. 빨간색으로 칠한 부분이 볼트의 바른 위치이다.

6 기계로 재시공을 위한 구멍을 내고 있다. 정밀도를 확실히 관리하였으면 하지 않아도 되는 작업이었다.

140 철골앵커볼트의 정밀도 불량(2)

정밀도 불량을 커버하기 위해 눈가림식으로 공사를 하면 사진 1과 같은 실패를 반복하게 된다. 또한 그림 2와 같이 볼트 길이가 부족한 것은 논외로 한다. 이렇게 관리능력이 없는 기술자가 건물을 건설하고 있다고 생각하면 두려움을 느낀다. 그림 3·4에 앵커볼트가 휘는 원인을 그림 5·6에 그 대책을 들었다.

1
앵커볼트가 벗어나 있기 때문에 베이스 플레이트의 구멍을 크게 한 것. 이렇게 하면 서로 지탱하지 못해 힘을 견뎌내지 못한다. 하나의 오류가 커다란 오류로 이어진다.

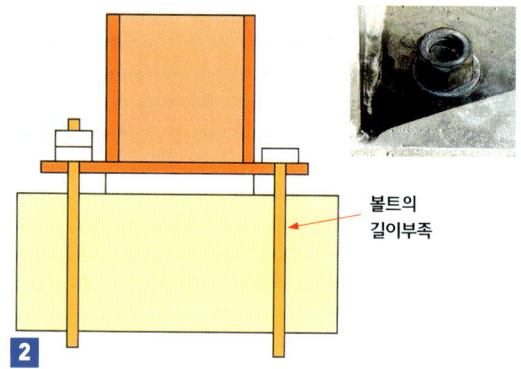

2
이중으로 설치되어야 할 너트였으나 앵커볼트의 길이가 부족하여 너트도 반정도 밖에 걸려있지 않다.

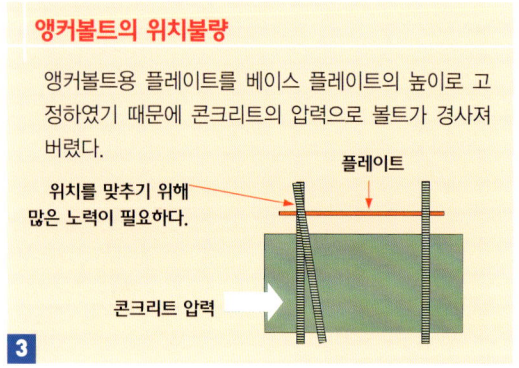

앵커볼트의 위치불량
앵커볼트용 플레이트를 베이스 플레이트의 높이로 고정하였기 때문에 콘크리트의 압력으로 볼트가 경사져 버렸다.

3
위의 그림과 같이 플레이트가 콘크리트보다 높은 위치로 설정되어있어 철근과 콘크리트의 압력으로 앵커볼트가 벗어나 버리는 것이 부조합의 원인이다.

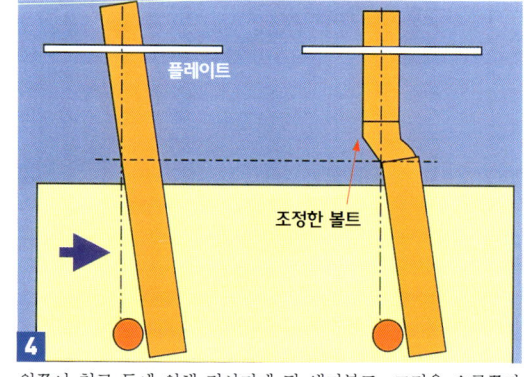

4
왼쪽이 철근 등에 의해 경사지게 된 앵커볼트. 그것을 오른쪽과 같이 많은 노력을 들여 조정해야 한다.

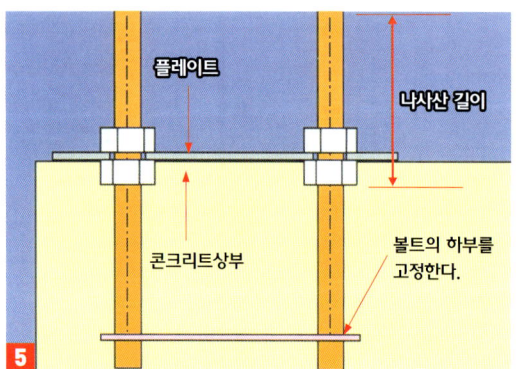

5

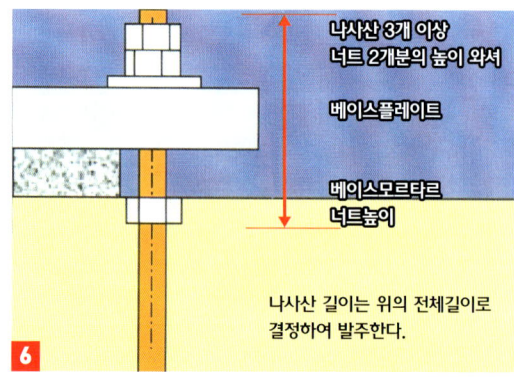

6

대책 : 위의 그림과 같은 상세도를 작성하여 앵커볼트의 나사산길이를 정하여 나사에 꽉 찰 때까지 너트를 조여 놓으면 높이의 실패를 없앨 수 있다. 또한 플레이트의 위치를 콘크리트의 높이로 하되, 여기서 중요한 것은 앵커볼트와 철근과의 맞춤을 정리해 놓아야 한다. 다음 페이지에서 그 점을 설명한다.

141 철골앵커볼트의 정밀도 불량(3)

앵커볼트의 정밀도 확보를 위해서는 철근 마무리의 검토가 빠져서는 안 된다. 그림 1과 3은 대충 공사한 배근의 상황으로 앵커볼트가 굽는 원인을 나타내고 있다. 그림 2나 4와 같이 보 철근이나 기둥철근의 배치를 계획하지 않으면 깨끗한 설치가 되지 않는다.

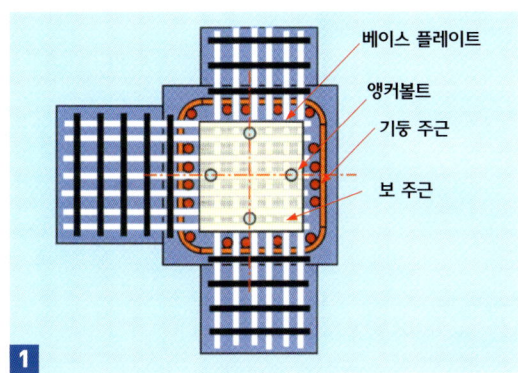

1 하나도 계획하지 않고 철골앵커볼트를 배치한 것. 보의 주근에 닿아 수직으로 세울 만한 상황이 아님. 이것이 앵커볼트가 휘는 원인의 하나이다.

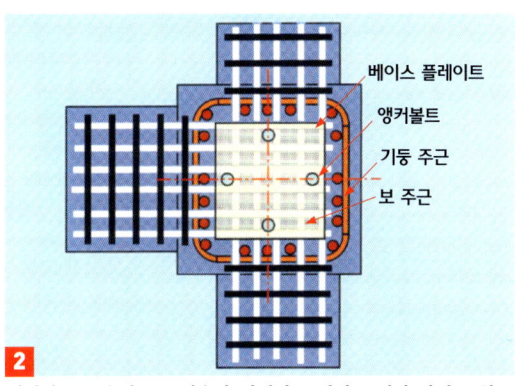

2 앵커볼트를 수직으로 세우기 위해서는 위의 그림과 같이 보철근을 각각 하나씩 아랫단(2단배근)으로 내려 앵커볼트의 영역을 확보해야 한다.

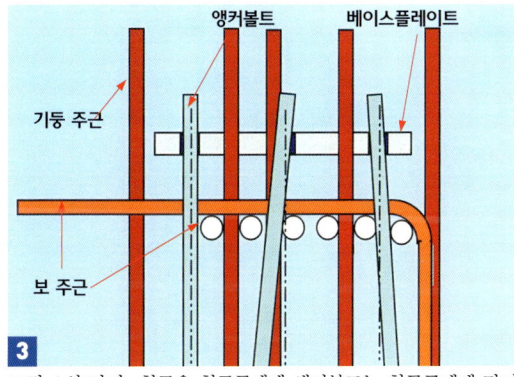

3 그림 1의 단면. 철근은 철근공에게 앵커볼트는 철골공에게 맡기지 않아 계획조정이 되지 않은 것이 원인이다.

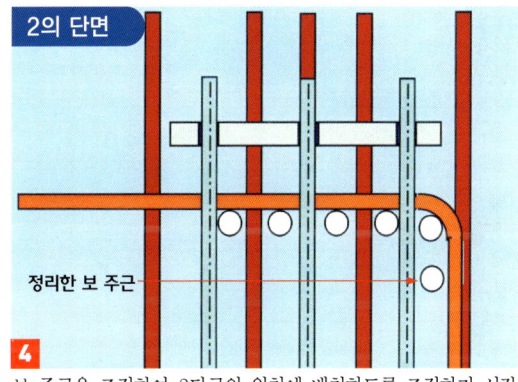

4 보 주근을 조정하여 2단근의 위치에 배치하도록 조정하기 시작하여 앵커볼트를 수직으로 세우는 것이 가능하다.

5 기둥 주근이 방해가 되어 너트를 체결할 수 없다.

실패방지 포인트 8

SRC의 철골기둥을 세울 때, 기둥 주근을 굽혀버리는 경우가 있다. 한번 굽힌 철근을 다시 똑바로 피게 되면 기둥 주근의 강도가 떨어지므로 주의해야겠다. 또한 앵커볼트 전면의 기둥 주근이 간섭하게 되면 너트가 체결되지 않는 일이 있다. 철골건립의 속도를 올리기 위해서는 이러한 일에도 세심한 배려가 필요하다. 배근과 앵커볼트의 상세도면을 작성하여 미리 검토하지 않으면 많은 부조합이 발생한다.

142 철골앵커볼트와 기둥 주근의 선조립

철근과 앵커볼트를 별도의 것으로 생각해서는 정밀도 확보가 불가능하다. 정밀도 확보에는 기둥의 철근을 계획적으로 조립하지 않으면 안 된다. 그 방법으로 성공한 예를 소개한다.

1 내압판의 콘크리트를 타설한 위에 먹줄을 긋고 선조립한 주근과 앵커볼트를 설치하는 방법이다.

2 앵커프레임으로 주근·보 철근과 일체화하여 앵커볼트를 조립해 넣는다. 볼트는 콘크리트가 부착하지 않도록 보호한다.

3 모든 기둥부분의 주근과 철골앵커볼트의 조립도를 작성하여 위의 사진과 같은 선조립용 프레임을 하나하나 만든다.

4 선조립용의 받침을 사용하여 프레임에 기둥 주근을 배치한다.

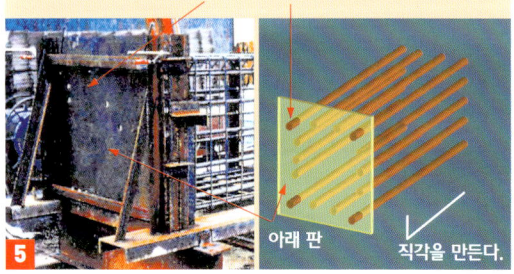

받침의 아랫부분
기둥 주근의 네 방향 모서리에 구멍을 뚫어 5cm 늘린다.

5 받침의 아랫부분. 플레이트로 수직을 만들어 기둥의 네 모서리의 철근만을 늘리듯이 구멍을 뚫어 놓는다.

6 내압판의 위에 배치한 상황. 기둥 철근 네 모서리의 다른 곳보다 나와 있는 철근을, 뚫어 놓은 구멍에 집어넣고 수직으로 세워 에폭시로 고정한다.

143 철골 베이스 모르타르의 실패

철골의 베이스 모르타르 작성에도 전략이 필요하다. 앵커볼트를 다시 설치하는 데에 시간이 걸려 철골세우기 전날에 베이스 모르타르를 시공하게 되는 나쁜 순서가 되지 않도록 해야 한다. 그림 6과 같이 시공한 후에 철골기둥을 세워 철골의 본 연결이 완료되면 베이스 플레이트와의 약간의 틈새를 무수축 모르타르를 주입충전한다.

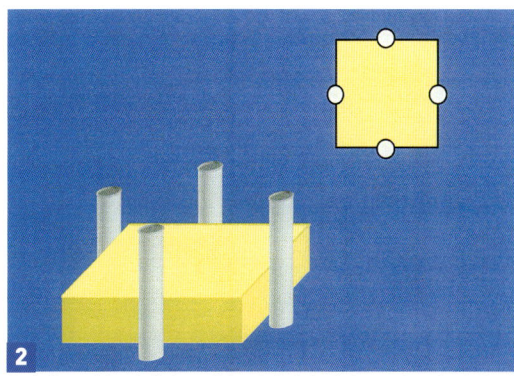

사진 1은 철골 주변의 모르타르가 갈라진 상황이다. 베이스 모르타르는 충격에는 매우 약하다는 것을 인식해야 한다. 그림 2와 같이 베이스 모르타르와 앵커볼트가 접촉해 있으면 철골기둥을 설치할 때에 충격에 의해 갈라지고 만다.

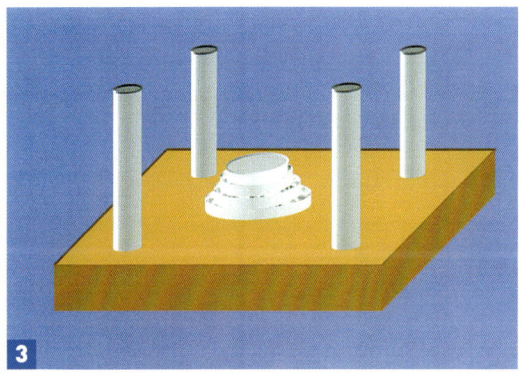

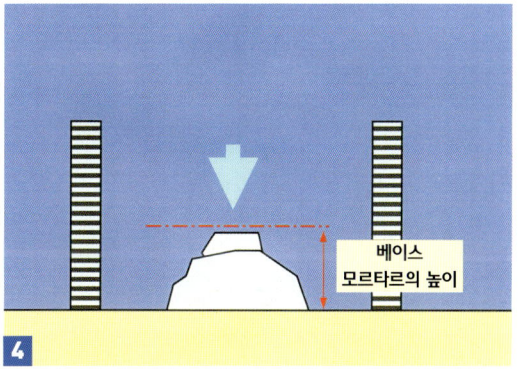

위의 그림과 같이 작은 베이스 모르타르로 한 경우, 철골기둥의 하중에 견뎌내지 못하고 갈라져 기둥이 넘어져 전도하는 일이 있다. 또한 모르타르 시공 후의 양생기간이 적은 경우도 강도부족으로 갈라진다.

위의 그림과 같이 주변의 좌석판 없이 베이스 모르타르를 만들면 경화하였을 때 레벨이 내려가는 경우가 많다. 또한 높이를 5cm로 하면 내려가기 쉽고 갈라지기 쉬우므로 3cm로 계획하는 것이 좋다.

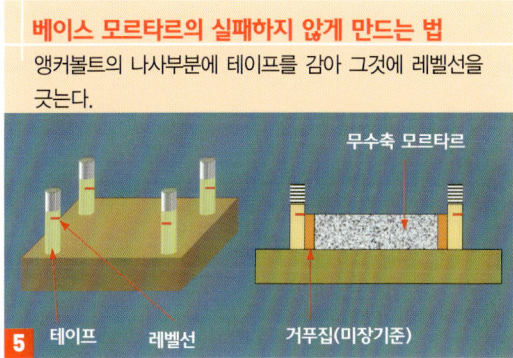

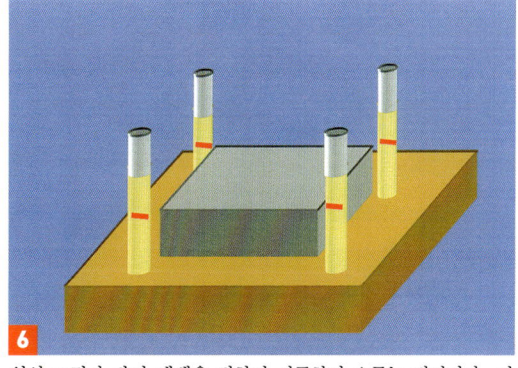

나사에 레벨선을 긋기 위해 테이프를 감아서 마킹한다. 거푸집을 제거하고 나면 앵커볼트와의 사이에 틈이 생기므로 충격을 받지 않는다.

위의 그림과 같이 레벨을 정하여 시공하면 오류는 적어진다. 경화 후의 모르타르 높이는 다시 확인한다.

144 철골기둥의 기울기 · 파괴

철골세우기의 계획에는 충분한 경험과 지식이 필요하다. 철골철근콘크리트조의 철골은 철근과 콘크리트가 일체화하여 처음으로 설계강도가 설정되므로 철골만으로는 그림 1과 같이 세움의 하중조차도 견디지 못하는 경우가 있다. 과거에 이런 사례는 많이 발생하였고, 지금도 반복되고있다. 구조설계자는 가설계획 시까지 생각하지 않으므로 어떠한 세우기 방법을 하는지는 시공자의 책임이 된다.

높이 35m, 12층의 맨션의 철골을 세우는 중에 3층에서 상부가 약 7m가 기울어 일부 볼트가 파괴되었다. 근린주민이 피난하는 소동이 있었다.

왼쪽 철골은 9층 건물이나 이 부재로는 이 정도가 한계이다. 크레인을 설치하거나 가설재를 많이 올려놓으면 그림 1과 같은 위험이 있다. 이러한 환경에서는 전도방지 와이어를 걸기 어렵다. 한 번에 세우는 방법 이외의 방법이 없는 경우에는 설계자의 양해를 구해 철골부재의 부재를 올리는 것도 생각하지 않으면 안 된다.

철골의 부재 양중에 대해서는 견적 이전에 시공계획 속에서 고려해 놓지 않으면 나중에 요구하기는 어렵다. 시공회사는 쉬운 방법을 선택하기만 한다. 확실한 시공계획과 기술력의 제안이 타사와의 차별화를 위해서는 필요하다.

적층공법으로 맨션을 세우고 있는 상황이다. 철골 설치용의 중기가 마지막의 철골세우기까지 배치할 수 있는 환경이라면 콘크리트 타설과 철골 세움을 순차적으로 반복해가는 이 공법은 유효하다.

그림 4와 같이 도리방향의 보가 핀접합인 체육관의 철골 세움 중에 돌풍이 불어 그림 5와 같이 철골이 전도하여 버렸다. 철골은 휘어서, 재제작하였다. 이렇게 머리가 무거운 도리방향의 구속력이 없는 철골은 기둥에 하나씩 전도방지 와이어를 착실하게 결속하지 않으면 안된다.

145 고력볼트의 관리

고력볼트는 철골모재와 슬라이스 플레이트를 강하게 연결하여 그곳에 생기는 마찰력에 의해 각각의 모재를 접속하는 것이다. 처음 결속 후에는 마킹하여 회전이 없음을 확인하지 않으면 안 된다.

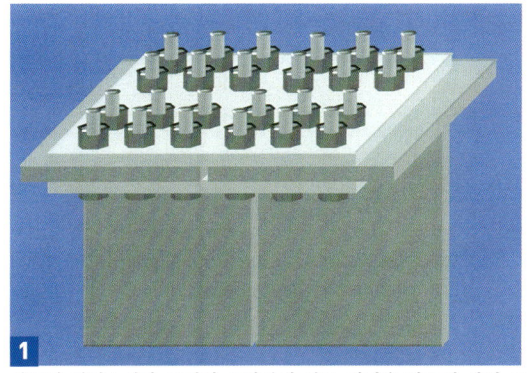

양단이 고정되어 있으므로 슬라이스 플레이트가 떠버린다.

볼트의 연결순서가 틀려서 중앙부의 볼트 연결을 나중에 하면 그림 2와 같이 슬라이스 플레이트의 사이에 틈이 생기게 되어 필요한 마모 저항을 기대할 수 없다. 1차 연결·2차 연결도 중앙에서 연결하여 틈새를 단부로 보내져 버리게 된다.

사진 3은 고력 TC볼트의 1차 연결 후 화이트 마커로 마킹한 부분. 사진 4는 너트를 2차 연결하여 핀테일이 절단된 상황. 되돌아감이 없음을 확인하고 있다면 교체하여 조인다.

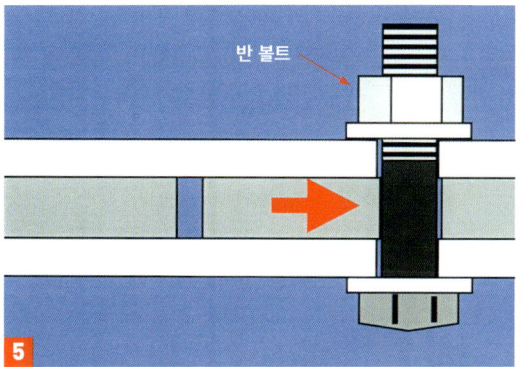

반 볼트

반볼트에는 본 건물에 쓰일 고력볼트를 사용하지 않는다. 철골을 다시 세울 때에 볼트에 전단력이 걸려 본 건물에 쓰일 볼트에 상처를 주게 되기 때문이다.

슬라이스 플레이트에 반볼트(중볼트)의 기름이 부착되면 마찰저항이 없어지므로 기름의 관리를 주의 깊게 해야 한다.

146 철골의 용접 실패

철골의 용접은 기량의 차가 크게 된다. 세라믹 연결재를 사용하므로 한 용접회사의 용접기술자 7명이 기량시험을 하였으나 3번 실시하여 합격자가 나오지 않았다. 용접회사를 바꿔 실시한 결과, 거의가 합격하였다. 합격한 회사는 실패의 피드백 노하우를 풍부하게 가지고 있었다.

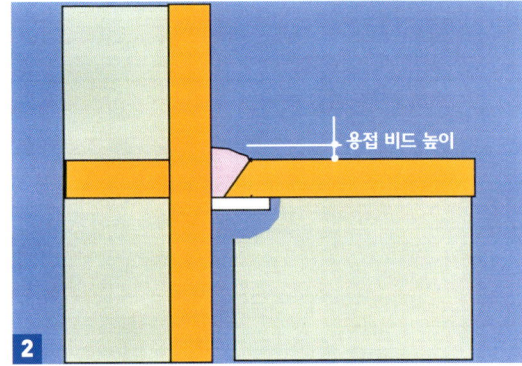

사진 1은 기둥과 보의 플랜지의 용접부나 용접부분의 비드 높이의 부족으로 재용접한 것. 용접을 한 작업원에게 물어본 결과 조금이라도 빨리 끝내기 위해 관리가 부족한 현장에서는 용접량을 최저한도로 하는 경우가 있다고 한다. 우선이 관심이다. 서로가 룰을 확실히 이야기하여 불량일 경우 재시공할 것을 약속해야 한다.

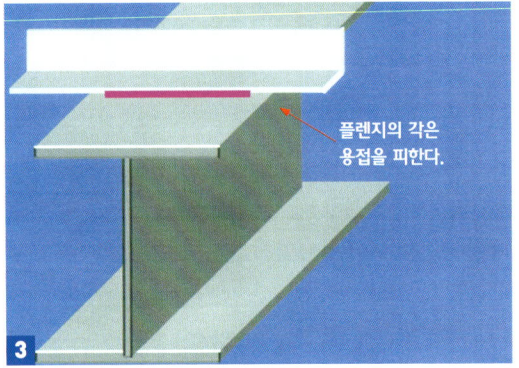

위의 그림과 같이 플랜지에 가설 앵글 등을 용접하는 때에는 응력을 가장 많이 받는 플랜지의 각부분을 피한다.

뒤쪽과 엔터럽에 스틸이 아닌 세라믹을 사용하는 일이 늘고 있으나 기량이 없는 작업자가 행하면 실패가 나기 쉽다.

현장용접

현장용접으로 결함이 생기면 재시공을 해야 한다. 비파괴검사는 용접 종료 후 24시간이상 경과하고 실시하므로 결함이 나온 장소는 그 정도·공정이 늦어진다. 높은 곳에서의 철골용접의 최대적은 바람이다. 확실한 방풍 설비를 준비하여 용접작업이 능률있고 결함이 나오지 않도록 관리하는 것이 현장책임자의 역할이다. 하지만 먼저 작업자세가 좋아지도록 환경을 제공해야 한다.

패스(path)간 온도

용접의 패스간 온도가 높으면 용접강도가 떨어진다. 용접양이 많은 부분에서는 2층·3층과 용접이 진행됨에 따라 온도가 상승한다. 잠시 시간을 두고 용접을 시작하면 좋겠으나 현장작업 중에는 매우 어렵다. 용접 도중에 다른 부분에 이동하여 다시 돌아오는 것도 현실적이지 않다. 결국, 패스간 온도가 다소 높아도 강도가 확보되도록 고강도의 용접와이어를 사용하여 대응하였다.

147 나중에 박는 철골앵커볼트의 실패

개수공사의 경우, 기존의 기둥과 보의 배근상황까지 고려한 철골앵커볼트의 설계도를 그리는 설계자는 없다. 설계도면대로 관리하면 커다란 실패를 볼 수 있다. 냉정하게 설계도를 읽고 문제점을 미리 발견하여 대책을 취하는 것이 중요하다.

사진 1은 옥상의 증축공사에 있어서 기둥의 앵커볼트를 케미컬앵커로 기존의 구조체에 타설한 것이나 예정된 위치가 크게 틀려 리브플레이트에 닿아 절단하는 경우도 있다. 그림 2와 같이 뒤섞여 있는 철근이 장해가 되는 것이 그 원인이다.

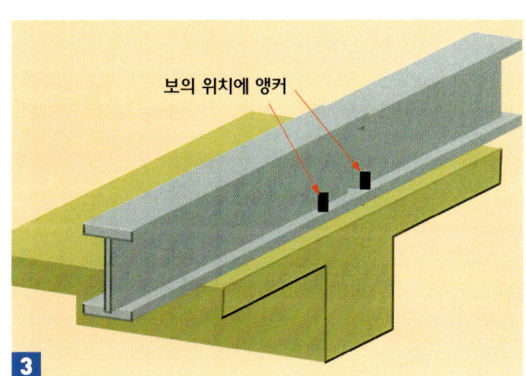

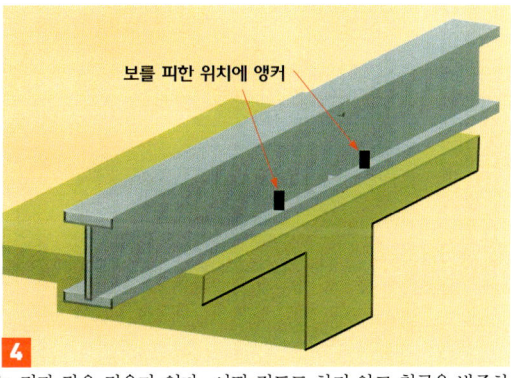

후시공의 철골받침의 설계가 많은 경우는 그림 3과 같이 보에 앵커를 하는 것과 같은 경우가 있다. 어떤 검토도 하지 않고 철골을 발주하고, 나중 시공 앵커를 타설하기 시작하여 문제를 깨닫고, 그 회복에 고액의 비용과 공기를 들이는 사례가 많다. 그림 4와 같이 배근이 섞여 있는 보를 피해서 앵커볼트를 설치하도록 사전에 설계자와 협의해야한다.

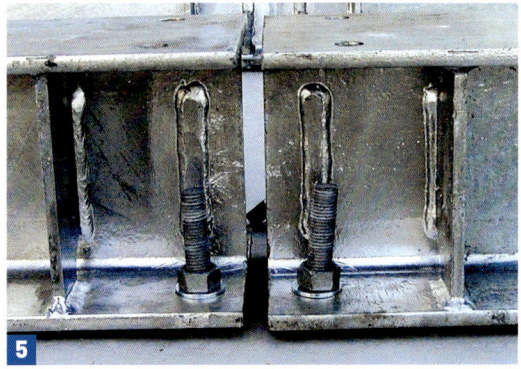

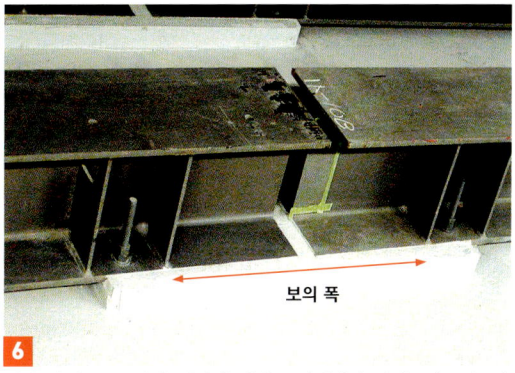

앵커볼트가 들어가지 않도록 위치가 어긋나서 리브플레이트에 닿았기 때문에 플레이트를 절단하고 있다.

위와 같이 보를 피한 위치에 앵커를 설치하면 정밀도가 좋은 앵커볼트를 설치한다.

148 앵커볼트의 불량 대책

그림 1과 같은 앵커볼트가 많은 철골의 기계기초의 경우, 이러한 앵커볼트를 정밀도 좋게 콘크리트기초에 배치하기에는 매우 많은 노력을 필요로 한다. 먼저 철골을 가설조립하고 앵커볼트를 세팅하여 기초콘크리트를 타설함으로서 정밀도가 확보가능하다.

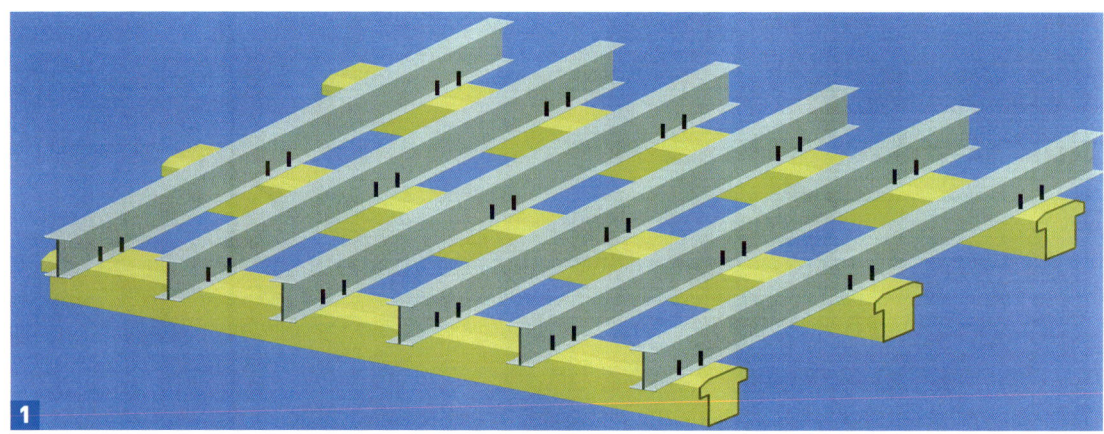

1 많은 앵커볼트를 정밀도 좋게 설치하는 것에는 매우 많은 노력이 요구된다.

2 기초의 배근 · 거푸집이 완료된 상황에서 철골을 가설 작키 등을 사용하여 조립한다.

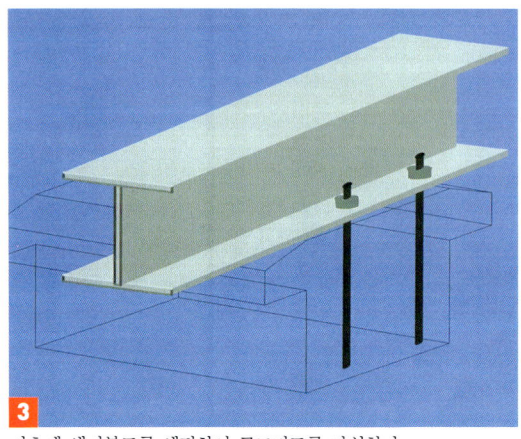

3 기초에 앵커볼트를 세팅하여 콘크리트를 타설한다.

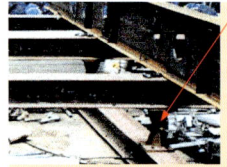

그림 2와 같이 본체 철골을 가설 철골로 받아 작키로 높이와 위치를 조절하여 앵커볼트를 그림 3과 같이 설치하고 기초의 콘크리트를 타설한다. 이것에 의해 앵커볼트의 정밀도도 좋아져 모든 베이스 모르타르도 불필요하게 된다. 이러한 생각은 재료의 발주보다 선행하는 철골난간이나 계단 등 많은 것에 응용 가능하고 비용의 절감도 가능하다.

149 철골보와 설비배관의 루트(1)

그림 1은 철골보 와 천장 및 설비배관의 배치를 그린 것이다. 설계단계에서 설비와 의장·구조의 부조합의 조정이 되지 않은 상태로 슬리브개구부가 없는 채 철골 발주를 한 경우, 설비 등 모든 조합이 다 된 상황에서 늦어버리는 케이스가 있다. 그림과 같은 경우, 애써 천장을 낮추어도 벽의 위치가 대들보 위치에 있기 때문에 천장에서의 설비설치가 힘들어 대들보가 거실 측에서 벗어나 있으면 설비적으로 시공하기 용이해 진다.

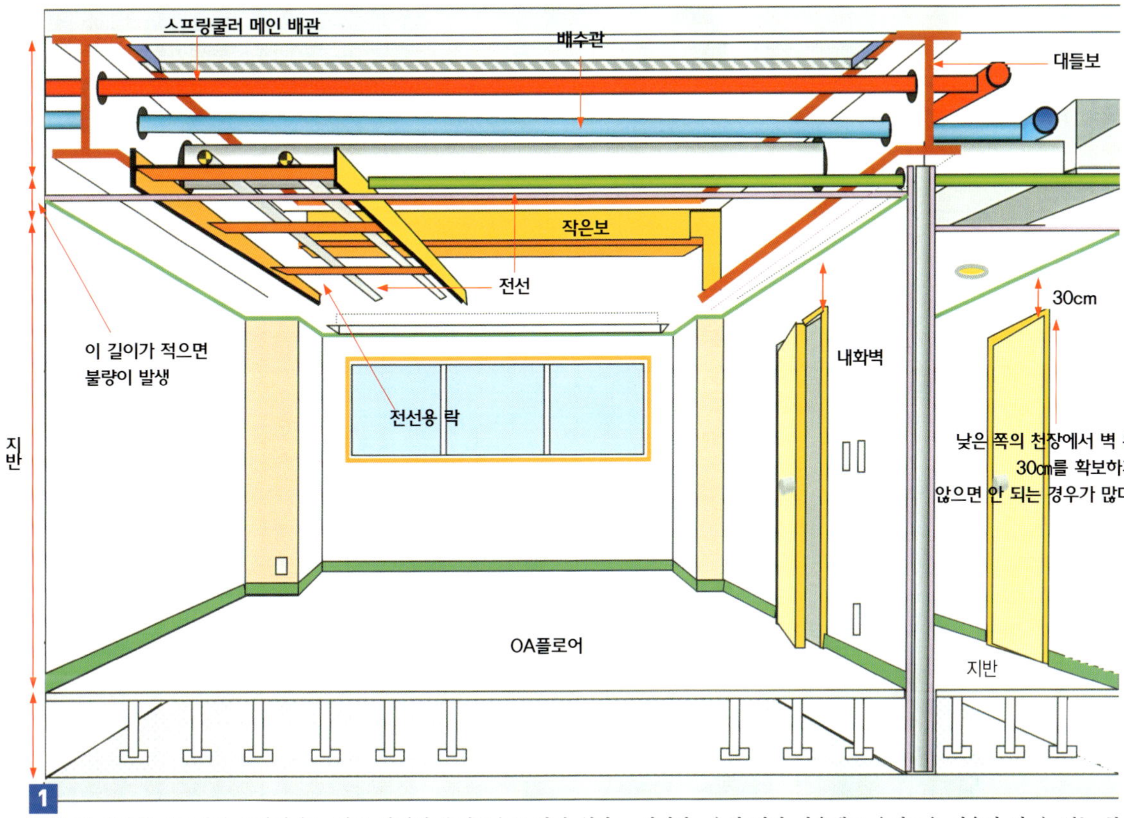

천장 내 설비의 시공성이 좋아진다는 것은 장래의 유지보수도 하기 쉽다는 것이다. 수십 년간 사용해도 유지보수 비용이 될 수 있는 한 투입되지 않도록 충분히 고려해야한다. 보이는 곳의 디자인뿐 아니라 보이지 않는 곳을 깨끗하게 정리하는 것이 더 중요하다.

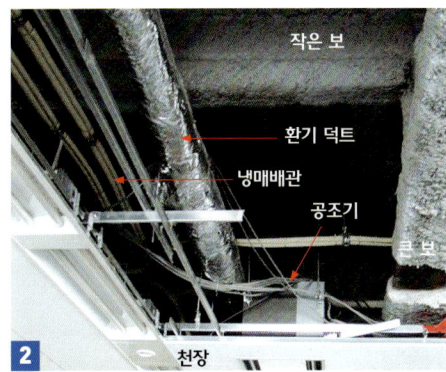

실내의 천장과 천장 내 설비 및 철골보의 상황. 내화피복의 두께도 확보하지 않으면 안 된다.

복도의 천장 내의 설비상황. 천장과 보 사이 공간의 길이가 확보되지 않으면 위의 사진과 같이 힘든 상황이 된다. 후의 유지보수가 쉽도록 설비의 배치를 생각한 설계가 필요하다. 그렇게 하려면 철골의 배치와 슬리브 개구부를 전략적인 설계가 되도록 해야한다.

150 철골보와 설비배관의 루트(2)

사진 3에서 6과 같은 상황이 일어나는 것은 도면을 검토할 시간도 없이 현장의 눈앞에 보이는 일밖에 신경 쓰지 못해 그당시의 일만 하기 때문이다. 전체를 예측 할 수 있는 인재에게 공사착수 전에 철저한 디자인 리뷰를 했다면 품질·보안성이 우수하고 비용이 적게드는 건물이 될 것이다. 착수 전에 소요된 시간은 불필요한 일을 최대한 줄여서 충분히 보상이 되었지만 이것이 그리 쉽게 되지는 않는다.

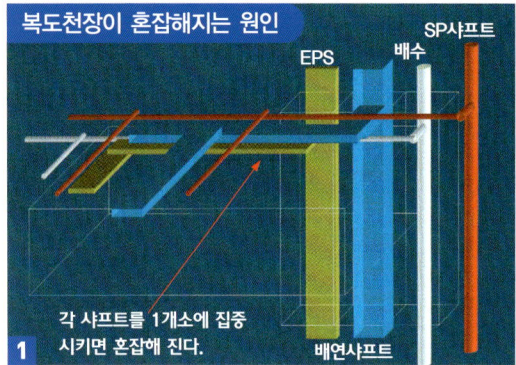
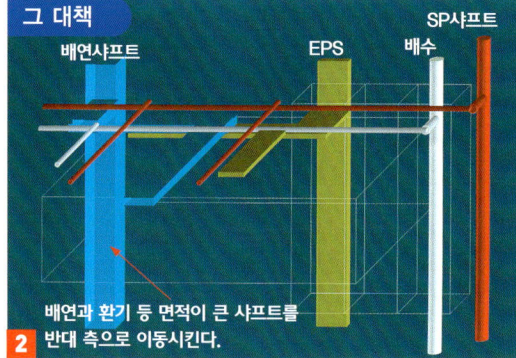

철골보를 검토하기 전에 샤프트의 배치가 가장 좋은 배치에 되어 있는가를 살펴봐야 한다. 샤프트를 검토하고 난 후에야 합리적인 설비루트의 확보가 가능하다. 그림 1과 같이 각각의 샤프트가 가까운 위치에 있으면 통과하는 앞의 충돌이 발생한다. 그림 2와 같이 건물의 양 사이드에 설비 샤프트를 나누면 깨끗한 배치가 가능하다.

전기배관과 환기덕트가 상호간에 보의 아래와 충돌하여 있다. 현장에서 이러한 일이 발생하면 우선 루트를 결정한 후에 별도의 루트 구조가 필요하다.

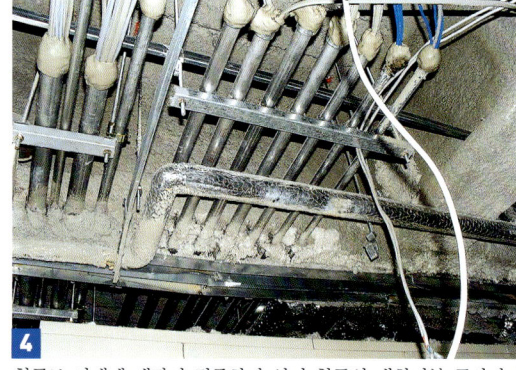

철골보 아래에 배관이 집중하여 있어 철골의 내화피복 공간까지도 침입하고 있다. 더 안좋은 경우로 슬라이스 플레이트의 두께가 있는 부분에 정확히 겹쳐버렸다.

복도의 큰 보부분 또는 전선이 섞이어 내화피복을 깎아놓고 있다. 이렇게 되지 않도록 다시 계획을 세워야 한다.

철골보에 설비배관을 통과시키기 위해 가스로 구멍을 뚫었다. 철골 발주 전에 설비 루트의 검토를 끝내지 않으면 이렇게 된다.

151 철골보와 설비배관 루트(3)

현장에서 발생하는 검토 부족사례이다. 사진 1은 보 소정의 위치에 슬리브개구부를 준비해 놓으면 이러한 불필요한 작업을 하지 않아도 된다. 사진 2는 변경에 대응 가능하도록 많은 보 개구부를 열어 놓지만 1개소에 수 천엔의 비용이 드는 것을 확인해야 한다. 방화구획은 사진 6과 같은 막음을 잊는 일이 없도록 확실한 관리가 필요하다.

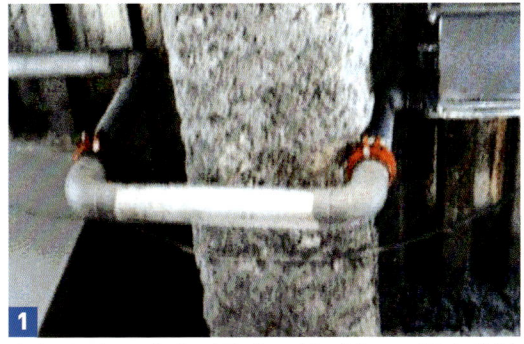

사진 1은 철골보의 개구부를 내는 것을 잊어 스프링클러 배관을 우회시킨 상황이나 위치가 인접해 있어 내화피복에 상처를 주었다. 이러한 일은 노력만 들고 깨끗하게 진행되지 않는다. 사진 2는 스프링클러의 배관을 확실히 통과시켰다. 이 배관은 내화피복 작업에 그 정도 장해가 되지 않기 때문에 이 단계에서 통과시키면 다음 작업이 잘 흘러간다. 스프링쿨러 메인관의 배관은 시공업자가 정해져있더라도 간단히 설정되어 왔다.

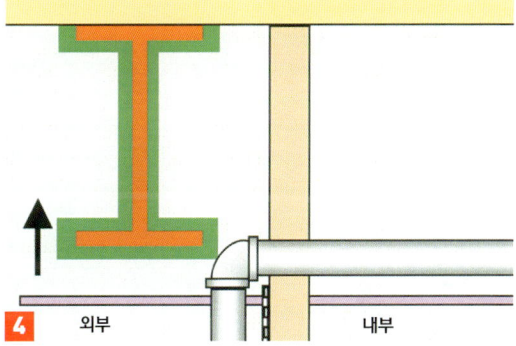

내화피복에 배관이 닿아 있다. 천장높이·철골 등의 결정후에 배관루트가 결정되기 때문에 이러한 일이 되어 버린다.

천장을 내리는 것이 불가능하다면 구조적으로 가능한한 철골을 퍼드리든지 보의 높이를 낮은 부재로 바꾼다든지, 철골 발주 전에 문제를 발견한다면 해결이 가능하다.

설비배관의 검토 시에 빠뜨려서는 안 되나 큰 보의 좌굴방지 철골이다. 기기와 덕트배관 시에 충분한 주의가 필요하다.

방화구획의 셔터반대측의 개구부가 막혀있지는 않다. 개수공사에서 발견하였으나 혹시 화재가 발생했다면 엄청난 일이 되었을 것이다.

152 철골과 설비의 조정부족

아래에 나타낸 바와 같이 설비 배관을 미리 결정하여 공정이 불필요한 요소 없이 원활히 진행되도록 계획한다. 건축은 중층하청구조가 되기 때문에 의사소통을 표현하기 힘들어 앞을 예측하기 힘드나 이러한 구체적인 사진 등을 참고하여 이해를 깊이 하고 보다 좋은 관리를 해야 겠다.

1 철골기초의 구멍이 기기와 빗겨져 있다.

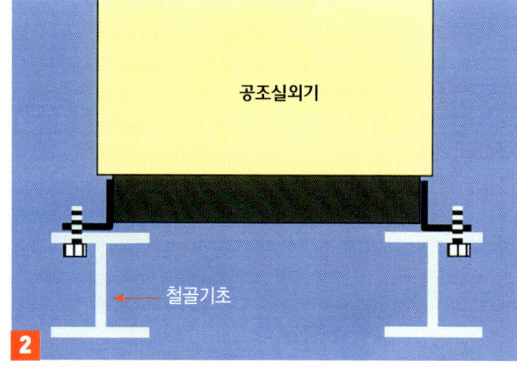

2

사진 1은 공조실외기를 설치한 상황이나, 기기본체의 베이스와 철골기초의 구멍 위치가 빗겨나 있으므로 고정하지 않았다. 원래대로라면 그림 2와 같이 구성되어야 하나 이 구멍을 다시 뚫어 접속공사가 늦어져 충분한 조정시간을 갖을 수 없었다. 철골기초가 설치된 시점에서 구멍이 맞는지의 확인이 필요하다. 그 시점에서 알았다면 작업은 보다 간단할 수 있었다.

3 배연팬의 기초의 철골. 이러한 구멍의 처리를 계획시점에서 생각해 놓지 않으면 개구부가 열려진 상태도 추락의 위험이 있어 재시공으로 인한 비용이 든다.

4 위성방송 안테나는 설치장소가 제한되는 경우가 있어 미리 배치 결정이 필요하다. 점검을 고려하여 사진과 같은 공간의 확보가 필요하다.

5 배관을 통과시키기 위해 일부러 들어올림 금속을 사용하고 있다. 상부를 막지 않으면 보행 시 발이 걸릴 위험이 있다.

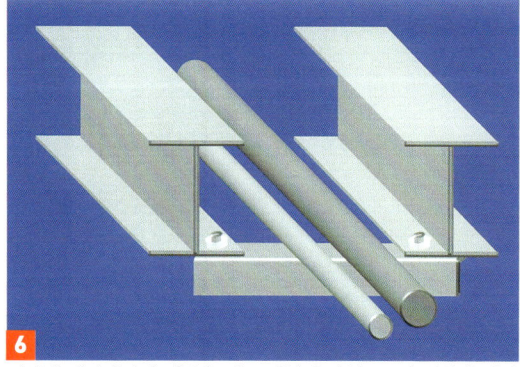

6 이렇게 아연재질의 앵글을 서로 맞붙여 받침으로서 계획한 것이 원가 · 안전 · 품질 면에서 유리하다.

153 철골이 마감에 간섭

원래대로라면 아래에 나타낸 바와 같이 구성은 상세도에 나타내야 할 것이나 최근의 설계도에서는 그것이 적어지게 되어 거의가 시공자의 일로 책임이 전가된다. 즉, 문제가 생긴 경우에 시공자의 검토 부족이 되어버렸다. 철골을 발주할 때는 상세히 주의를 듣고 오류가 나지 않도록 해야 한다.

경사지게 설치하고 있는 가새의 위치관계를 마감도면상에서 놓쳐 문을 다시 만들어야 했다. 가새부분은 플롯도면에 간단한 입면을 첨부해야 겠다.

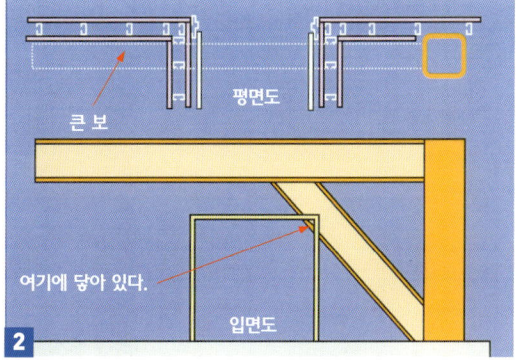

위의 평면도만으로는 이 오류를 확인할 수 없다. 불명확한 곳은 아래와 같이 입면도를 그리면 알 수 있다. 30만엔 이상의 손실을 10분 정도의 작업으로 해결이 가능하다.

기둥 주변의 수평가새가 커튼월의 홈에 닿은 상황. 작은 철골의 상세검토가 부족하였다.

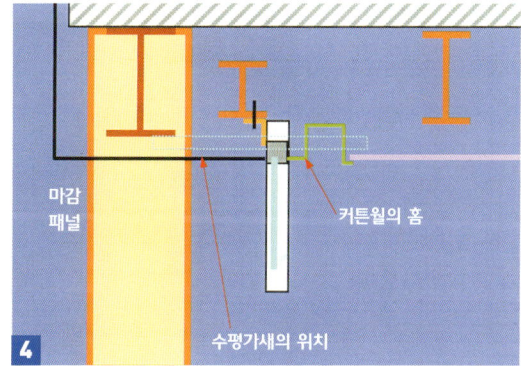

제작도면은 단품도면이 되기 쉽다. 마무리 검토 시에는 구조도면을 다시 확인하고 이러한 가새류를 확인한다.

셔터와 직각방향에 보가 있는 경우, 셔터가 들어가지 않는 경우가 있다.

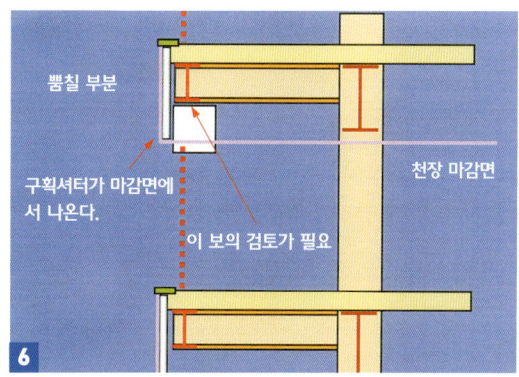

6 특히 매점의 에스컬레이터나 계단 주변의 구획에는 캔틸레버 보가 있으므로 주의 해야한다.

154 에스컬레이터 주변의 철골

에스컬레이터 주변에 철골의 결정이 늦어지는 경우가 있다. 에스컬레이터를 수용하는 철골보와 층고가 상하층이 다르면 탑승장의 위치가 어긋나기 때문에 어긋난 부분의 바닥콘크리트를 수용하기 위한 철골 스테이지를 만들지 않으면 안 된다. 또한 주변에 셔터가 위치하므로 셔터지지 및 내화 벽겸용의 철골보를 배치해야 한다.

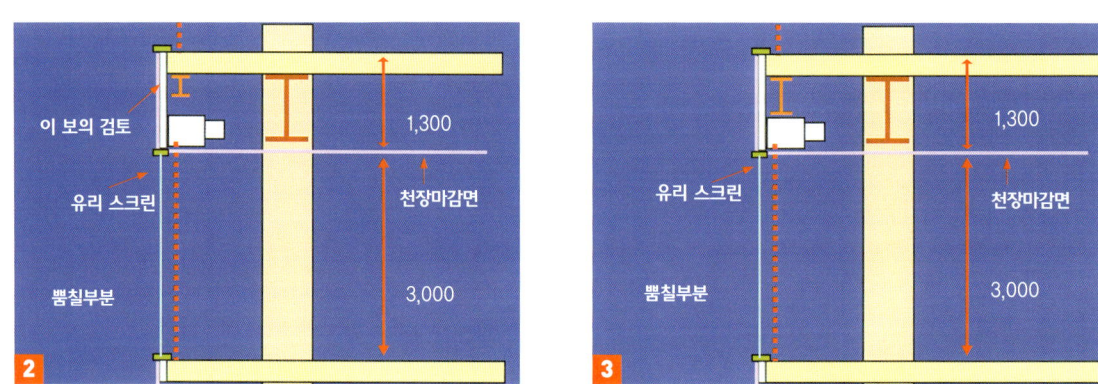

에스컬레이터 시공회사가 결정되지 않아도 철골이 발주되도록 어느 정도의 기본은 이해해야 한다. 구배는 30°가 원칙이다. 층고의 $\sqrt{3}$ 배의 평면거리 양측 스테이지분의 길이가 필요하므로 층고의 차가 큰 경우는 그 정도를 에스컬레이터의 스테이지로 커버하지만 위의 그림과 같이 에스컬레이터를 지지하는 철골 겸용의 스테이지를 만드는 지를 검토한다. 최상부는 난간을 포함해서 마무리를 결정한다.

뿜칠에 면하는 천장 위의 높이는 1,200~1,300㎜가 되는 경우가 많으나, 그림 2와 같이 구조도면에 나타내어지고 있는 철골보에서는 셔터와 내려오는 벽, 유리스크린를 지지하기에는 너무 작은 경우가 있다. 그림 3과 같이 부재를 올리면 확실히 마무리 된다.

155 엘리베이터 주변의 철골

엘리베이터 관련의 철골을 나중에 설치하게 되면 나중 설치 작업이 위험하여 많은 노력이 소요된다. 미리 철골에 피스를 설치해 놓아야 한다. ALC의 절단이 최소한이 되도록 하기 위해 중간 보의 카셋트나 레일용의 피스를 나누어 모아 부착한다. 또한 가설공사[61]에서 서술하였지만, 샤프트층의 발판을 없애기 위해 샤프트측에는 철골보를 배치하지 않도록 계획하면 좋다. (아래 그림 참조)

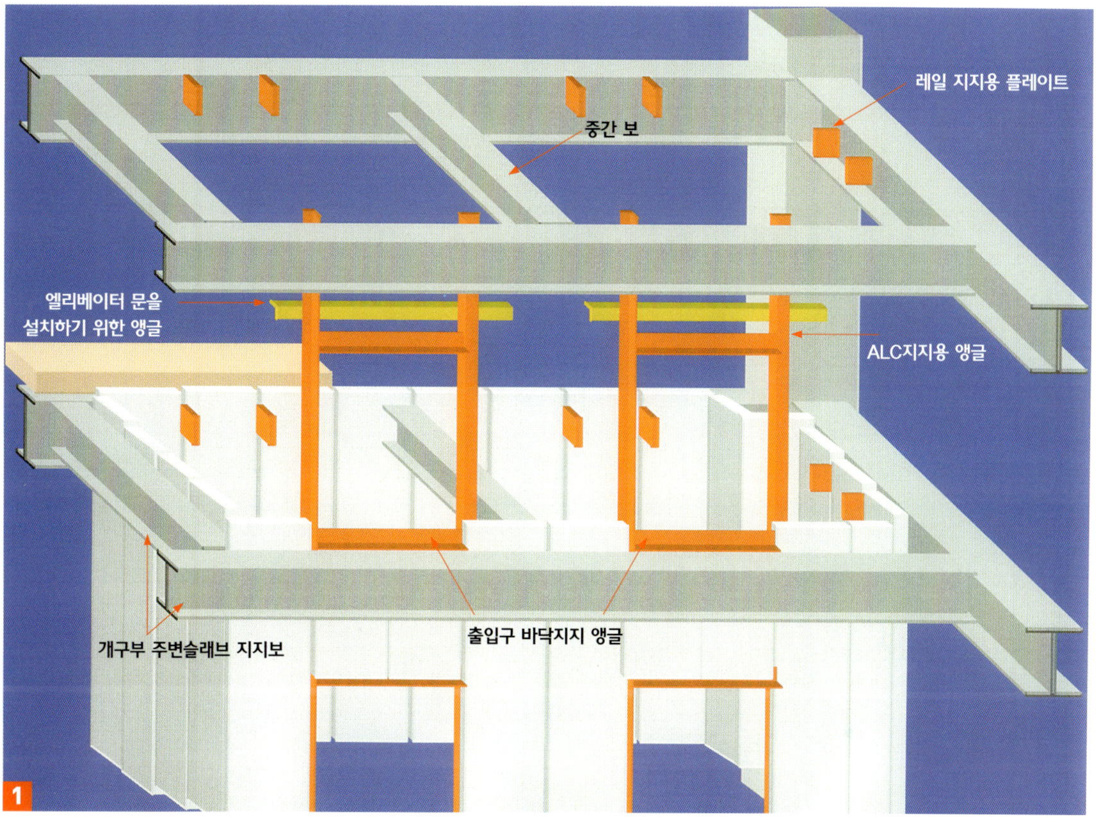

1 엘리베이터 문설치용 앵글은 위치가 맞지 않아 재시공하는 경우가 많으므로 엘리베이터공사에 포함시키는 편이 좋다.

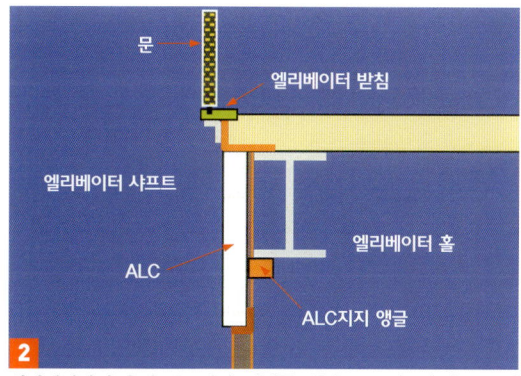

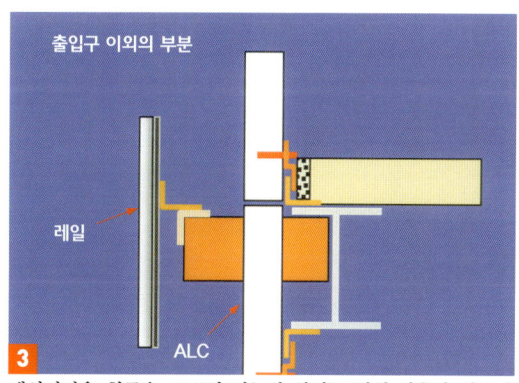

엘리베이터의 출입구는 바닥 지지를 위한 콘크리트슬래브를 개구부의 위치까지 늘린다. 또한 철골보에 앵글 설치용 피스를 먼저 설치해 놓는다.

레일지지용 철골은 ALC의 나누어 붙이는 것에 맞추어 철골에 먼저 부착해 놓는다.

156 엘리베이터 기계실 주변의 철골

엘리베이터의 속도나 장치에 의해 아래층에서의 오버헤드의 높이가 달라 그것에 따라 기계실을 올리지 않으면 안되는가를 결정한다. 머신의 중량과 스팬을 고려하여 머신지지 보의 높이가 변하면 그것에 의해 기계실의 높이가 결정된다. 엘리베이터의 기종이 변경된 경우는 주의가 필요하다.

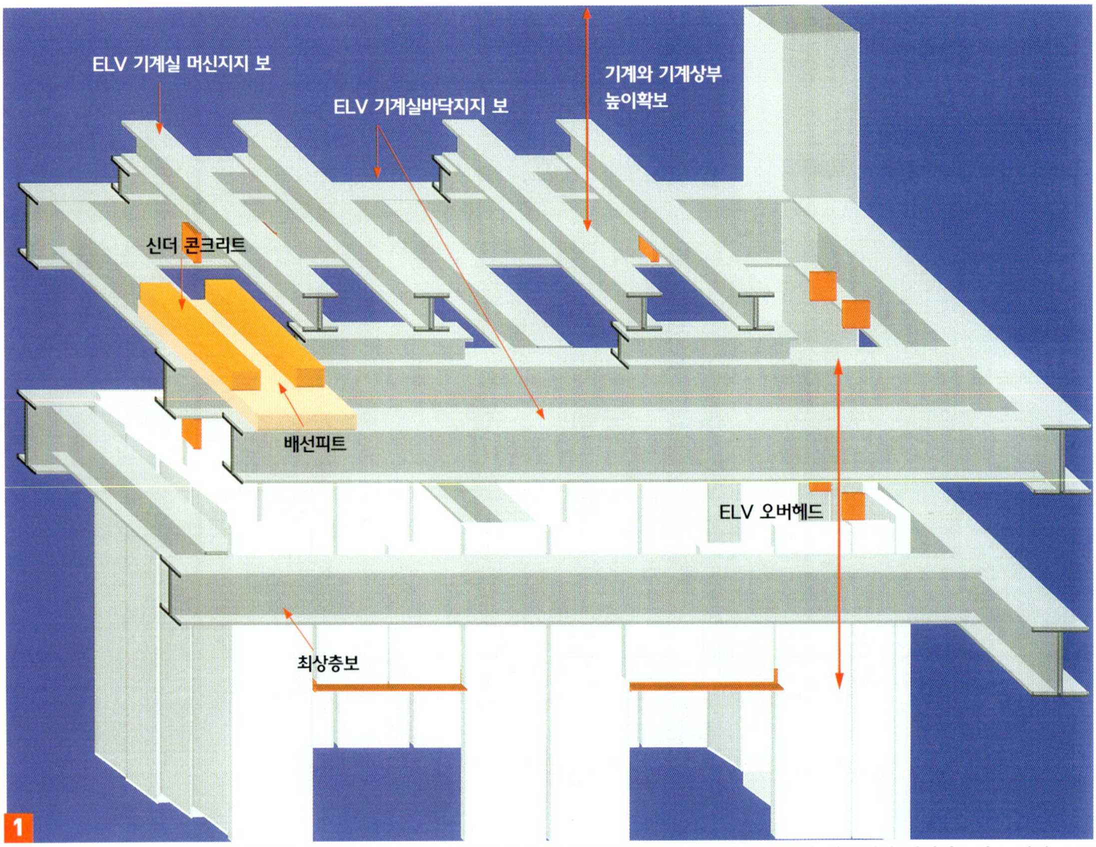

1
머신지지 보가 벽과 간섭하지 않도록 검토한다. 머신을 아래에서 들어 올리면 바닥에 커다란 개구부가 필요해져 처리하는데 노력이 소요된다. 기기는 위에서 반입하면 좋다. 위의 그림을 참고로 설계방침을 계획하면 알기 쉽다.

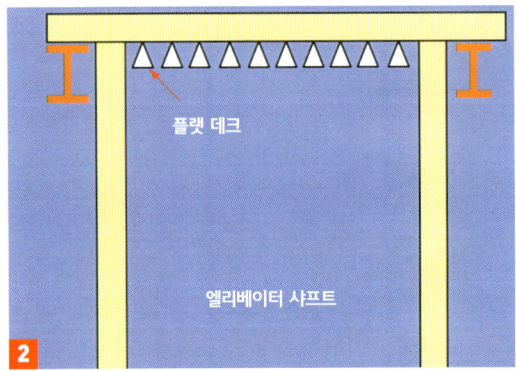

2
플랫데크의 리브높이를 고려하지 않고 시공하였으므로 법규상의 오버헤드의 높이가 부족하여 데크를 절단하고 떨어뜨려야만 했다.

3
엘리베이터용 머신지지 보의 녹방지 도장은 회색으로 하는 것이 좋다.

157 설비샤프트와 철골보 위치

설비공사의 이해없이 설계하는 경우 각각의 도면의 조합성이 없어 공사 시작부터 조정의 시간이 소요되어 결국 발주자에게 불이익이 발생된다. 덕트나 배관의 배치를 미리 고려하여 철골 배치를 계획하는 것이 작업의 효율성을 올릴 수 있고 비용절감과 공기의 단축이 된다.

1 설비의 루트 검토가 안 좋아 개구부의 우측에 커다란 하중을 걸면 슬래브가 휠 우려가 있다.

2 위와 같이 작은 보의 배치가 필요하였다. 커다란 슬래브 개구부가 필요한 때에는 그 주변을 철골보로 배치하면 안전하다.

3 배기덕트의 바닥개구부와 철골 작은 보의 상황이다. 주근방향에 개구부를 만드는 경우는 반드시 구조를 검토해야 한다.

4 배관을 모아서 양중기계를 사용하여 설치한다. 철골보에는 확실한 지지 피스가 달려있어 설비를 선행해서 계획하는 것을 알 수 있다.

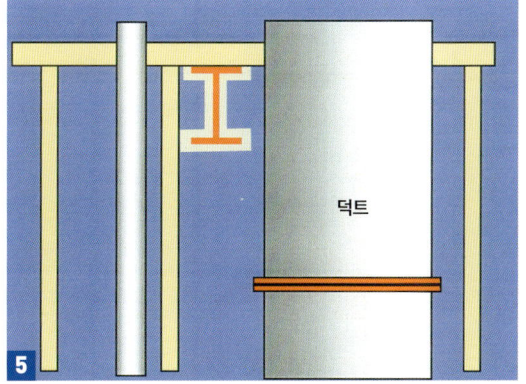

5 설비용 샤프트를 보에 가깝게 배치하기 때문에 벽이 너무 가까워 시공성이 매우 나쁜 설계이다. 보부분에는 덕트·배관을 통과시키지 않을 것을 인식해야 한다.

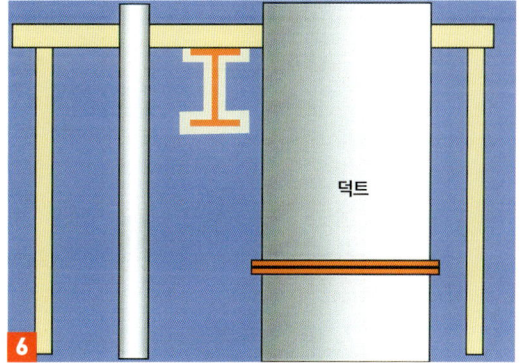

6 전략적으로 덕트·배관의 배치를 고려하여 작업공간을 생각해서 작은 보의 위치를 결정한다.

158 데크플레이트 실패

데크플레이트가 철골보에서 떠있다거나 철골플렌지와의 사이에 쓰레기나 수분이 포함되어 있다면 스터드가 확실히 접합되지 않는다. 또한 그림 1과 같이 벗어남이 없도록 관리가 필요하다. 데크를 놓는 방향의 철골 위치는 데크 분배를 잘 생각하지 않으면 그림 2와 3처럼 실패로 이어진다.

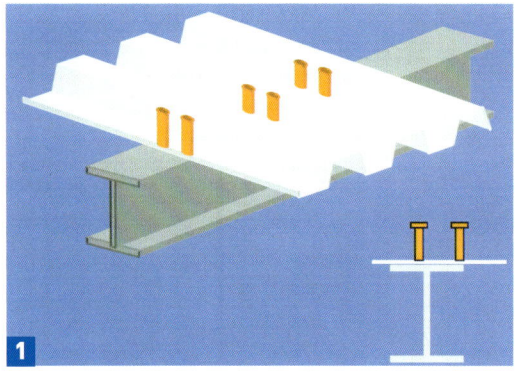

1
위의 그림과 같이 스터드 볼트가 보의 단부로 와버리는 경우가 있다. 먹줄긋기를 소홀히 한 것이다.

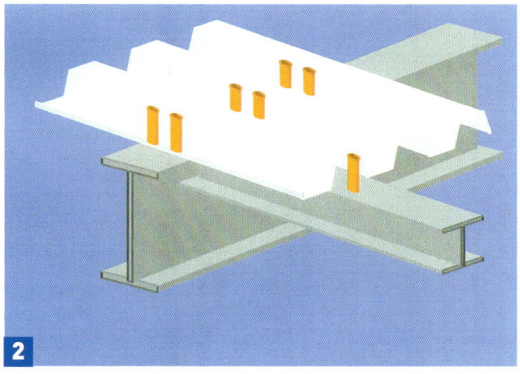

2
데크플레이트의 분배를 하지 않고 작은 보의 위치를 정하면 데크의 올라온 위치에 접합 시 스터드를 고정할 수 없다.

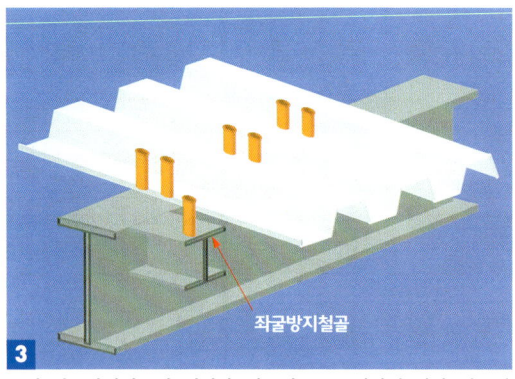

3
보의 좌굴방지철골의 위치가 데크의 높은 위치에 있기 때문에 스터드를 고정하기에는 데크를 잘라야 하는 경우가 된다.

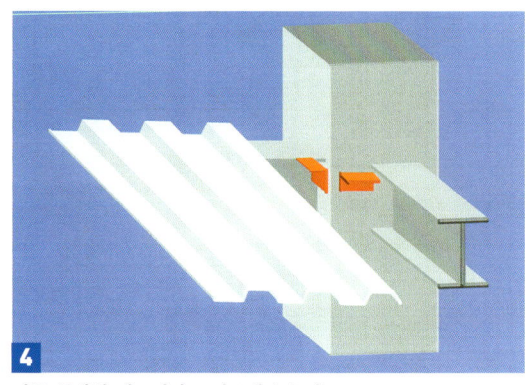

4
기둥 주변의 데크지지도 검토해 놓는다.

5
설비용 덕트개구부 등을 설치하는 경우는 후에 절단할 때에 데크플레이트가 낙하하지 않도록 빗겨짐 방지를 해 놓는다.

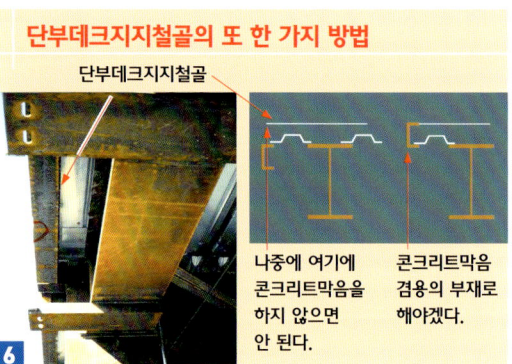

6
사진과 같은 장소는 단부의 막음 거푸집과 데크지지를 겸용하는 것이 좋다.

159 철골의 내화피복 순서

내화피복의 뿜칠시공시기가 틀리면 전체 공정에 크게 영향을 미친다. 유리가 들어가기 전에 시공하는 경우는 바람에 의해 뿜칠재료가 비산하기 쉬우므로 충분한 보호가 필요하다. 또한 시공기간이 늦어지면 중간 마감벽과 설비기기 덕트공사 등으로 뿜칠 공사자체가 힘들어진다.

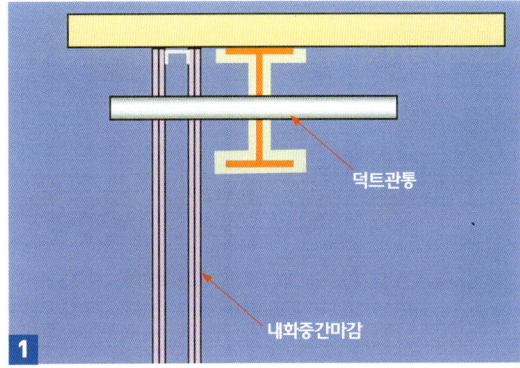

1 이렇게 보와 가깝게 내화중간마감을 슬래브까지 올린 경우 덕트의 관통부가 2개소 발생하여 작업공간이 없기 때문에 구획관통처리가 어려워진다.

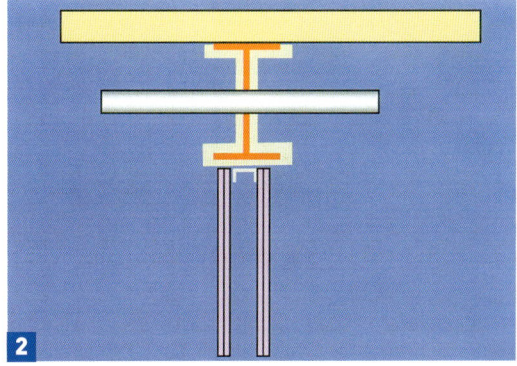

2 이렇게 보 아래에 내화중간마감을 만드는 것에 의해 시공성은 좋아진다. 하지만 철골과 만나는 부분의 암면뿜칠을 다시 하지 않으면 안 된다.

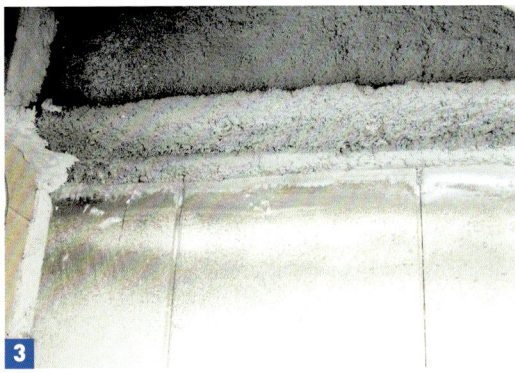

3 ALC의 내화중간마감 벽을 시공한 후에 틈새처리로서 암면 뿜칠하였으나 보양을 잘 못해 벽이 더럽혀진 상황이다. 마감이 없는 기계실일수록 주의해야 한다.

4 커튼 박스를 설치하기 위해 보 아래의 암면을 벗겨내고 용접하였으나 보수가 확실히 되어 있지 않다.

5 보드의 내화중간마감의 내화뿜칠처리를 선행하여 벽보드를 상부만 이중으로 철한 것.

6 PC판과 철골보와의 간극이 커서 암면뿜칠용 아래에 메탈라스망을 설치한 것.

160 철골의 내화피복재 종류

내화피복재에는 뿜칠만이 아닌 여러 종류가 있다. 비용적으로는 뿜칠이 매우 이점이 있으나 시공량이 적은 경우와 비산의 보양에 노력이 드는 경우 등은 전략적으로 나눠 사용해야겠다. 또한 FR강(건축구조용내화강재)를 사용하여 자주식주차장과 아트리움 등의 무내화를 하는 예, 또는 강관콘크리트기둥조(CFT)를 사용하는 것으로 기둥을 무내화로 하는 경우도 있다.

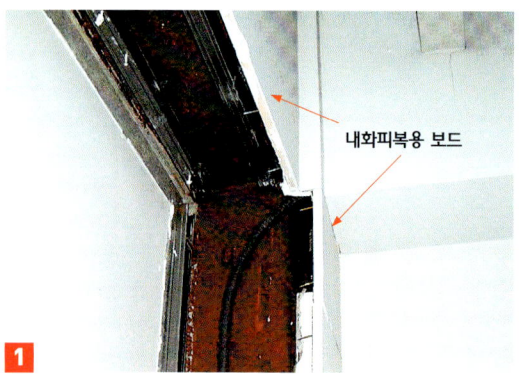

1 위의 사진의 보드가 각각 기둥과 보의 내화피복으로 마감을 겸하고 있다. 마감비가 적지 않은 경우 등은 유효하다.

2 철골의 큰 보와 작은 보를 내화피복용의 시트로 감싸고 있다. 왼쪽의 기둥과 큰 보는 종래의 양,습식암면의 뿜칠

3 철골보와 ALC의 사이가 좁아 철골의 내화피복이 가능하지 않다. 그렇기 때문에 복합내화로 하고 있다.

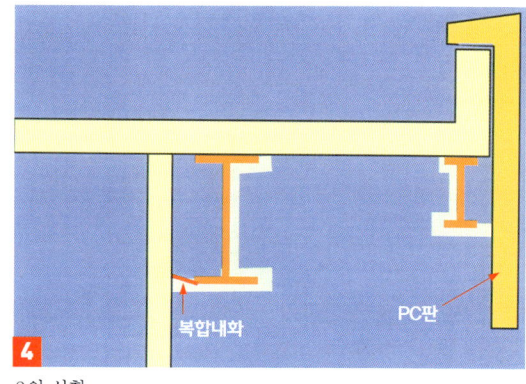

4 3의 상황

5 소형 암면뿜칠 기계. 보수용으로 많이 사용된다. 비용은 높아진다.

6 기존의 보 아래에 중간마감부분을 전용 내화재료로 바르고 있다.

161 구조철골과 창호 등의 고정을 위한 내화피복 벗겨내기

창호와 벽을 철골에 설치할 때 아래의 1과 2와 같이 그 이전에 뿜칠된 내화피복을 벗겨내서 용접을 하곤 한다. 하지만 이것을 생각 없이 하면 구조부재에 상처를 주는 경우가 되어, 또한 내화피복의 보수에 수고가 소요되어 깨끗하게 고쳐지지 않는다. 보수되지 않은 채로 방치될 우려도 많다.

1
입구의 엔진도어 상부 형틀의 고정을 위해 철골보의 내화피복을 벗겨내어 앵커를 설치하고 있다.

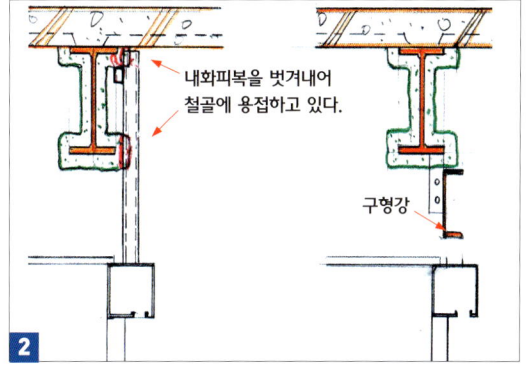

2
철골 발주 시에 마감이 추측되어 있지 않은 것이 이러한 불량의 원인이다. 오른쪽과 같은 구형강을 조립해 놓으면 관리하기 좋고 시간도 소요되지 않는다.

3
이것도 입구의 창호 형틀을 기둥에 고정하기 위해 기둥의 내화피복을 벗겨내고 있다.

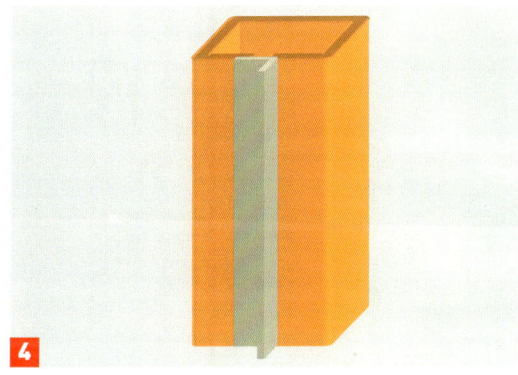

4
위의 그림과 같이 내화피복의 두께 정도의 앵글을 먼저 부착해 놓으면 불필요한 노력이 준다.

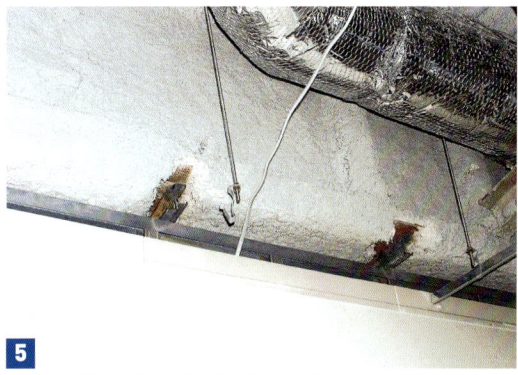

5
벽을 고정하기 위해 내화피복을 벗겨내고 벽의 상부 런너를 용접한 것. 개수공사 시에 발견되었다.

6
위의 그림과 같은 마감을 해놓으면 좋았다.

162 철골 내화피복의 관리점

내화피복 공사는 그 플랜트에 꽤 넓은 공간을 필요로 하여 뿜칠재료도 많아지므로 능률이 올라가도록 자재를 반입하기 쉬운 장소를 계획해 놓아야 한다. 또한 시공 두께를 고려하지 않으면 사진 1과 같이 빼먹는 공사가 된다.

1
개수공사로 천장을 벗겨내었을 때, 내화피복이 벗겨진 채로 철골보가 노출되었다. 이러한 건물은 이외에도 관리부족의 시공개소가 많이 보인다.

2
내화피복 아래의 메탈라스망을 설치하기 위해 스프라이스 플레이트에 철근을 용접해 버렸다. 작업하는 사람에게 충분한 주의를 주지 않으면 아무렇지 않게 이러한 작업으로 진행된다.

3
철골보의 아래 플렌지 엣지부분의 내화피복이 깊이가 적다. 시공적으로 뿜칠이 어려운 장소이기 때문에 여기서 기술력과 시공자세를 알 수 있다.

4
보의 이 부분은 윗 그림과 같이 두께를 확보하기 어려우나 관청검사로 지적을 받아 재시공하려면 매우 수고가 소요된다. 확실히 관리해야 한다.

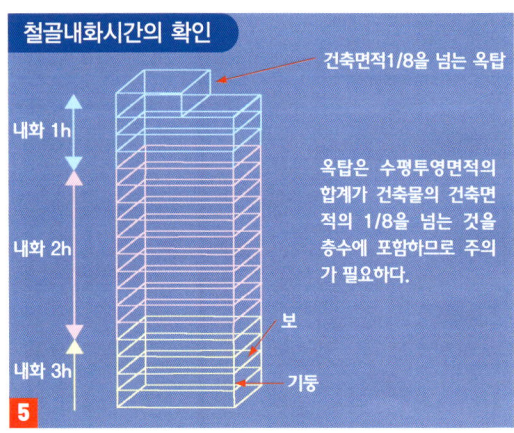

5
층과 기둥과 보의 내화피복두께의 확인이 필요

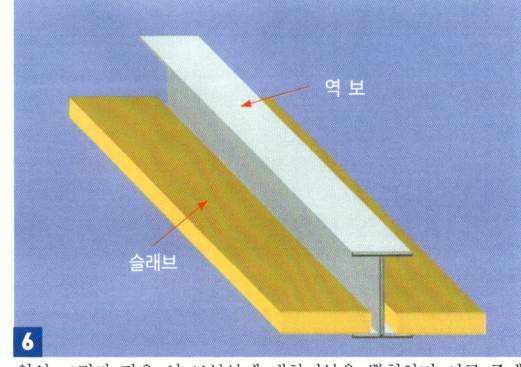

6
위의 그림과 같은 역 보부분에 내화피복을 뿜칠하면 시공 중에 뒤섞여 대다수의 경우 재시공이 된다. 보호를 철저히 하거나 혹은 보드 등으로 바꾸는 것이 좋다.

163 철근 선조립

철근을 기둥과 보철근에 있어서 먼저 조립해 놓는 것에 의해 철근공사의 작업발판을 줄이는 것이 되어 깨끗한 배근으로 할 수 있다. 기둥 주근의 접합방법에 의해 종종 연구가 필요하므로 충분히 검토해야 한다.

기둥 주근

기둥 주근의 접합부분의 hoop을 모아 놓아 접합후 소정의 위치에 배치한다.

반입한 철골 기둥에 기둥 주근과 후프를 조립한 상황. 기둥 주근이 너무 길다면 지상 절단한 경우에 주근을 휘어 놓으므로 주의가 필요하다. 또한 지상조립의 공간을 차지하여 철근조립이 원활이 진행할 수 있도록 계획한다.

피스가 나와 있다면 스파이럴후프는 배근할 수 없으므로 주의를 요한다. 배근완료 후에는 승강 트랩을 설치한다.

이형철근과 커플러로 주근을 접합하는 것도 가능하다. 커플러만큼 커지므로 후프의 설치방법과 마무리를 계획할 필요가 있다.

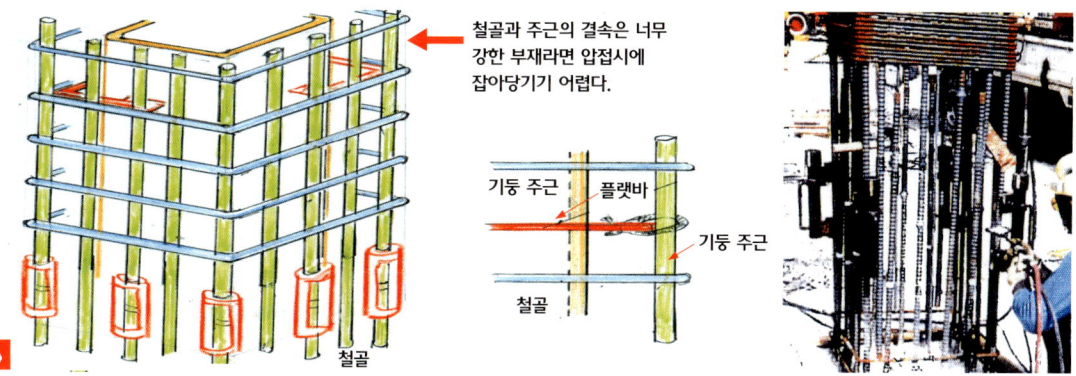

철골과 주근의 결속은 너무 강한 부재라면 압접시에 잡아당기기 어렵다.

기둥 주근 플랫바

기둥 주근

철골

기둥 주근을 압접하는 경우는 주근을 유압작키로 잡아당기지 않으면 안 되므로 철골의 구속이 강하면 잡아당겨지지 않는다. 적당한 강도와 유연성을 부여한 피스를 철골에 설치해 놓는다. 이것은 철골과 철근과의 이격에도 있으나 이격이 부족한 경우에는 앵글에 의해 플랫바가 유연성이 있어 유리하다.

저자

나카자와 마사이치
1947년, 요코하마 국립대학 공학부 건축학과 졸업
27년간 건축현장에서 일했다.

자격증
1급건축사, 1급건축시공관리기사, 위생관리사
현재 컨스트럭션 매니저

역자

정 상 진
일본동경공업대학 대학원(공학박사)
현 단국대학교 건축공학과 교수

김 성 진
단국대학교 대학원 건축공학과 공학박사
시립 인천전문대학 겸임교수
서울지방국토관리청 자문위원
국가자격기술시험 검토 및 출제위원
한국도로공사 설계자문위원
한국건설교통 기술평가원 평가위원
건설안전기술사
건축시공기술사
현 LG패션 문정동 복합공사 현장소장

건축실패 사례
신뢰받는 구조체공사의 현장관리

2010년 2월 20일 1판 1쇄 인쇄
2010년 2월 25일 1판 1쇄 발행

저 자	나카자와 마사이치
감 수	(사)한국건축시공학회
역 자	정 상 진 김 성 진
발 행 인	강 해 작
발 행 처	도서출판 기 문 당
주 소	서울시 성동구 공명길 39 (왕십리동 966-22)
전 화	02) 2295-6171(代)~5
팩 스	02) 2296-8188
출판등록	1976. 10. 7(1-44)
홈페이지	http://기문당 www.kimoondang.com
ISBN	978-89-6225-208-8 93540 978-89-6225-212-5 93540(세트)
정 가	25,000원